高等职业教育产教融合特色系列教材

智能化粮情控制与处理

主　编　田晓花　葛　鹏　刘华鹏
副主编　黎海红　商永辉　赵　彦
　　　　黄　南　张培培　戚　浩

北京理工大学出版社
BEIJING INSTITUTE OF TECHNOLOGY PRESS

内容提要

本书内容主要包括控制储粮温度、控制储粮水分、控制粮堆气体成分、控制储粮害虫、控制储粮鼠类五个项目。控制储粮温度详细介绍了控制储粮温度认知、隔热控温储粮、机械通风控温储粮、空调机控温储粮、谷物冷却机控温储粮及内环流控温储粮等技术手段；控制储粮水分详述了粮食水分含量的变化特点及控制储粮水分的技术手段；控制粮堆气体成分围绕粮堆气体成分的变化介绍了气调储粮技术、粮堆密封技术、生物降氧储粮技术、二氧化碳及氮气气调储粮技术；控制储粮害虫讲述了储粮害虫的物理防治、生物防治、化学防治；控制储粮鼠类主要涉及老鼠的习性、灭（防）鼠的方法及防治方案的制订等相关内容。通过控制储粮温度、水分、粮堆气体成分、害虫及鼠类等储粮生态因子，可延缓粮食品质劣变，降低粮食损失损耗，防止粮食污染，确保库存粮食质量良好、储藏安全。

本书可作为高等院校粮食储运与质量安全及相近专业的教材，也可作为粮油、农业、物流、食品等相关专业的教学及科技人员的参考用书。

图书在版编目（CIP）数据

智能化粮情控制与处理 / 田晓花，葛鹏，刘华鹏主编 .-- 北京：北京理工大学出版社，2024.4（2024.6 重印）
ISBN 978-7-5763-3815-7

Ⅰ.①智… Ⅱ.①田… ②葛… ③刘… Ⅲ.①粮食贮藏－食品监测－高等学校－教材 Ⅳ.① S379

中国国家版本馆 CIP 数据核字（2024）第 077765 号

责任编辑：王梦春　　**文案编辑**：辛丽莉
责任校对：刘亚男　　**责任印制**：王美丽

出版发行 / 北京理工大学出版社有限责任公司
社　　址 / 北京市丰台区四合庄路 6 号
邮　　编 / 100070
电　　话 / (010) 68914026（教材售后服务热线）
(010) 63726648（课件资源服务热线）
网　　址 / http：//www.bitpress.com.cn

版 印 次 / 2024 年 6 月第 1 版第 2 次印刷
印　　刷 / 河北鑫彩博图印刷有限公司
开　　本 / 787 mm × 1092 mm　1/16
印　　张 / 14
字　　数 / 317 千字
定　　价 / 49.80 元

前言

随着社会经济的快速发展，科学技术的全面进步，粮油仓储管理由简单粗放向规范化、制度化、智能化方向发展；粮油储藏由单纯保量向保质、保鲜转变；粮油储藏技术由常规储藏向温控储藏、气控储藏、药控储藏、“三低”储藏及绿色生态储藏等新技术储粮方式转变；操作模式由人工体系向机械化、自动化体系方向转变。粮油安全是“国之大者”。习近平总书记在党的二十大报告中指出“树立大食物观”“全方位夯实粮食安全根基”。产后环节粮油损失量惊人，深入推进产运储加销全链条节粮减损，可以有效提高食物安全，减少资源浪费。

本书参照《（粮油）仓储管理员》国家职业标准和粮油仓储企业实际生产任务，“课岗赛证”融合，同时融入近年粮油仓储科技发展的新技术、新理论、新观点，依据（粮油）仓储管理员职业工作过程，逐层推进教学内容梳理与调整，重构控制储粮温度、控制储粮水分、控制粮堆气体成分、控制储粮害虫、控制储粮鼠类五个项目22个任务，其中典型学习任务均源于粮油仓储企业真实的工作情境，以问题为引导。学生可以通过查阅资料，扫描二维码学习视频、动画等信息化资源，进行探究式学习，再通过小组讨论、模拟训练等方式完成相关学习任务，借助内容翔实的任务考核评价表查漏补缺，可有效提升知识掌握水平及技能操作水平。

通过本书的学习，学生应熟悉智能化粮情控制与处理相关工作内容，能够对遇到的实际问题进行分析、处理，培养安全意识、环保意识、精益求精的“工匠精神”及工程应用能力，为以后从事本专业工作打下坚实的基础。

本书由山东商务职业学院田晓花、葛鹏、刘华鹏担任主编，由山东商务职业学院黎海红、东营鲁辰投资有限公司商永辉、中央储备粮铁岭直属库有限公司赵彦、中国储备粮管理集团公司山东分公司黄南、中央储备粮盘锦直属库有限公司张培培、中国储备粮管理集团公司福建分公司戚浩担任副主编，具体编写分工为：田晓花、葛鹏、赵彦编写项目一和项目二；黎海红、刘华鹏、商永辉编写项目三和项目五；黄南、张培培、戚浩编写项目四。

由于编写时间仓促，编者水平有限，书中难免存在不足之处，恳请读者不吝指教。

编　者

目录

项目一　控制储粮温度

学习导入

在粮油储藏过程中，储粮温度、水分、粮堆湿度既互相影响，又无时无刻不受储粮外环境温度、湿度的影响，导致储粮状态发生变化。合理利用通风和密闭及干燥等技术措施，可充分利用有利的环境条件，引导储粮温度、水分、粮堆湿度向着有利于储粮安全的方向发展，避免不良条件对储粮的影响，从而提高储粮的稳定性。

任务一　控制储粮温度认知

情境描述

粮堆是一个复杂的人工生态体系，在此体系中，既有生物成分也有非生物成分，而粮食的储藏稳定性则取决于这些生物、非生物成分与环境间的相互作用、相互影响、相互制约，温度和水分是影响一切生物生命活动强弱的两个重要生态因子，特别是对呼吸作用的影响更为显著。

学习目标

知识目标

1. 了解低温储粮与害虫的关系。
2. 了解低温储粮与微生物的关系。
3. 掌握低温对粮食品质的影响。
4. 掌握低温储粮的方法。
5. 掌握控温储粮系统的组成。

能力目标

1. 能够准确选择低温储粮温度。
2. 能够正确选择多种方式进行控温储粮。

素质目标

1. 养成自觉遵守职业道德规范和职业守则的习惯。
2. 具有劳动安全意识。
3. 具有工匠精神。
4. 具有科研素养。

任务分解

子任务一	控制储粮温度认知

任务计划

通过查阅资料、小提示等获取知识的途径，获取控制储存粮油温度的相关知识。

知识点一　低温储粮原理

视频：低温储粮的原理

低温与储粮害虫的关系。温度是仓虫生活环境中最重要的无机环境因素，它对仓虫发育速度的影响比较明显，大多数重要的储粮害虫最适宜生长温度为25～35 ℃，极限低温为17 ℃，若将温度控制在17 ℃尤其在15 ℃以下时，虫体将开始呈现冷麻痹，此时，任何害虫都不能完成它们的生活史。当温度降到5～10 ℃时，昆虫会出现冷昏迷，这时，即使不能使其快速致死，也可使昆虫不能活动，并阻止它们取食，结果，会由于饥饿衰竭而间接地使害虫死亡。5 ℃以下虫类便不能蔓延发展。当温度降到0 ℃以下时，昆虫体液开始冷冻；−4.5 ℃以下昆虫体液冻结而致死。低温防治储粮害虫的效果，取决于低温程度，即在低温下所经历的时间及温度变化速度。很低的温度，能在短时间内致死害虫。如锯谷资、赤拟谷盗、烟草甲及粉斑螟在−10 ℃下，7～9 h死亡，在−20 ℃下，数分钟即死亡。害虫较长时间地处在较低的温度下，也会死亡，如米象的非成熟虫期，在1.6 ℃下经2周或在4.7 ℃下经3周死亡。偏低的温度，虽不能致死害虫，但也能有效地控制昆虫种群的增长，低温可延长完成一个世代的天数。

低温与粮食微生物的关系。粮食储藏期间感染的微生物大部分都是霉菌，其生长和繁殖在一定程度上取决于环境温度，同时，还与菌种及粮食含水量有关，因此，在一定范围内，低温能有效地防止储藏真菌的侵害。粮堆温度从−10 ℃到70 ℃左右都有相应的微生物

生长，但霉菌大多数为中温性微生物，生长的适宜温度为20～40 ℃，如青霉生长的适宜温度一般在20 ℃左右，曲霉生长的适宜温度一般在30 ℃左右，只有灰绿曲霉中个别种接近低温微生物时，最低生长温度可为－8 ℃。但是，微生物在低温下的正常生长还依赖于环境湿度，所以，在比较干燥的粮库中，粮温应保持在10 ℃以下，微生物的生长发育缓慢甚至停滞。一般来说，在低温库15 ℃以下，粮堆相对湿度为75%以下，可抑制大多数粮食微生物的生长和繁殖。

大多数微生物在低于生长的最低温度下，代谢活动降低，生长繁殖停滞，但仍能生存，一旦遇到适宜环境就可以继续生长繁殖。如在－20 ℃的低温库中，仍能分离到几种青霉、黑根霉、高大毛霉等，可见，低温抑菌是容易的，而想达到灭菌是很困难的。温度对一些霉菌的产毒也有影响，例如，黄青霉在30 ℃的温度下培养，42 h内青霉素的产量比在20 ℃下培养时产量高。因此，低温储粮不仅能抑制粮食微生物的生长与繁殖，同时，还可以防止和避免一些产毒菌株产生毒素，保证粮食的卫生。

低温对粮食品质的影响。粮温、仓温与粮粒本身的生命活动及代谢有着密切的关系。粮食的呼吸强度，各种成分的劣变及营养成分的损失都是随温度的升高而增加的，所以，低温储藏能有效地降低粮食由于呼吸作用及其他生命活动所引起的损失和品质变化，从而保持了粮食的新鲜度、营养成分及生命力。

低温储藏可以推迟粮食的品质劣变，延缓陈化，有效地保持粮食的生命力及新鲜度，达到安全储藏的目的。但应当指出，低温储粮的效果还与许多因素有关，特别是粮食本身的含水量，是影响低温储粮效果的一个重要因素，不可忽视。对于不同水分的粮食应采用不同的低温程度，才能达到理想的储藏效果。

知识点二　低温储藏方法

低温储藏的关键在于获得较低的仓温、粮温，这一过程的实现依赖于一定的冷源，目前，人类所能利用的冷源可分为自然冷源与人工冷源，在低温储粮中根据所利用的冷源及机械设备的不同，获得低温的方法不同，常可以分为如下几类：

(1)自然低温储藏。在储藏期间，单纯地利用自然冷源即自然条件来降低和维持粮温，并配以隔热或密封粮措施。自然低温储藏按获得低温的途径不同，又可以简单地分为地上自然低温储藏、地下低温储藏和水下低温储藏，由于自然低温储藏完全利用自然冷源，因此，受地理位置、气候条件及季节的限制较大，其冷却效果常常不能令人满意。

(2)机械通风低温储藏。利用自然冷源-冷空气，通过机械设备-通风机对粮堆进行强制通风，使粮温下降，增加其储藏稳定性。机械通风低温储藏仍然属于利用自然冷源的范畴，同样，受气候条件和季节性的限制，所以，粮堆的机械通风常在秋末冬初进行，但是机械通风低温储藏由于实行了强力通风、强制冷却，所以，冷却效果常好于自然低温储藏，当然保管费用也较高。

(3)机械制冷低温储藏。在低温仓中利用一定的人工制冷设备使粮仓维持在一定的低温范围，并使仓内空气进行强制性循环流动，达到温湿分布均匀的低温储藏方法。此低温储藏法是利用人工冷源冷却粮食，因此，不受地理位置及季节的限制，是成品粮安全度夏的理想途径，是低温储藏中储藏效果最好的一种，但由于机械制冷低温储藏设备价格较高，且对仓房隔热性有一定的要求，所以，投资较大、保管费用也偏高。

知识点三　控温储粮系统组成

控温储粮是通过将粮堆温度控制在规定的低温范围内，从而达到减少有害生物滋生、延缓粮食品质劣变、减少储粮损耗为目的的储粮技术。控温储粮系统是粮仓屋面隔热、墙体隔热、粮面压盖隔热、仓内空气层补冷、内环流等单一或几种控温形式的优化集成组合。控温储粮技术降低粮温是前提，隔热保冷是关键。

视频：控温储粮系统组成及控温储粮技术要点

一般来说，处于安全水分以内的粮食，只要控制粮温在15℃以下，便可抑制粮食的呼吸作用，呼吸强度明显减弱，甚至当粮食含水量达到临界水分时，在较低温度下，仍不出现呼吸强度显著增加的现象，低温储藏有利于粮食品质的保持，尤其是对发芽率的保持具有明显的效果，低温储藏还可以使粮食保持良好的感官品质及蒸煮品质，如色泽、气味、口感、黏性及硬度等。

子任务一　控制储粮温度认知

工作任务

控制储粮温度认知工作任务单

分小组完成以下任务： 1. 查阅控制储粮温度相关内容。 2. 填写查询报告。

任务实施

查询资料→小组讨论→小组汇报→教师点评→总结提升→填写报告。

1. 查询资料

控制储粮温度相关内容。

2. 小组讨论

(1)低温储粮与害虫的关系。

(2)低温储粮与微生物的关系。

(3)低温储粮对粮食品质的影响。

(4)低温储藏的方法。

(5)控温储粮系统的组成。

3. 小组汇报

小组就讨论结果进行汇报，形式自定。

4. 教师点评

教师根据每个小组的汇报情况进行点评。

5. 总结提升

汇总每个小组的结论，总结低温储粮与害虫的关系、低温储粮与微生物的关系、低温储粮与粮食品种的关系、低温储粮的方法及控温储粮系统的组成。

6. 报告填写

将结果填入表 1-1 中。

表 1-1 控制储粮温度认知学习任务评价表

阐述低温储粮与害虫的关系	
阐述低温储粮与微生物的关系	
阐述低温储粮与粮食品质的关系	
列举低温储粮的方法	
阐述控温储粮系统的组成	

任务评价

按照表 1-2 评价学生工作任务完成情况。

表 1-2 任务考核评价指标

序号	工作任务	评价指标	分值比例	得分
1	查询资料	(1)能够准确查询资料； (2)对资料内容分析整理	20%	
2	小组讨论	根据要求将查询内容进行分类，归纳总结	20%	
3	小组汇报	(1)小组合作完成； (2)汇报时表述清晰，语言流畅； (3)阐述低温储粮与害虫的关系、低温储粮与微生物的关系、低温储粮与粮食品质的关系、低温储粮的方法及控温储粮系统的组成	30%	
4	点评修改	根据教师点评意见进行合理修改	10%	
5	总结提升	总结本组的结论，能够灵活运用	10%	
6	综合素养	(1)会查阅资料并能分析出有效信息，具有信息处理能力 (2)小组分工合作，责任心强，能够完成自己的任务	10%	
合计			100%	

巩固与练习

1. 关于低温储粮的描述，下列说法错误的是(　　)。
   A. 温度是仓虫生活环境中最重要的无机环境因素，它对仓虫发育速度的影响比较明显
   B. 低温防治储粮害虫的效果，取决于低温程度，即在低温下所经历的时间及温度变化速度
   C. 粮食在储藏期间感染的微生物大部分是霉菌，其生长和繁殖在一定程度上取决于环境温度，同时，还与菌种及粮食含水量有关
   D. 一般来说，处于安全水分以内的粮食，只要控制粮温在 25 ℃以下，便可抑制粮食的呼吸作用，呼吸强度明显减弱
2. 依据冷源及机械设备的不同，获得低温的方法，常可分为(　　)。
   A. 自然低温储藏　　B. 机械通风低温储藏
   C. 机械制冷低温储藏　　D. 以上均不正确

任务二　隔热控温储粮

情境描述

储粮温度在夏季能否维持在一个合理的低温状态，不仅与仓型有关，同时与仓房围护结构的隔热保冷性能也有直接的关系。一般粮库的隔热保冷措施采用的是由多层材料组成的隔热围护结构，以减少外界热量向仓房内的热量传递。良好的隔热结构，不仅能保持仓温和粮温的稳定，同时给夏季储粮一个安全的储藏环境。

学习目标

知识目标

1. 掌握隔热控温储粮的原理。
2. 了解控温储粮技术的适用范围。
3. 掌握控温储粮系统的组成。

能力目标

1. 能够准确说出控温储粮目标参考值。
2. 能够阐述控温储粮技术要点。

素质目标

1. 养成自觉遵守职业道德规范和职业守则的习惯。

2. 具有劳动安全意识。
3. 具有工匠精神。
4. 具有科研素养。

任务分解

子任务一	隔热控温储粮认知
子任务二	采用隔热材料盖粮面隔热控温

任务计划

通过查阅资料、小提示等途径，获取隔热控温储粮技术要点及控温储粮目标参考值。

任务资讯

知识点一　隔热材料

通常将热导率小于 0.23 W/(m·K)、堆积密度小于 1 000 kg/m³ 的建筑材料称为隔热材料或保温材料。在选择隔热材料时应考虑以下原则。

视频：隔热控温储粮

1. 热导率小

热导率是选择隔热材料首先应考虑的性能参数。一般低温库中使用的隔热材料的热导率 λ 应在 0.024～0.14 W/(m·K)，以保证其隔热性能。

2. 堆积密度小

隔热材料之所以具有较小的热导率和它的多孔性结构是分不开的。在隔热材料的微孔中充满了空气，而空气质轻，多孔性材料堆积密度小、热导率小，因此，堆积密度小的材料内部孔隙多，热导率小，隔热性能好。但是需要注意的是，隔热材料中的孔隙应足够小，如果孔隙较大甚至连成大洞，则会产生较强的对流传热，使隔热材料的隔热性大幅下降，所以，隔热材料的堆积密度也可在一定程度上说明其隔热性。如膨胀珍珠岩堆积密度为 300 kg/m³ 时，热导率 λ 为 0.12 W/(m·K)；而堆积密度为 90 kg/m³ 时，热导率 λ 为 0.045 W/(m·K)。由此可见，良好的隔热材料多为孔隙多、密度小的轻质材料。

3. 材料本身不易燃烧或可自熄

隔热材料最好具有较好的耐火性、安全性，在发生火灾时，不致沿隔热材料蔓延至其他地方和产生有毒气体。如目前常用的聚苯乙烯泡沫塑料有两种，一种是可发性聚苯乙烯泡沫塑料；另一种是可熄性聚苯乙烯泡沫塑料。后者离开火焰后，在 2 s 内可自行熄灭，比较安全，但其价格比前者约高 25%。

4. 机械强度高

机械强度高主要是对预制板材的要求，板材具有一定的机械强度可以避免在使用一定时期后出现变形、凸起、挠曲、沉陷和剥落等现象。另外，选择机械强度高的隔热材料，还可以简化施工中的支撑结构，减少“冷桥”，降低施工费用。

5. 其他性能

要求隔热材料应具备一定的憎水性，不易吸水、霉烂、虫蛀和鼠食，无毒安全，低价易购，施工方便。

以上几个方面是在选择隔热材料时的一般性原则，就目前所使用的隔热材料来讲，难以完全满足所有要求。因此，在选择隔热材料时要因地制宜，尽量就地取材，考虑材料的主要特性，尽可能做到经济合理。

知识点二　常用隔热材料简介

常用的隔热材料包括稻壳、膨胀珍珠岩、膨胀蛭石、聚苯乙烯泡沫塑料和硬质聚氨酯泡沫塑料等。

1. 稻壳

稻壳又称砻糠，如图 1-1 所示。因其价格低、取材容易，被广泛应用于低温库的隔热结构中，特别在外墙中应用较多。尤其在粮油部门稻壳来源极为丰富，所以是较早在低温粮库中使用的隔热材料之一。

干稻壳的堆积密度为 150 kg/m^3，其热导率随含水量不同而变化，在 0.093～0.16 W/(m·K)。这种材料的主要缺点是憎水性差，吸湿性强，易生虫、霉烂和鼠咬，在使用期间还易产生密实性下沉。因此，在使用之前应将稻壳充分晒干，灌注时力求密实，在使用中要定期检查，发现沉陷应及时填充密实，避免结构中出现冷桥现象。另外，为了保证其隔热性能，使用若干年后应将稻壳进行更换或取出翻晒干燥后再进行填充。

2. 膨胀珍珠岩

膨胀珍珠岩如图 1-2 所示。其是目前国内低温库、民用住宅及工业建筑中常用的散粒状隔热材料，常用于低温库外墙及仓顶的隔热。它是以珍珠岩、黑曜岩或松脂岩为原料，经破碎、预热、焙烧(1 180～1 250 ℃)，使其内部所含结晶水及挥发性成分急剧汽化，体积迅速膨胀并冷却成为白色松散颗粒状的膨胀珍珠岩。膨胀后的珍珠岩的体积为原体积的 7～30 倍。膨胀珍珠岩作为隔热材料，其优点是热导率小、堆积密度小、无毒、无味、无刺激，并能避免虫蛀、霉烂和鼠咬，且不燃烧，来源丰富，价格低；缺点是吸水率较高。膨胀珍珠岩吸水量可达本身质量的 2～9 倍，堆积密度越小其吸水率越高，吸水后其强度及隔热性能下降，因此，在使用中应保持其干燥。我国很多地区都有丰富的珍珠岩矿，如黑龙江、吉林、辽宁、河北、内蒙古、山西及浙江等地区。

3. 膨胀蛭石

膨胀蛭石如图 1-3 所示。其是以蛭石为原料，经烘干、破碎、焙烧(900～1 000 ℃)，在短时间内体积急剧增大而膨胀(约为 20 倍)成为由许多薄片组成的层状结构的松散颗粒。它具有与膨胀珍珠岩一样的特征，也是一种很好的保温材料。膨胀蛭石的堆积密度在 80～

120 kg/m³，热导率在 0.05～0.07 W/(m·K)，使用温度可高达 1 000～1 100 ℃，耐碱不耐酸，吸水性较大。蛭石的吸水性与堆积密度成反比，堆积密度越小吸水率越高，每当吸水率提高 1%时，它的热导率平均增加 2%左右。我国的蛭石资源也很丰富，如河南、山西、山东、湖北、辽宁、河北、陕西、四川等地区都有。

图 1-1　稻壳

图 1-2　膨胀珍珠岩

4. 聚苯乙烯泡沫塑料

泡沫塑料是以各种树脂为原料，加入一定量的发泡剂、催化剂、稳定剂等辅助材料，经加热、发泡、膨胀而制成的一种新型轻质隔热材料。因其种类很多，均以所用树脂名称而得名。用作隔热保温的泡沫塑料可分为硬质和软质两种。在围护结构中使用的泡沫塑料均属硬质泡沫塑料，且常为预制板材。目前应用较普遍的是聚苯乙烯硬质泡沫塑料，如图 1-4 所示。聚苯乙烯硬质泡沫又可分为自熄性和非自熄性两种。在隔热结构中以使用自熄性为宜。聚苯乙烯泡沫塑料是以石油的副产品苯与乙烯合成为苯乙烯，再聚合成颗粒状的聚苯乙烯，然后加入戊烷或异戊烷作为发泡剂，若再加入溴化物则可生产为自熄性聚苯乙烯泡沫塑料。这种材料加工方便，可根据需要做成不同厚度、不同大小的板材，也可做成管壳，灵活性好。聚苯乙烯泡沫塑料的优点是隔热保温性好，热导率常在 0.034 W/(m·K)左右，堆积密度小，有一定的憎水性，抗压强度高，不易腐烂变质，施工方便，不被虫蛀、霉烂和鼠咬。

图 1-3　膨胀蛭石

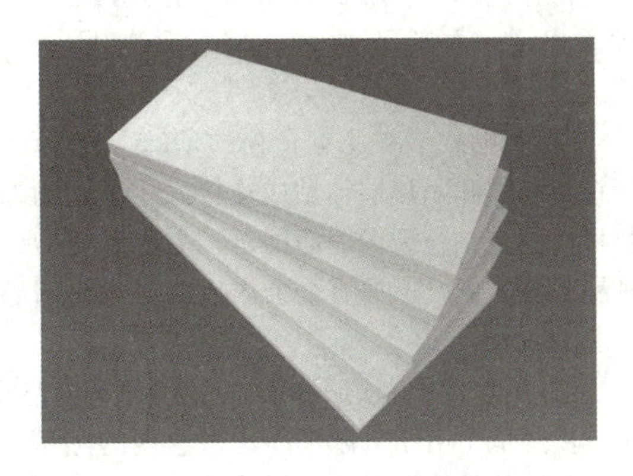

图 1-4　聚苯乙烯泡沫塑料

在聚苯乙烯泡沫塑料的使用中需要特别注意的是板块之间的连接，施工时一定做到连接严密，不留缝隙，消灭冷桥现象。板块间的连接可分为黏接、搭接或两种方法同时使用。聚苯乙烯泡沫塑料的冷收缩现象较明显，且使用温度最高不得超过 75 ℃。另外，在使用和存放聚苯乙烯泡沫塑料时应避免长期受阳光的照射，以防止老化，从而延长使用寿命。

5. 硬质聚氨酯泡沫塑料

硬质聚氨酯泡沫塑料如图 1-5 所示。其堆积密度为 20～50 kg/m^3，热导率在 0.023～0.042 W/(m·K)，抗压强度为 147～196 kPa，使用温度为 70～160 ℃。由于其气泡结构几乎全部是不相连通的。所以，防水、隔热性能都很好。硬质聚氨酯泡沫塑料可以根据不同的使用要求采取预制、现场发泡、喷涂或浇注成型的制作方式，还可以配制不同密度、强度、耐热的泡沫体，适用于快速施工。由于其黏结牢固，包裹密实，内外无接缝，又能保证隔热效果，既减少了隔热层厚度，又减少了施工工序，是一种很有前途的隔热材料，只是目前价格较高，经济性差。

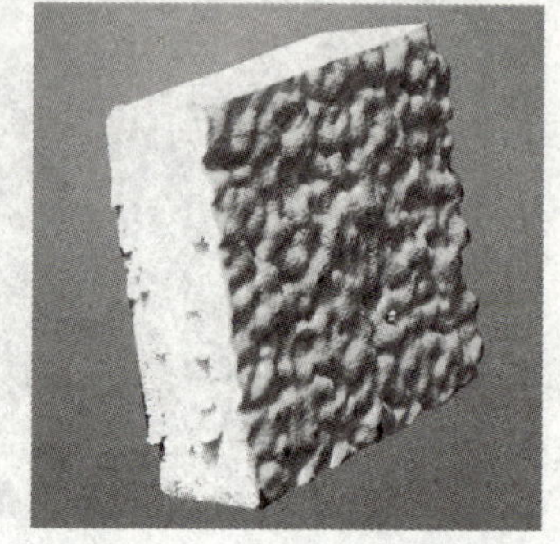

图 1-5 硬质聚氨酯泡沫塑料

知识点三 隔热结构

1. 墙体

目前，国内粮库的隔热墙结构多为夹心墙。因为在隔热层的内、外侧由于温差的存在会造成一个蒸汽分压力差值，使大气中的水蒸气同空气一起进入隔热层，并向低温、水汽压更低的地方渗透。因此，在这种夹心墙隔热结构中，除做隔热层外，还必须设置防潮层。隔热墙体基本结构如图 1-6 所示。

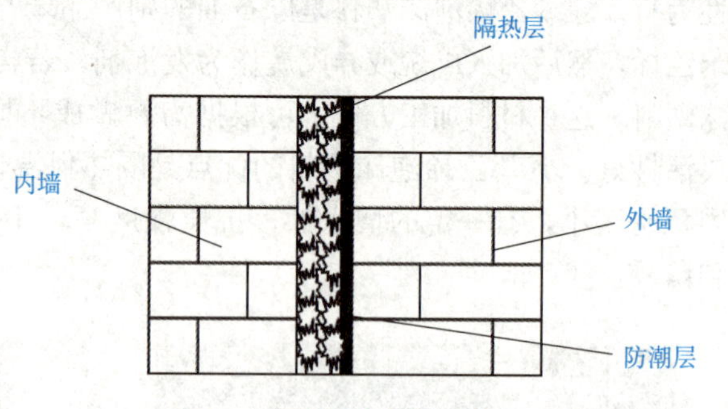

图 1-6 隔热墙体基本结构

2. 屋顶

粮库的屋顶隔热结构最常见的有两种形式，一种为直贴式；另一种为吊顶式。

(1)直贴式。在原有仓顶的基础上直接将防潮层和隔热层粘贴或连接固定，因为通常仓库屋顶均具备防潮层，所以一般只将隔热材料固定在仓顶内表面即可，工程量较小。如果选用板型隔热材料如聚苯乙烯泡沫塑料，则施工更方便，但原有仓顶内表面必须平滑整洁，无横梁阻挡。直贴式仓顶隔热基本结构如图 1-7 所示。

(2)吊顶式。利用吊顶层使屋顶与仓内空间隔开，并且两者之间留有空气隔热层。这样进一步降低了由于太阳辐射进入仓内的热量，提高了隔热效果，是目前粮库普遍采用的一种屋顶隔热结构。吊顶式结构的隔热效果优于直贴式，并适用于原有仓顶内表面不平滑或有梁阻挡等情况。吊顶式仓顶隔热基本结构如图 1-8 所示。

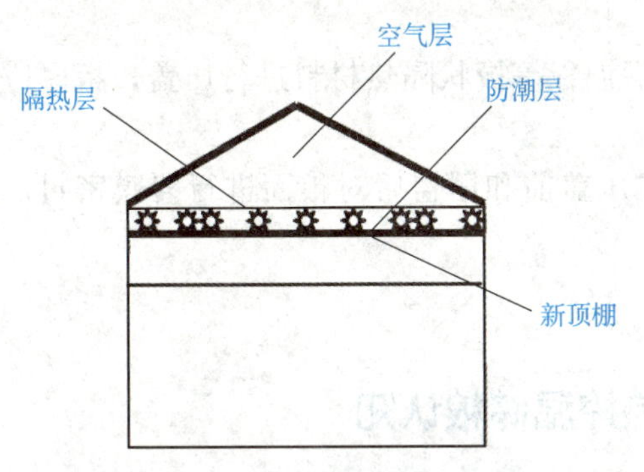

图 1-7　直贴式仓顶隔热基本结构图

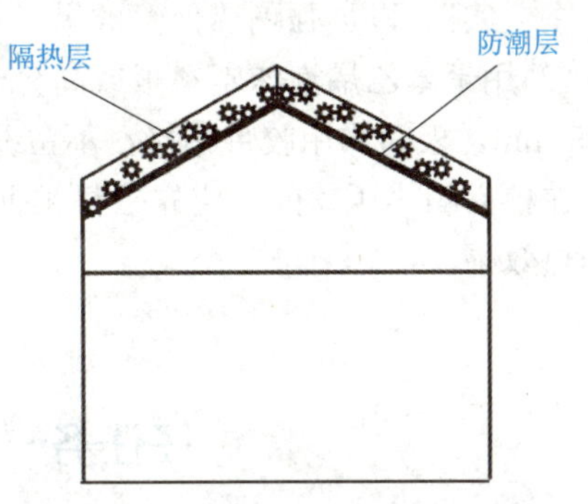

图 1-8　吊顶式仓顶隔热基本结构图

3. 门窗

过夏期间，储粮仓房应以密闭为主，仅留一个仓门供进出，其余的门窗宜封死，或用适当的隔热材料堵塞，预留的门应采用双层隔热仓门。

仓门应是可以活动、启闭的隔热围护结构，要求轻巧、启闭灵活、密封性好，所以应选用强度高、质轻、耐低温、隔热性能好和不易变形的材料制作，并且隔热层应有足够的厚度，在门边缘还应装有密封条，利用其弹性，使门缝密闭。另外，当仓门的尺寸较大时，应在右下方开有一个小门，供平时操作、检验人员出入，而大门则应尽量少开，防止过多的热量从门进入库内。隔热仓门一般选用铝合金或镀锌薄钢板按门的尺寸大小做成一个具有一定厚度的壳子，中间填充如超细玻璃棉、聚苯乙烯泡沫塑料、硬质聚氨酯泡沫塑料、膨胀珍珠岩等隔热材料。

一般情况下，当储粮冷却到粮温接近仓外低温时，应立即密封仓房门窗。可把暂时不用的门窗封死，在其两侧用塑料薄膜或其他密封材料密闭，不留缝隙。

4. 通风口

为了保证降温后保温效果，通风口部位也应做相应的密封处理。一般做法：通风口四周金属管壁先用聚苯乙烯泡沫塑料保温，外围再做相应的防潮、密封处理。通风口盖板(或称为盲板)一般在内部粘贴聚苯乙烯泡沫塑料，尺寸大小应与风口大小相适应。盖板与通风口连接处应做相应的密封处理，防止湿热空气由此而入，影响仓内粮温。

知识点四　粮面隔热压盖

选择合适的隔热材料进行粮面压盖，能有效地控制粮温(特别是上层粮温)的上升，这是一种克服仓屋面隔热性能较差、实现低温粮堆隔热保温的经济有效方法。

粮面隔热压盖的主要方式如下。

(1)在平整过的散粮面上先铺隔离纱网(如细目纱网、窗纱、6 针遮阳网)或其他铺垫物，再将处理后干燥无虫的稻壳输送入仓，均匀铺盖，压盖厚度为 250～300 mm，达到厚薄均匀一致。这种散装稻壳一般适用于稻谷堆的隔热压盖。

(2)用稻壳或异种粮装袋压盖，每袋装半包稻壳，均应平贴合缝，互相错缝，做到“平、紧、密、实”，以加强隔热保温效果。

(3)用聚苯乙烯泡沫塑料板或高分子隔热保温板等板状隔热材料进行压盖，板厚应不小于25 mm，板间均用胶带粘接，不留缝隙。

在粮面隔热压盖前，应先平整粮面，可在压盖前和压盖后对粮面进行覆膜密封，以增强隔热效果。

子任务一　隔热控温储粮认知

工作任务

隔热控温储粮认知工作任务单

分小组完成以下任务： 1. 查阅隔热材料的选用原则、常见隔热材料的类型、隔热结构及粮面隔热压盖方式等内容。 2. 填写查询报告。

任务实施

查询资料→小组讨论→小组汇报→教师点评→总结提升→填写报告。

1. 查询资料

(1)隔热材料的选用原则、常见隔热材料的类型。

(2)墙体、仓顶、门窗、通风口隔热措施。

(3)粮面隔热压盖方式。

2. 小组讨论

(1)隔热材料的选用原则及常见隔热材料的类型。

(2)隔热措施及粮面隔热压盖方式。

3. 小组汇报

小组就讨论结果进行汇报，形式自定。

4. 教师点评

教师根据每个小组的汇报情况进行点评。

5. 总结提升

汇总每个小组的结论，总结常见的隔热措施。

6. 填写报告

将结果填入表1-3中。

表1-3　隔热控温储粮认知

阐述隔热材料的选用原则	
列举常见隔热材料的类型	
画出粮库的隔热墙结构图	
写出粮面隔热压盖的主要方式	

任务评价

按照表 1-4 评价学生工作任务完成情况。

表 1-4　任务考核评价指标

序号	工作任务	评价指标	分值比例	得分
1	查询资料	(1)能够准确查询资料； (2)对资料内容分析整理	20%	
2	小组讨论	根据要求将查询内容进行分类，归纳总结	20%	
3	小组汇报	(1)小组合作完成； (2)汇报时表述清晰、语言流畅； (3)正确把握隔热材料的原则及常见隔热材料的特点； (4)准确绘制隔热墙的结构，并阐述粮面隔热压盖方式	30%	
4	点评修改	根据教师点评意见进行合理修改	10%	
5	总结提升	总结本组的结论，能够灵活运用	10%	
6	综合素养	(1)会查阅资料并能分析出有效信息，具有信息处理能力； (2)小组分工合作，责任心强，能够完成自己的任务	10%	
合计			100%	

子任务二　采用隔热材料盖粮面隔热控温

工作任务

春季气温回升之前，在粮面敷设保温隔热材料，以延缓高温季节上层粮温的上升。

任务实施

1. 任务分析

利用稻壳进行粮面压盖隔热需要明确以下问题：

(1)粮面压盖隔热的时机选择。

(2)粮面压盖隔热材料的选取。

(3)粮面压盖隔热的操作流程。

2. 器材准备

散装稻壳、振动筛、输送设备、细齿耙子、扫帚、走道板等。

3. 操作步骤

(1)平整粮面。稻壳压盖前，应先将仓内粮面耙平，对高低悬殊的部位应削平补齐，不能有局部凹凸不平的情况。可利用工具在全仓范围内反复拖耙，直至全仓粮面基本平整一致为止。平整粮面操作现场如图 1-9 所示。

图 1-9　平整粮面操作现场

(2)稻壳清理消毒。应选用较干净完整的稻壳，混有其他杂质的稻壳不能直接压盖。稻壳清理宜选用振动筛。稻壳经消毒、杀虫和干燥后备用，如图 1-10 所示。

(a)

(b)

图 1-10　稻壳清理消毒

(3)将稻壳输送入仓。稻壳打包后，用包、散两用输送设备通过门窗送入仓内。输送机长度一般不小于 15 m，出料端应固定人员搬运，以免损坏包装物，并应注意安全，如图 1-11 所示。

(4)压盖铺设稻壳。入仓稻壳包应根据预设的压盖厚度合理摆放，边拆口线倒包边平整稻壳，并利用细齿耙子和扫帚等工具平整稻壳面，保证整仓稻壳面平整一致，如图 1-12 所示。

图 1-11　将稻壳输送入仓

图 1-12　压盖铺设稻壳

(5)铺设粮面走道板。为方便仓内日常作业，应在稻壳面上合理铺设纵横交错的走道板，走道板宽度一般为50～80 cm，如图 1-13 所示。铺设走道板应两头拉线摆放整齐，保证横平竖直。沿墙走道板一般距离墙 1 m 左右，并尽量避开灯具、视频监控探头等设施。

图 1-13　铺设粮面走道板

(6)精细平整粮面。走道板铺设完成后，用细软扫帚、遮阳网、鸡毛掸等刷平整理稻壳面，保证全仓稻壳表面水平一致，如图 1-14 所示。

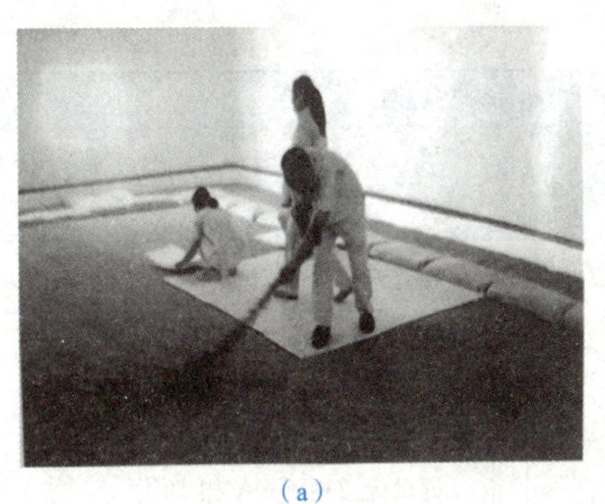
(a)

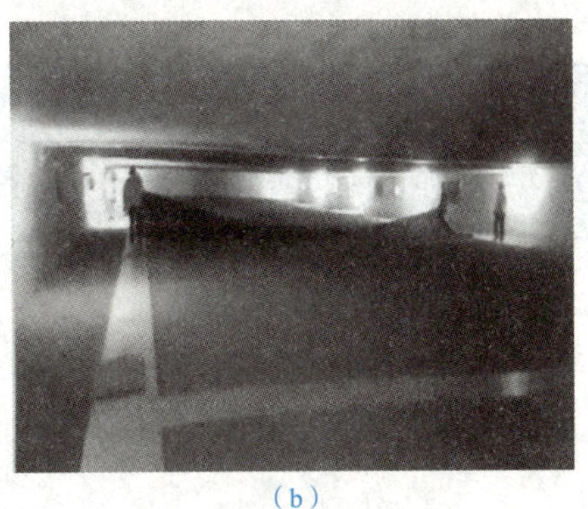
(b)

图 1-14 精细平整粮面

注意事项如下：散装稻壳仅适用于稻谷仓压盖。玉米等粮种宜采用稻壳包或泡沫板压盖。应保证压盖稻壳与照明设施、视频监控探头等设施的有效间距，避免失火。

(7)包装稻壳压盖仓房。包装稻壳压盖仓房如图 1-15 所示。要求如下：将清杂和杀虫处理后的稻壳使用完好的麻袋或编织袋灌包缝口；将包装稻壳分行列均匀整齐地铺设于粮面并压实；压盖厚度≥25 cm。

图 1-15 包装稻壳压盖仓房

任务评价

评价表见表 1-5。

表 1-5 采用散装稻壳压盖粮面隔热控温评价表

班级： 姓名： 学号： 成绩：

试题名称		采用散装稻壳压盖粮面隔热控温			考核时间：20 min		
序号	考核内容	考核要点	配分值	评分标准	扣分	得分	备注
1	准备工作	安全防护	5	未戴安全帽、穿工作服扣 2 分			
		工具用具准备		检查工具不规范、不全面扣 3 分			
2	操作前提	散装稻壳压盖粮面隔热控温时机选择	10	粮面隔热控温时机不正确扣 10 分			
3	操作过程	操作规范 步骤完整	80	仓内整体不平整扣 10 分，局部凹凸不平扣 5 分			
				稻壳未消毒扣 10 分			
				稻壳未杀虫扣 10 分			

续表

试题名称		采用散装稻壳压盖粮面隔热控温			考核时间：20 min		
序号	考核内容	考核要点	配分值	评分标准	扣分	得分	备注
3	操作过程	操作规范 步骤完整	80	稻壳未干燥扣 10 分			
				入仓稻壳包未按照预设压盖厚度合理摆放扣 10 分			
				铺设走道板不规整扣 10 分			
				走道板距离墙 1 m 左右，未达标准扣 10 分			
				铺设完成精细清理粮面扣 10 分			
4	使用用具	熟练规范使用检测仪器	5	检测仪器使用不规范扣 2 分			
		仪器使用维护		操作结束后仪器未归位或复原扣 3 分			
		合计	100	总得分			

巩固与练习

1. 关于稻壳作为隔热材料的优点、缺点，下列描述正确的是(　　)。

A. 价格低　　B. 憎水性强

C. 易生虫、霉烂和鼠咬　　D. 易产生密实性下沉

2. 关于屋顶隔热结构的描述，下列说法正确的是(　　)。

A. 最常见的有两种形式，一种为直贴式；另一种为阁楼式

B. 直贴式适用于原有仓顶内表面不平滑或有梁阻挡等情况

C. 吊顶层使屋顶与仓内空间隔开，并且两者之间留有空气隔热层，进一步降低了由于太阳辐射进入仓内的热量，提高了隔热效果

D. 吊顶式隔热效果优于直贴式

3. 在粮面隔热压盖前应先平整粮面，可在压盖前和压盖后对粮面进行覆膜密封，以增强隔热效果。这种说法(　　)。

A. 正确　　B. 错误

任务三　机械通风控温储粮

情境描述

机械通风控温储粮技术是目前粮食储藏的一项重要技术，其实施不仅增强了储粮的稳定性，同时保管费用较低、操作简单、容易掌握、为安全储粮奠定了良好的管理基础。

学习目标

知识目标

1. 熟悉机械通风控温储粮的用途及通风系统的组成分类。
2. 掌握通风机(风机)的分类及性能特性。

能力目标

1. 能够对通风条件进行正确判断与合理选择。
2. 能够进行通风机的参数计算与测定。
3. 能够进行轴流式通风机降低仓温。
4. 能够进行散装粮机械通风降温。
5. 能够进行散装粮局部机械通风降温。

素质目标

1. 具有创新思维。
2. 具有一丝不苟的精神。

任务分解

子任务一	机械通风控温储粮认知
子任务二	采用轴流式通风机降低仓温
子任务三	使用机械通风技术降低储粮温度
子任务四	采用单管通风降低储粮局部温度

任务计划

通过查阅资料、小提示等获取知识的途径，获取机械通风控温储粮技术要点，并进行机械通风操作。

任务资讯

知识点一　通风机的原理和分类

视频：通风机作用原理及风机性能参数

通风机是通风系统中的一个重要设备，用它来输送空气，并克服系统的阻力，保证通风作业的完成。

常用的通风机有离心式通风机、轴流式通风机(轴流风机)、混流式通风机，如图 1-16 所示。

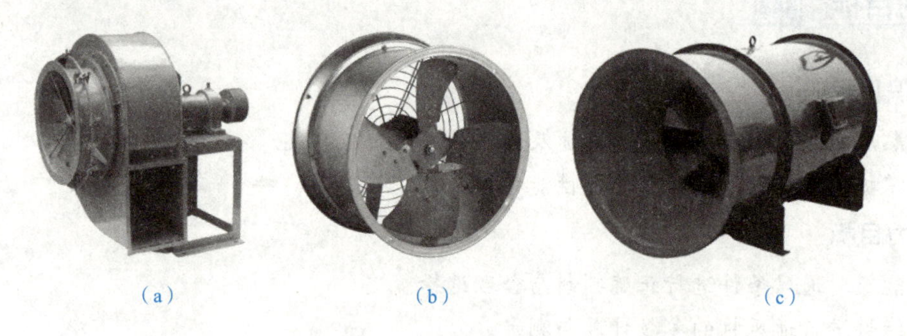

图 1-16　通风机的种类

(a)离心式通风机；(b)轴流式通风机；(c)混流式通风机

1. 离心式通风机

(1)离心式通风机的工作原理。如图 1-17 所示，离心式通风机主要由叶轮 2、机壳 1、进风口(又称吸气口)4、出风口(又称排气口)5 和电动机等部件组成。通风机的叶轮在电动机的带动下随机轴 3 高速旋转，叶轮叶片间的空气随着叶轮旋转获得离心力，空气在离心力作用下由径向甩出而汇集到机壳并由排气孔排出，同时在吸气口形成真空，大气中的空气在大气压力作用下被吸入叶轮，以补充排出的空气，这样叶轮不停旋转，则有空气不断地进入风机和从风机排出，从而保证风机连续地输送空气。

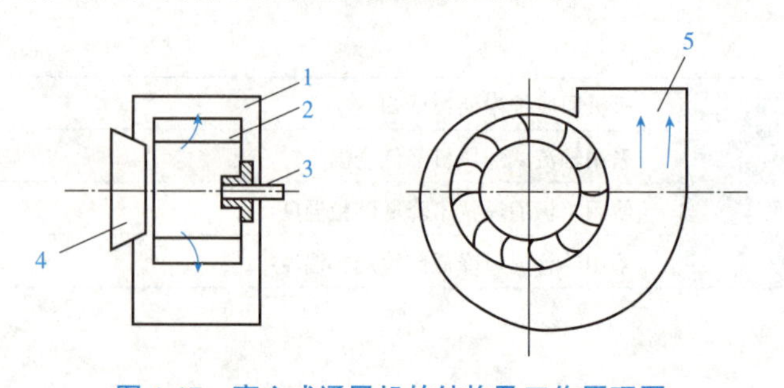

图 1-17　离心式通风机的结构及工作原理图

1—机壳；2—叶轮；3—机轴；4—吸气口；5—排气口

动画：离心通风机工作过程

(2)离心式通风机的分类。离心式通风机按其产生压力的不同，可分以下三类：

①低压风机。低压风机风压小于 1 000 Pa。在老型房式仓储粮机械通风系统中，经常

选用这种风机。

②中压风机。中压风机风压为1 000～3 000 Pa，用于管道较长、粮层较厚，系统阻力较大的风网。在新型高大房式仓和浅圆仓机械通风系统中，可选用这种风机。

③高压风机。高压风机风压大于3 000 Pa。这种风机用于物料的气力输送系统或阻力大的通风除尘系统及立筒仓通风系统。

2. 轴流式通风机

(1)轴流式通风机的工作原理。如图1-18所示，轴流式通风机构造简单，其叶轮3安装在圆形风筒内，叶轮上的叶片是扭曲的，电动机的机轴直接与叶轮连接，通风机一端有一个圆弧形进风口1，以避免空气进入风机后突然收缩。当电动机4带动叶轮旋转后，空气由进风口吸入，经过叶片获得能量，再经扩散筒5，这时部分动能转变为静压，空气流出，送到风网。由于空气在风机中始终是沿叶轮轴向流动的，所以这种通风机称为轴流式通风机。

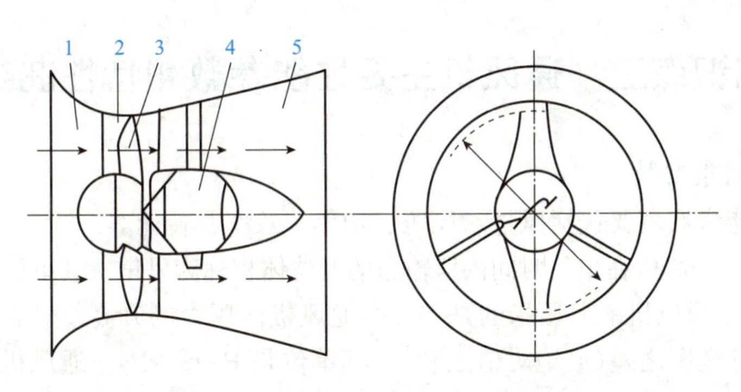

图1-18　轴流式通风机的结构及工作原理图

1—进风口；2—机壳；3—叶轮；4—电动机；5—扩散筒

(2)轴流式通风机的分类。轴流式通风机可按压力、结构形式及传动方式进行分类。

①轴流式通风机按压力可分为低压轴流式通风机(风压$p<500$ Pa)和高压轴流式通风机(风压$p>500$ Pa)两类。

②轴流式通风机按结构形式可分为筒式、简易筒式和风扇式，如图1-19所示。

③轴流式通风机按传动方式可分为电动机直联传动、对旋传动、皮带传动、联轴传动及齿轮传动五种。

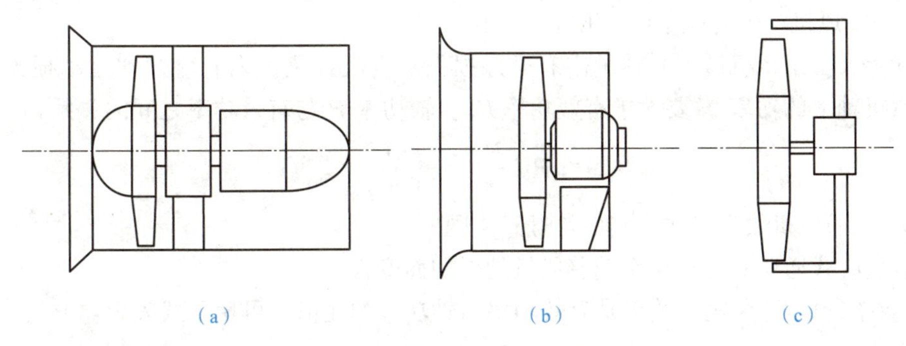

图1-19　轴流式通风机分类图

(a)筒式；(b)简易筒式；(c)风扇式

3. 混流式通风机

混流式通风机如图1-16(c)所示。混流式通风机主要由叶轮、机壳、进口集流器、导流片、电动机等部件构成。叶轮将具有子午加速特点的扭曲叶片焊接在锥形轮毂上，外形看起来更像传统的轴流式通风机；经过动平衡校验、超速试验，有良好的空气动力性能；机壳采用圆形，与消声功能的集风器连接成整体；出口装有导流片，具有良好的气流分布，压力稳定；整台风机结构紧凑、噪声低、体积小，配用双速电动机，可通过变速来调整风量、风压，具有压力高、风量大、效率高等特点。

混流式通风机是介于轴流式通风机和离心式通风机之间的通风机，混流式通风机的叶轮使空气既做离心运动又做轴向运动，壳内空气的运动混合了轴流与离心两种运动形式。因此，混流式通风机也称为子午加速轴流风机或斜流风机。

知识点二　通风机主要性能参数和特性曲线

1. 通风机的性能参数

通风机的性能参数主要包括风量、风压、功率、效率及转速等。

(1)风量(Q)。通风机在单位时间内所输送的气体体积称为风量，其单位是m^3/s或m^3/h。

(2)风压(H)。通风机的风压指的是空气在通风机内压力的升高值，它等于风机出口空气全压与进口空气全压之差(或绝对值之和)，其单位是Pa或kPa。通风机所产生的风压与风机的叶轮直径、转速、空气的密度及叶轮的叶片形式有关。

通风机的风压在转速一定时会随进风量改变而变化。

(3)功率(P)。空气从风机获得了能量，而风机本身消耗了能量，要靠外部供给能量才能运转。通风机在单位时间内传递给空气的能量称为通风机的有效功率P_y，其单位是W、kW，计算公式如下：

$$P_y=\frac{HQ}{3\ 600}$$

式中　P_y——风机的有效功率(W或kW)；

H——风机的风压(Pa)；

Q——风机产生的风量(m^3/h)。

实际上，由于风机运行时轴承内有摩擦损失，空气在风机内有碰撞和流动损失，因此消耗在风机轴上的功率N要大于有效功率P_y。轴功率P与有效功率之间的关系如下：

$$P=\frac{P_y}{\eta}=\frac{PQ}{3\ 600\eta}$$

式中　η——通风机效率。式中其他符号意义同前。

一般离心式通风机的轴功率随着风量的增加而变大。

(4)效率(η)。通风机的效率是有效功率与轴功率的比值，可用下式表示：

$$\eta=\frac{P_y}{P}\times100\%$$

通风机的效率反映了其工作的经济性。当采用试验方法及仪器测出风机的风量、风压

和轴功率后，就可计算出其效率。后向式叶片风机的效率一般为 80%～90%；前向式叶片风机的效率一般为 60%～65%，也有的前向式叶片的风机效率达到 85%。

2. 通风机的特性曲线

在通风系统中工作的通风机，即使是在同一转速下，它所输送的风量也可能不同。通风系统(风网)中的阻力小时，压力损失小，要求通风机的风压就小，输送的空气量就大些；如果系统的阻力大时，则要求通风机的风压就大，而它输送的空气量就小些。要全面评定风机的性能就要了解全压与风量、功率、效率、转速与风量的关系，这些关系就形成了通风机的特性曲线。为使用方便起见，通常将风压与风量(H-Q)、功率与风量(P-Q)、效率与风量(η-Q)三条曲线按同一比例画在一张图上，就构成通风机特性曲线。利用通风机的特性曲线确定其性能参数是很方便的，只要知道风量、风压、轴功率和效率四个参数中的一个，就可找到其余的三个参数。

(1)离心式通风机的特性曲线。图 1-20 所示是 4-72-11NO5A 离心式通风机在转速为 2 900 r/min 时的特性曲线。从图中可以看出，通风机在工作时，在一定的转速下，有一个最高效率点 η，相应于最高效率下的风量、风压和轴功率称为通风机的最佳工作状况。通风机在风网中工作时，应使其实际运转效率不低于 $0.9\eta_{max}$。根据此要求，4-72-11NO5A 通风机的风量允许调节的范围就如图 1-20 所示的 Q_1-Q_2，这个区间又称为通风机的经济使用范围。

(2)轴流式通风机的特性曲线。轴流式通风机特性曲线也是从试验中得到的，如图 1-21 所示。

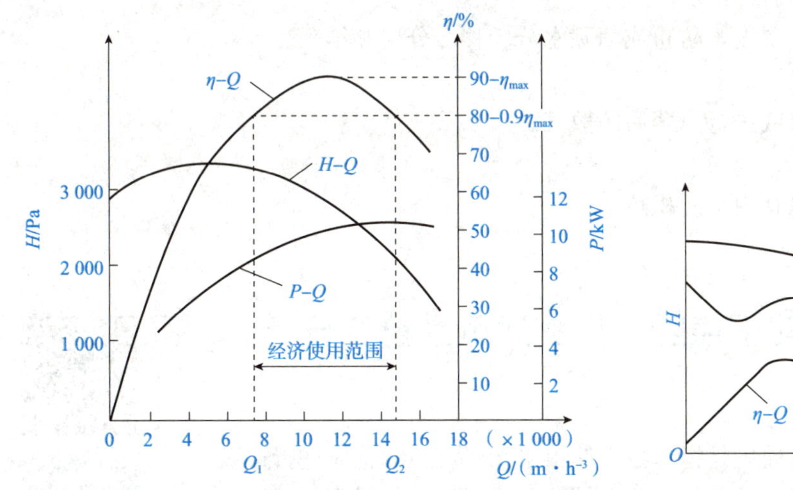

图 1-20　4-72-11NO5A 离心式通风机特性曲线

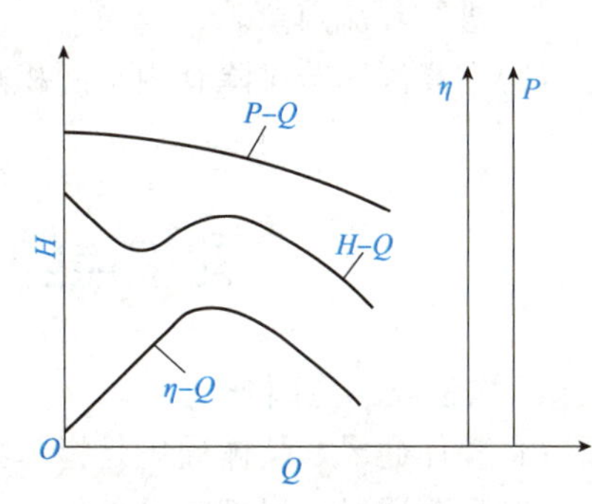

图 1-21　轴流式通风机特性曲线

从图 1-20 和图 1-21 中可以看出，轴流式通风机的特性曲线图与离心式通风机的特性曲线图比较，其主要特点如下：

①H-Q 的曲线很陡，当风量 Q 为零时，风压 H 的值最大。

②从 P-Q 曲线看到，风量越小所需的功率越大。

③η-Q 的曲线也很陡，这说明轴流式通风机允许的调节范围很小，也就是经济使用范围小。工作状态点变化时，容易超出经济使用范围。因此，使用轴流式通风机应注意以下几点。

a. 板形叶片轴流通风机的风量为零时所需功率最大，机翼形叶片轴流式通风机最大功率位于最高效率点附近，但风量小时，功率也很大，因此，轴流式通风机在启动时，就不应关小风量，而应将风口全部打开，以免造成电动机过载。

视频：通风系统测定常用仪器

视频：通风系统参数测定方法

视频：储粮通风机的选择及安装

b. 由于轴流式通风机允许调节范围小，因此不应采用闸门来调节风量，这样做很不经济。要改变风量时，最好采用改变电动机的转速或调整叶轮叶片的角度的办法。

知识点三　机械通风功能

机械通风是目前国内广泛采用的一种储粮技术，采取机械通风降温操作就是利用通风机使低温气体通过通风道进入粮堆，使粮堆内部气体与其进行冷热交换，降低储粮的温度，改变储粮环境。机械通风主要包括以下功能。

1. 降温通风

降温通风是指以降低储粮温度为目的的通风。

(1)处理发热粮或高温粮。

(2)降低机械烘干后储粮温度。

(3)在低温季节通风降低粮温，同时采取隔热处理实现低温储粮。

视频：储粮机械通风的作用及组成

2. 其他目的

(1)平衡粮堆温度、湿度，防止或消除水分转移、分层和结露。

(2)预防高水分粮发热。

(3)排除粮堆内异味或进行熏蒸后的散气。

(4)进行环流熏蒸。

(5)在高温季节排除仓内空间积热。

知识点四　机械通风系统的分类

1. 按通风的范围分类

(1)整体通风。整体通风是指对独立储粮单元(货位)的整体进行通风。

(2)局部通风。局部通风是指对独立储粮单元(货位)的局部进行通风。

视频：储粮机械通风的分类及仓房通风形式

2. 按风网的形式分类

(1)地槽通风系统。地槽通风系统是指仓房(货位)地坪之下建有固定槽形通风道的通风系统，适用于整体通风。

(2)地上笼通风系统。地上笼通风系统是指仓房(货位)地坪之上敷设笼形通风道的通风系统，适用于整体通风。

(3)移动式通风系统。

①单管通风系统：小型通风机与单个扦插式通风管配套，插入粮堆内进行通风的系统，

适用于局部通风或应急通风。

②多管通风系统：一台通风机带有多个扦插式通风管，插入粮堆内进行通风的系统，适用于局部通风或应急通风。

(4)箱式通风系统。箱式通风系统是指在粮堆内预埋箱型空气分配器的通风系统，须配合粮面揭膜方法或配合导风管使用，用于局部通风或全面通风。

(5)径向通风系统。径向通风系统是指筒状空气分配器竖置于粮堆中央，顶端封闭，使气流沿径向流动的通风系统，适用于筒式仓或粮囤通风。

(6)夹底通风系统。夹底通风系统是指仓房底部设全开孔底板的通风系统，适用于小型仓房的全面通风。

3. 按送风方式分类

(1)压入式通风。通风机正压送风，适用于降水通风和粮堆中、上层发热降温通风，如图 1-22 所示。

(2)吸出式通风。通风机负压吸风，适用于降温通风、调质通风、预防结露通风，尤适用于粮堆下层发热降温通风，如图 1-23 所示。

图 1-22　压入式通风

图 1-23　吸出式通风

(3)压入与吸出式相结合通风。在粮堆风网中，空气输入端由通风机正压送风，空气输出端由另一台通风机负压吸风，适用于粮层较厚、阻力较大的场合通风。或者在通风过程中，一个通风阶段采用压入式通风，另一个通风阶段采用吸出式通风，适用于粮层较厚、温度和水分不易平衡条件下的通风。

(4)环流通风。通风机的空气输入端和输出端，分别与粮堆风网的空气输出端和输入端相连接的密闭循环通风系统，适用于环流熏蒸和谷物冷却机环流冷却通风。

4. 按气流方向分类

(1)上行式通风。上行式通风是指外界空气从底部进入粮堆向上流动，穿过粮层后排出仓外的通风。

(2)下行式通风。下行式通风是指外界空气从粮堆表面进入粮堆向下流动，穿过粮层后，由仓底风道排出仓外的通风。

(3)横流式通风。横流式通风是指外界空气从粮堆一侧横流穿过整个或部分粮堆后进入另一侧，再排出仓外的通风。

5. 按空气温度调节方式分类

(1)自然空气通风。自然空气通风是指外界空气不经调节直接送入粮堆的通风。

(2)加热空气通风。加热空气通风是指外界空气经适当加热升温后送入粮堆的通风，主要用于降水通风。

(3)冷却空气通风。冷却空气通风是指外界空气经机械制冷后送入粮堆的通风。

6. 按通风机械设备类型分类

(1)离心式通风机通风。离心式通风机通风适用于风网阻力较大的通风。

(2)轴流式通风机通风。轴流式通风机通风适用于风网阻力较小的通风。其中，排风扇通风适用于低风压缓速降温通风。

(3)混流式通风机通风。混流式通风机通风适用于风网阻力适中状态下的通风。

(4)谷物冷却机通风。谷物冷却机通风适用于环境空气温度、湿度较高时的冷却通风。

知识点五　各种仓形的通风形式

根据各类仓房结构形式上的差异，目前国内储粮通风系统有以下几种形式。

1. 房式仓通风系统

房式仓通风系统根据通风形式的不同可分为以下几种类型。

(1)夹底通风系统。夹底通风系统是利用冲孔金属板做成通风地板，用支撑物将通风地板架空在原地坪上，气流在通风板下面进行分配，然后均匀穿过冲孔板进入粮堆。这是一种压力损耗小、气流分布均匀、通风量较大的一种通风形式。由于这种通风形式造价较高，且均匀性好，通风干燥仓多采用此种形式来进行较高水分储粮的通风降水。

(2)管槽通风系统。管槽通风系统是我国储藏领域应用最多的一种房式仓通风形式。根据风路运行的位置不同，此通风系统又可分为地槽和地上笼两种形式。地槽通风系统如图 1-24 所示；地上笼通风系统如图 1-25 所示。两种通风系统的优点和缺点见表 1-6。

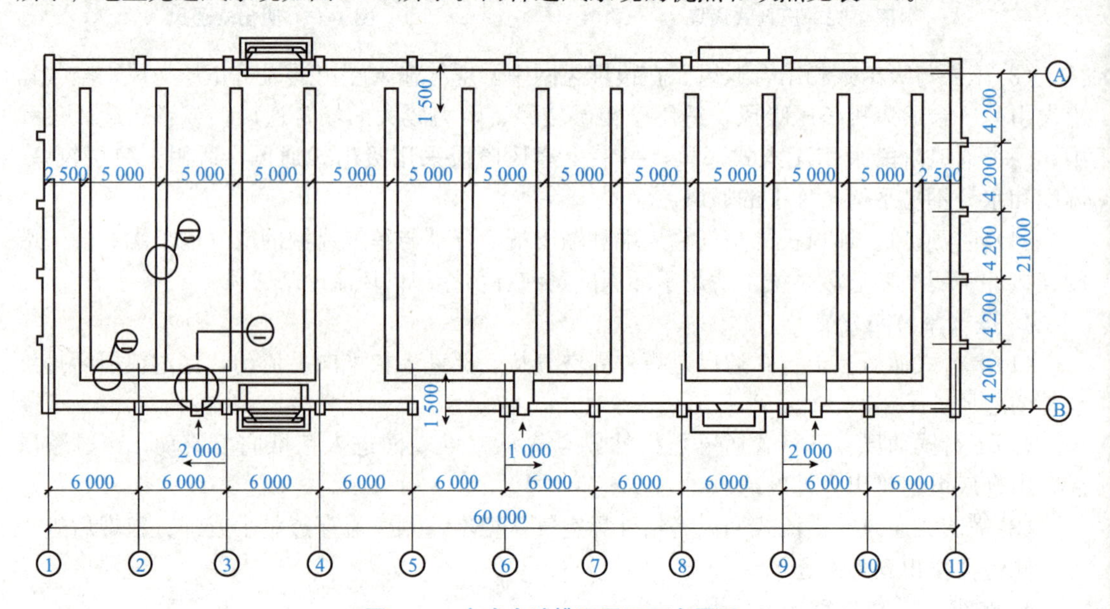

图 1-24　房式仓地槽通风平面布置图

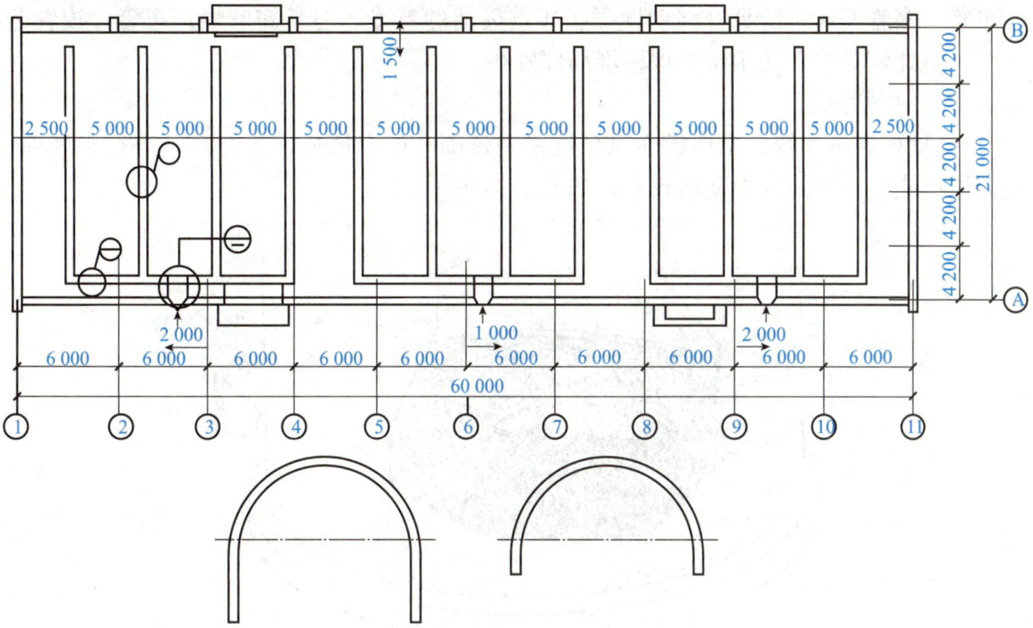

图 1-25　房式仓地上笼通风系统平面布置图

表 1-6　两种通风形式优点、缺点对比表

特点	地槽	地上笼
优点	通风均匀性良好；仓内地面平整，机械作业方便；不用现场安装和拆卸；不占用仓容；不需要器材库存放	通风均匀性良好；通风阻力较小；地坪不需要开沟挖槽
缺点	地坪需开沟挖槽；通风阻力比地上笼大	不用时需要占用一定的仓容或器材库存放地上笼

(3)单管、多管通风系统。单管、多管通风系统是指一台风机与一根或多根风管组成的移动式通风系统。单管通风系统通常用于解决粮堆局部发热，也可以采用整仓降温通风，但降温速度较慢，通风时可采用吸出式或压入式通风方式，如图 1-26 所示；多管通风系统主要用于高温粮降温或处理局部高温粮，如图 1-27 所示。

图 1-26　单管通风系统

图 1-27　多管通风系统

单管、多管通风系统具有移动性强、布点灵活的特点，但装卸麻烦，布管、拔管劳动强度大，电耗较高，多适用于处理粮堆局部发热。

2. 筒仓通风系统

(1)全地板通风系统。全地板通风系统采用带筛孔的金属板作为仓底，进行夹底通风，这类通风形式在小型筒仓中使用较多，如图 1-28 所示。

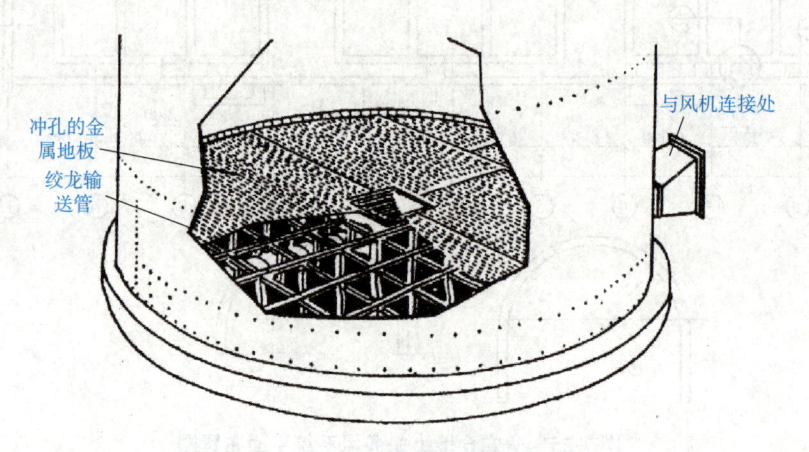

图 1-28　全地板通风系统

(2)卧式管道通风系统。为了减少通风系统的投资，往往将全地板通风改为多组管道通风，同样可以达到较理想的通风效果，如图 1-29 所示。

(3)径向管道通风系统。径向通风是在筒仓壁上固定安装 4 根半圆形冲孔金属管，每 2 根半圆形管道为一组，其中一组在筒仓上部汇流成 1 根管道引出仓顶，而另一组在筒仓底部汇流成一根管道引出仓外，通风时采用底部送风，顶部抽风，迫使气流沿筒仓直径方向横向流动，从而降低通风压头损失，如图 1-30 所示。

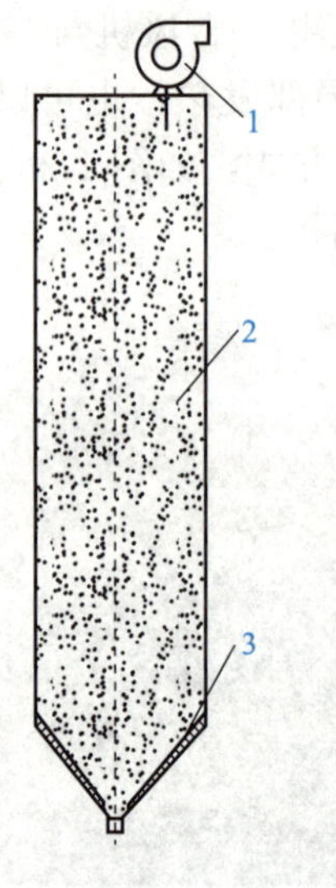

图 1-29　卧式管道通风系统

1—风机；2—筒仓；3—卧式风道

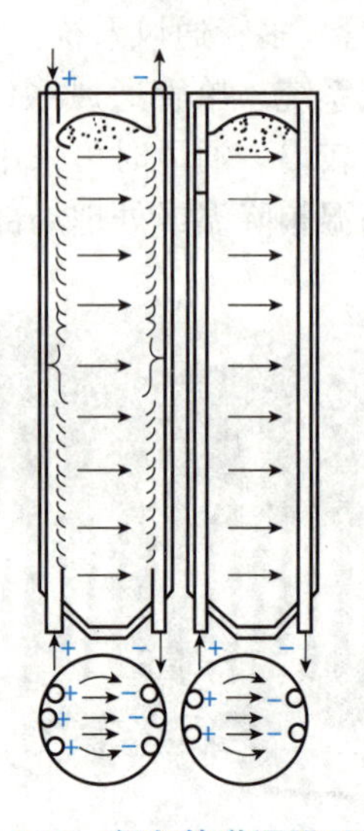

图 1-30　径向管道通风系统

(4)多功能管道通风系统。多功能管道通风系统是最近几年新兴的一种筒仓通风形式，它具有一管多用的功能，既能通风、熏蒸，又能在装仓时减轻自动分级现象和出仓减少动载现象，如图 1-31 所示。

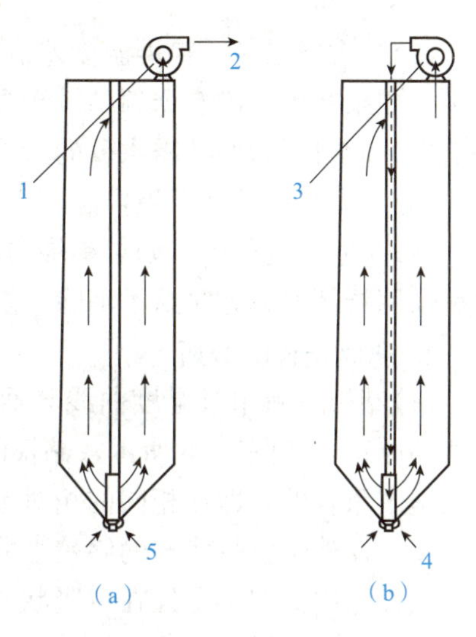

图 1-31　多功能通风管道系统

(a)通风降温；(b)熏蒸杀虫

1—风机；2—废气出口；3—熏蒸风机；4—投药处；5—进风口

3. 浅圆仓通风系统

为了便于出粮，浅圆仓的机械通风采用地槽式通风系统，通风槽的通风盖板为框架结构，分段制造，每段长 1 m 左右，框架由角钢、槽钢、扁铁和冲孔板制成，孔板的开孔率为 30%左右。地槽形式可分为放射形、梳形和同心圆形，如图 1-32～图 1-34 所示。

为了配合熏蒸杀虫及谷物冷却，1998 年以来国家建库项目新建的浅圆仓主要采用放射形和梳形风道布置形式，均有两个 A 通风口，每个通风口可配备 1 台 4-72-11 NO8D 型风机。为了减小风机功率，还设计了 4 个 B 通风口，每个通风口可配备 1 台 4-72-11NO6C 型风机，其功率为 7.5 kW。在机械通风时，可使用 4 个 B 通风口，A 通风口封闭。在进行谷物冷却和环流熏蒸时，应使用 A 通风口，同时封闭 B 通风口。而世界银行项目所建浅圆仓采用同心圆形风道布置形式，它设有 4 个同样大小的风口，分别向仓内送风。

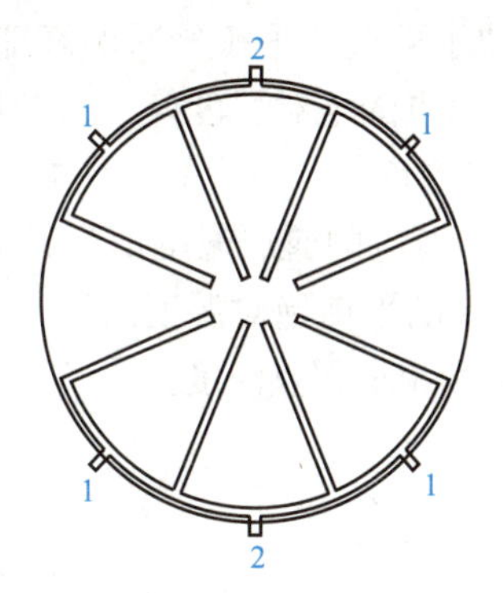

图 1-32　浅圆仓放射形风道

1—进风口 B；2—进风口 A

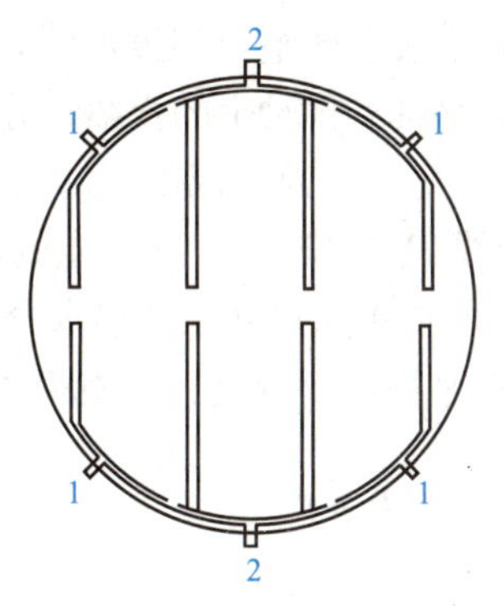

图 1-33　浅圆仓梳形风道

1—进风口 B；2—进风口 A

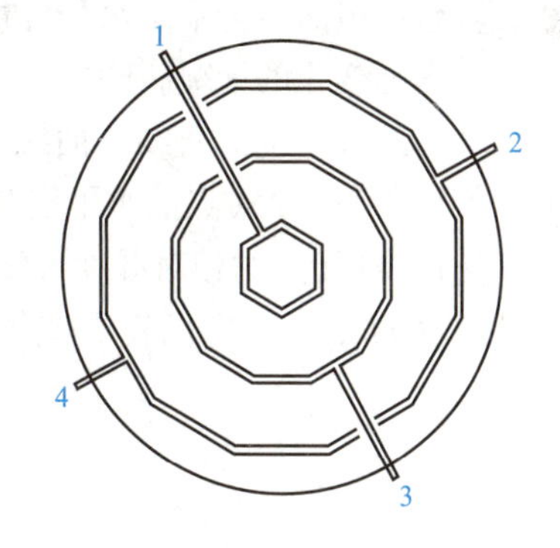

图 1-34　浅圆仓同心圆形风道

1—进风口 B；2—进风口 D；3—进风口 A；4—进风口 C

知识点六　机械通风条件的选择

通风效果的好坏不仅与通风系统的设计有关，同时，还与通风条件的选择有关。

视频：储粮通风时机判断与选择

1. 通风原则的确定

(1)确定通风大气条件时，既要保证通风有较高的效率，又要保证有足够的机会。

(2)当大气温度与粮堆温度差值过大时，通风初期应密切关注通风初始阶段的结露情况发生。如果初始阶段有仓顶结露现象发生，不要关机，结露现象随着通风时间的延长会自动消失，同时要做好结露水分的清除工作，严格防止结露水回流到粮堆。

(3)当大气温度低于粮堆温度不到 4 ℃时，应停止通风，否则通风效果将会很低。

(4)在通风过程中，如果粮堆内出现个别点降温缓慢、温度较高时，可以在结束整仓通风后采用局部通风方法给予消除，否则将会浪费电能，而降温效果不会与通风时间成正比。

2. 通风条件的分析

视频：机械通风降温条件判断

(1)储粮平衡相对湿度曲线与通风条件的分析。根据储粮水分与湿度相平衡的原理，如图 1-35 所示，储粮的吸附等温曲线和解吸等温曲线，在中间一段是不重合的，即在相同的相对湿度下，处于吸附状态的储粮平衡水分偏低一些，而处于解吸状态的储粮水分偏高一些。从通风实际情况看，大多数的通风过程中储粮都是处在解吸状态。因此，在讨论储粮的平衡水分时多采用解吸等温曲线上的数据。如果将同一粮种在各个温度上的平衡水分值分别连接成曲线，就可以得出多条平衡湿度等温曲线。随着温度升高，储粮的平衡水分值降低，表现出较为复杂的函数关系。

(2)储粮平衡绝对湿度曲线与通风条件分析。《储粮机械通风技术规程》(LS/T 1202—2002)采用了储粮平衡绝对湿度曲线图来描述通风中各个参数之间的变化规律。图 1-36 所示为通过计算机数学模型处理试验数据而获得的一个储粮平衡绝对湿度曲线图。图中，纵坐标为绝对湿度 P_s，用水蒸气分压(单位为 mmHg，1 mmHg=133.3 Pa)表示；横坐标为温度 t(单位为℃)；曲线 P_b 为 1 atm(1 atm=760 mmHg)下的大气饱和(即相对湿度为 100%)绝对湿度曲线。其余成组曲线为不同水分含量下储粮平衡绝对湿度曲线，反映了储粮的平衡绝对湿度随温度、水分变化的情况。图中点 A 在纵轴和横轴上的投影，分别为该点的绝对湿度值 P_{sa} 和温度值 t_a；过 A 点的垂直线与曲线 P_b 的交点 C 为 t_a 温度下的大气饱和湿度点，对应的大气饱和湿度值为 P_{ba}；过 A 点的水平线与曲线 P_b 的交点 B 为 A 点的露点，对应的露点温度值为 t_{1a}，而 P_{sa}/P_{ba} 即 A 点的相对湿度 RH_a。如果 A 点正处在储粮水分为 m%的平衡绝对湿度曲线上，则 P_{sa}、RH_a、t_{1a} 分别代表了该点储粮平衡绝对湿度、平衡相对湿度和粮堆露点温度。

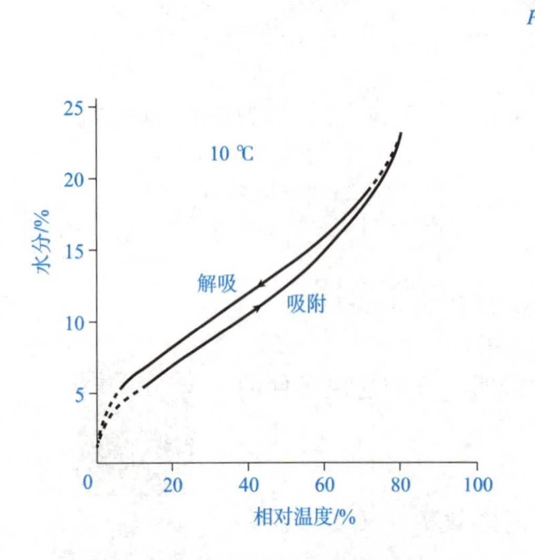

图 1-35　储粮平衡相对湿度等温线示意

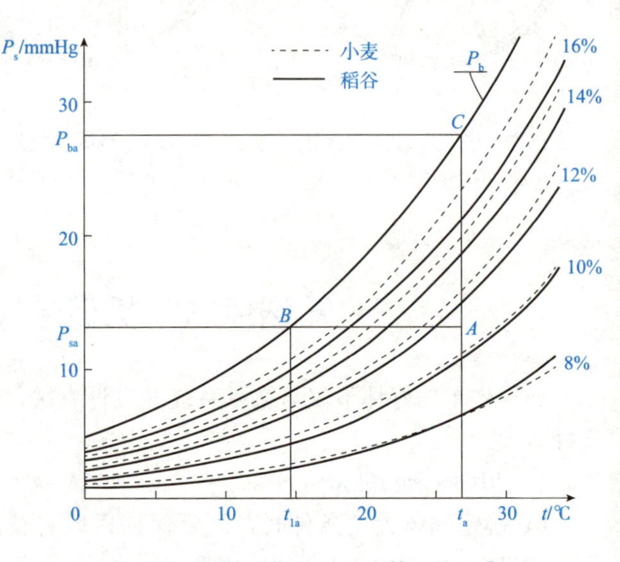

图 1-36　储粮平衡绝对湿度等温线示意

图 1-37 所示为相对湿度与绝对湿度换算图。不同的粮种在相同的温度、水分情况下，其平衡绝对湿度、相对湿度和露点温度都是不同的。因此，在讨论具体通风条件时应注意区分不同的粮种。图 1-38～图 1-41 所示分别为小麦、玉米、稻谷和大豆的平衡绝对湿度曲线图。通过对应的曲线图可以很容易根据已知条件查出各个与通风有关的参数数值。

例：某粮库拟对温度为 30 ℃、水分为 11.5%的小麦降温通风，此时大气温度为 20 ℃、相对湿度为 80%，问是否允许通风？在图 1-42 中，水分为 11.5%，粮温 20 ℃为 30 ℃的小麦处于 A 点。可以查出：储粮平衡绝对湿度 $P_{sa}=16.4$ mmHg，大气饱和湿度值 $P_{ba}=31.6$ mmHg。则储粮平衡相对湿度 $RH_a=P_{sa}/P_{ba}=51.9\%$。同时可以查出在气温 t_b 为 20 ℃时：大气饱和绝对温度 $P_{bb}=17.3$ mmHg；大气绝对湿度 $P_{sb}=P_{bb}\times 80\%=13.9$ mmHg，则大气状态点是图中的 B 点。

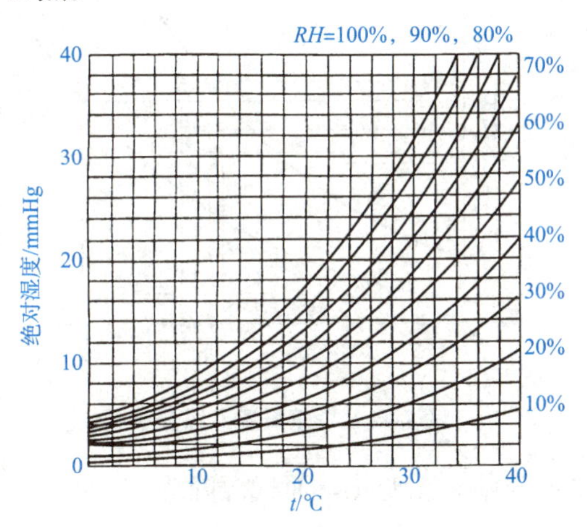

图 1-37　相对湿度与绝对湿度换算曲线

图 1-38　小麦平衡绝对湿度曲线

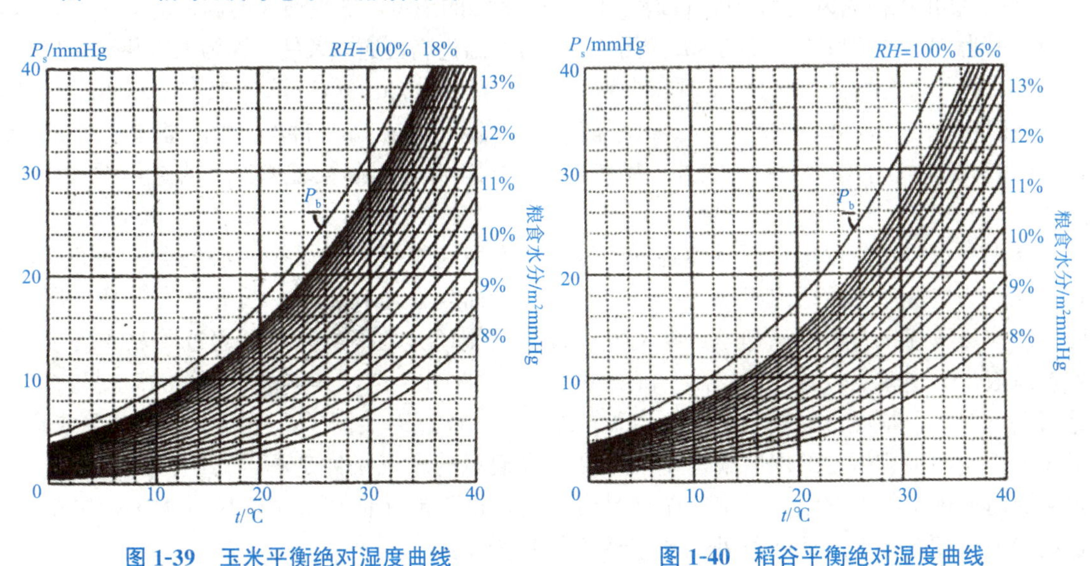

图 1-39　玉米平衡绝对湿度曲线

图 1-40　稻谷平衡绝对湿度曲线

A、B 两点比较：虽然 B 点相对湿度高于 A 点，但其绝对湿度低于 A 点，这表明通风时不会增湿，满足通风的湿度条件；根据《储粮机械通风技术规程》(LS/T 1202—2002)的规

定，开始通风时的温差不小于 8 ℃，即此时的通风上限气温应为

$$30-8=22(℃)(\text{如线段}\ CD\ \text{所示})$$

此时气温低于 22 ℃，通风的温度条件也得到满足。结论是允许降温通风。

从图 1-42 中可以看出，折线 *CDEF* 给出了允许通风的边界条件，它类似一个“窗口”，如果大气状态点处于“窗口”之内则允许通风；反之则不允许通风，这显然是十分直观的。

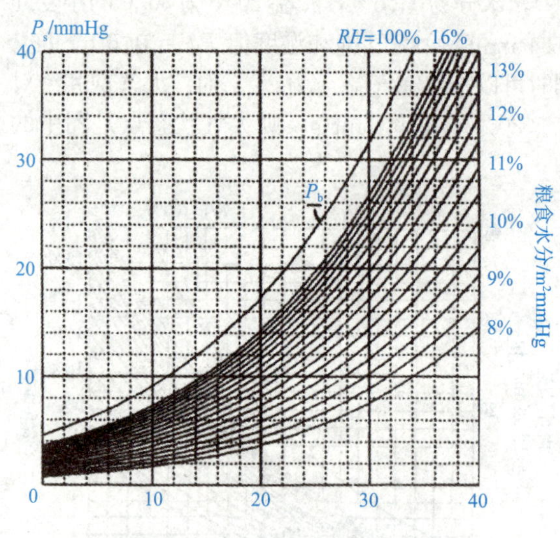

图 1-41　大豆平衡绝对湿度曲线

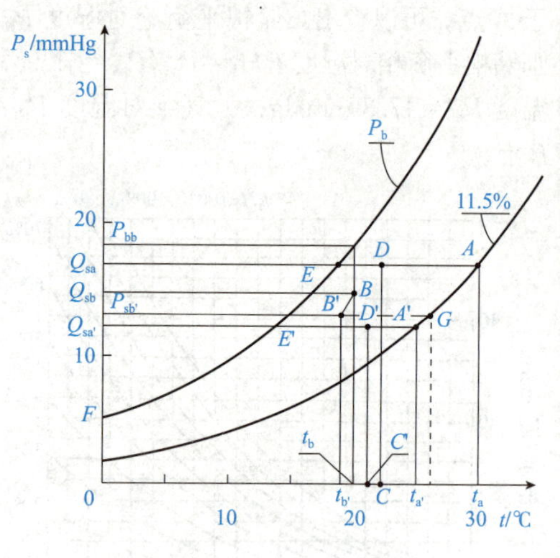

图 1-42　小麦降温通风分析

上例中小麦经数小时通风，粮温降到 25 ℃，水分基本无变化，而气温降为 19 ℃，气湿降到 77%，要求判断是否可以继续通风？

根据《储粮机械通风技术规程》(LS/T 1202—2002)的规定，停止通风的温差应为 4 ℃，即上限气温为 21 ℃(相当图中线段 *C′D′* 所示)，此时气温仍满足通风条件，因为大气相对湿度有所下降，在图中大气状态由 *B* 点移到 *B′* 点，绝对湿度由 13.9 mmHg 降到 12.5 mmHg；而储粮状态因粮温变化，由 *A* 点移到 *A′*，其平衡绝对湿度降到 11.7 mmHg，此时“窗口”为 *C′D′E′F*，可以看到 *B′* 点已移到“窗口”之外，显然继续通风降温将引起粮堆增湿，结论是不宜继续通风。

从上例可以清楚看出，通风中各种参数的动态变化情况。如果按一般的经验判断，往往可能认为，既然开始通风时的条件是允许通风，而且在通风过程中气温、气湿都有所下降，理应可以通风。但结论却是否定的。这说明仅凭经验是不可以的。通过图表还可以找到通风效果的逆转点位置，即粮温下降到约 26.5 ℃时的 *G* 点，其储粮平衡绝对湿度与大气绝对湿度持平。粮温再继续下降则由降湿转为增湿。通过以上例子，还可以得出一个结论：通风的控制中采用恒定的温度或恒定的湿度作为通风的大气条件是不可靠的。因为即使通风开始时所确定的大气温度、湿度条件是合适的，也不能保证在整个通风过程中始终是合适的。通风控制条件应该随通风的进行而经常相应调整。

3. 允许降温通风的大气条件

允许通风大气条件是指在一个通风作业阶段开始以后，满足通风目的要求的大气温度、湿度、露点等参数的上限、下限数值。当大气温度、湿度符合该组条件时，则允许启动通

风机通风，否则暂停通风，进入等待，但不一定停止通风作业。

(1)允许降温通风的温度条件。《储粮机械通风技术规程》(LS/T 1202—2002)规定，除我国亚热带地区外，开始通风时的气温低于粮温的温差不小于 8 ℃，通风进行时的温差要大于 4 ℃；考虑到我国广东等亚热带地区四季温差较小，为保证有足够通风机会，只能牺牲一部分效率，而规定开始通风的温度为 6 ℃，通风进行中温差为 3 ℃。

对自然通风降温来说，因为不消耗能源，为获得更多的通风时机，一般仅要求气温低于粮温即可通风。

(2)允许降温通风的湿度条件。当储粮水分高于当地储粮安全水分时，要求降温通风不能增湿，允许降温通风的湿度条件见表 1-7。

表 1-7　允许降温通风的湿度条件表

自然通风	机械通风
$P_{s_1} \leqslant P_{s_2}$ $t_1 < t_2$ $t_2 > t_{l1}$	$P_{s_1} \leqslant P_{s_2}$ 开始时：$t_2 - t_1 \geqslant 8$ ℃ （亚热带：$t_2 - t_1 \geqslant 6$ ℃） 进行时：$t_2 - t_1 > 4$ ℃ （亚热带：$t_2 - t_1 > 3$ ℃）
注：t_1—大气温度；t_2—储粮温度；t_{l1}—大气露点温度；P_{s_1}—大气绝对湿度；P_{s_2}—当前粮温 t_2 下的储粮绝对湿度	

当储粮水分不高于当地储粮安全水分时，通风降温时可不进行允许通风湿度条件的判断，满足允许通风温度条件即可进行降温通风。

(3)允许通风的露点条件。储粮通风中的结露现象有两种类型：一类是气温低于粮堆露点时，粮堆内部散发出的水蒸气遇到冷空气而引起的结露，俗称“内结露”。实践证明，“内结露”在机械通风中影响并不严重，随着引入粮堆的大量低湿空气将粮堆内的高湿空气带走，结露会很快停止。因此，除自然通风外，这类结露可以不作为通风控制条件。另一类结露是粮温低于大气露点温度，空气中的水汽凝结在冷粮上而引起的结露，俗称“外结露”。这类结露的水分源于不断引入粮堆的空气。“外结露”在地下粮库等低温型粮库的误通风中屡见不鲜，往往导致影响储粮安全的严重后果。为防止“外结露”的发生，一般应尽量避免粮温低于大气露点时通风。

4. 结束降温通风的条件

结束降温通风的条件是指通风的目的已经基本达到，粮堆的温度、水分已基本平衡，可以结束通风作业的条件。

(1)$t_2 - t_1 \leqslant 4$ ℃(亚热带地区 $t_2 - t_1 \leqslant 3$ ℃)；

(2)粮堆温度梯度≤1 ℃/米粮层厚度，粮堆上层与下层温度差：房式仓≤3 ℃，浅圆仓一般不大于 10 ℃；

(3)粮堆水分梯度≤0.3%水分/米粮层厚度，粮堆上层与下层水分差≤1.5%。

为了达到结束通风的条件，一般在通风目的基本达到后，还应适当延长一段通风时间，使粮堆内的温度、水分趋于均匀，有利于安全储藏。在粮层厚度较大，温度、水分不易均匀的场合，有时还需要采用诸如变换压入式或吸出式通风的办法来促使加速均匀。

知识点七　机械通风降温单位能耗

降温通风的单位能耗值越小，效率越高，计算公式如下：

$$E_1=\frac{\sum W_1}{(t_{初}-t_{终})G}$$

式中　E_1——降低粮温的单位能耗[kW·h/(t·℃)]。

$\sum W_1$——降温通风实际累计耗电量[(kW·h)]。

$t_{初}$——通风前粮堆平均温度(℃)。

$t_{终}$——通风结束后 24 h 粮堆平均温度(℃)。

G——被通风的储粮质量(t)。

根据《储粮机械通风技术规程》(LS/T 1202—2002)的有关规定，机械通风降温的单位能耗要求如下：

(1)地槽通风：$E_1 \leqslant 0.075$ kW·h/(t·℃)。

(2)地上笼通风：$E_1 \leqslant 0.04$ kW·h/(t·℃)。

(3)单管、多管通风：$E_1 \leqslant 0.10$ kW·h/(t·℃)。

(4)箱式通风：$E_1 \leqslant 0.08$ kW·h/(t·℃)。

(5)低压缓速降温通风(风扇式通风)：$E_1 \leqslant 0.01$ kW·h/(t·℃)。

(6)冷却通风：$E_1 \leqslant 0.8$ kW·h/(t·℃)。

知识点八　机械通风记录卡的填写

1. 通风记录卡格式

填写通风记录卡是为了在日常管理中判断通风系统运行是否正常、通风条件的选择是否正确、通风效果是否达到设计的要求等，对通风过程中数据进行分析后，从而提出改进方案。此外，还可以熟悉和掌握通风系统的性能特点，为经济合理地通风积累资料。通风记录卡见表 1-8。

表 1-8　通风记录卡

省(自治区、直辖市)　　　县(市)　　　库(站)　　　仓(货位)号

仓型		尺寸	
储粮种类		质量/t	
通风目的		实际装粮高度/m	
风机类型及型号		送风方式，吸/压	
风网总阻力/Pa		气流，上行/下行	
总风量/($m^3 \cdot h^{-1}$)		单位通风量/[$m^3 \cdot (h \cdot t)^{-1}$]	
风机功率/kW			

续表

<table>
<tr><td colspan="2" rowspan="2">粮面表观风速/(m·s^{-1})</td><td colspan="2" rowspan="2"></td><td>理论值</td><td></td></tr>
<tr><td>测试值</td><td></td></tr>
<tr><td rowspan="4">风网布置</td><td>地槽或地上笼</td><td colspan="2"></td><td>开始通风时间</td><td></td></tr>
<tr><td>地槽或地上笼尺寸</td><td colspan="2"></td><td>停机时间</td><td></td></tr>
<tr><td>空气途径比</td><td colspan="2"></td><td>结束通风时间</td><td></td></tr>
<tr><td>孔板开孔率</td><td colspan="2"></td><td>累计通风时间/h</td><td></td></tr>
<tr><td colspan="2">通风时参数</td><td>最高值</td><td>最低值</td><td>平均值</td><td rowspan="3">粮温和水分最大梯度,℃/m粮层厚度和%/m粮层厚度</td></tr>
<tr><td colspan="2">大气温度/℃</td><td></td><td></td><td></td></tr>
<tr><td colspan="2">大气相对湿度/%</td><td></td><td></td><td></td></tr>
<tr><td rowspan="2">储粮温度/℃</td><td>通风前</td><td></td><td></td><td></td><td></td></tr>
<tr><td>通风后</td><td></td><td></td><td></td><td></td></tr>
<tr><td rowspan="2">储粮水分/%</td><td>通风前</td><td></td><td></td><td></td><td></td></tr>
<tr><td>通风后</td><td></td><td></td><td></td><td></td></tr>
<tr><td colspan="2">总耗电/(kW·h)</td><td></td><td colspan="2">单位能耗/[kW·h·(t·℃)$^{-1}$]</td><td></td></tr>
<tr><td colspan="2">操作人(签章)</td><td></td><td colspan="2">负责人(签章)</td><td></td></tr>
<tr><td colspan="2">备注</td><td colspan="4"></td></tr>
</table>

2. 通风记录卡填写要求

(1)通风操作开始前，根据仓房、通风系统及储粮的实际情况填写记录卡中仓型、尺寸、储粮种类、数量、实际装粮高度、风网布置等有关内容；根据此次通风的目的、方式及设备类型填写记录卡中通风目的、送风方式、气流方向、风机类型及型号等有关内容。

(2)进行通风操作前的各项准备工作，定点分层检测粮堆温度和水分并进行统计分析(包括储粮温度和水分的最高值、最低值和平均值)，计算通风前粮温和水分梯度值并找出最大值，在记录卡中填写好有关数据。

(3)通风操作开始后，分别测量粮面表观风速、主风管和支风管风速、主风管动压和风机功率，计算风网总阻力、总风量、单位通风量和粮面表观风速理论值及测试值，将相关测试和计算结果详细填入记录卡中。

(4)通风期间，连续或定期检测大气温度、湿度并进行统计分析(包括最高值、最低值和平均值)，准确记录开始通风时间、结束通风时间和停机时间，计算累计通风时间，在记录卡中填写好有关数据。

(5)通风操作结束后，定点分层检测粮堆温度和水分并进行统计分析(包括储粮温度和水分的最高值、最低值和平均值)，计算通风后粮温和水分梯度值并找出最大值；记录此次通风的总耗电，计算单位能耗，将相关计算结果详细填入记录卡中。

(6)记录卡上所填写的数据，应能够正确反映出通风过程中真实数据资料。记录卡中风机功率、总风量、单位通风量、总耗电和单位能耗，均是通过实际测试计算出来的，并非通过通风设备铭牌上标出的额定功率和额定风量计算出来的理论值。

1

子任务一　机械通风控温储粮认知

工作任务

机械通风控温储粮认知工作任务单

分小组完成以下任务： 1. 查阅通风机的分类及原理、通风机主要性能参数、机械通风条件的选择等内容。 2. 填写查询报告。

任务实施

查询资料→小组讨论→小组汇报→教师点评→总结提升→填写报告。

1. 查询资料

(1)通风机的类型及工作原理、通风机主要性能参数。

(2)机械通风条件的选择。

2. 小组讨论

(1)通风机的类型及工作原理、通风机主要性能参数。

(2)机械通风条件的选择。

3. 小组汇报

小组就讨论结果进行汇报，形式自定。

4. 教师点评

教师根据每个小组的汇报情况进行点评。

5. 总结提升

汇总每个小组的结论，总结机械通风条件的选择。

6. 填写报告

将结果填入表 1-9 中。

表 1-9　机械通风控温储粮认知

阐述通风机的类型及工作原理	
列举通风机主要性能参数	
阐述机械通风条件的选择	

任务评价

按照表 1-10 评价学生工作任务完成情况。

表 1-10　任务考核评价指标

序号	工作任务	评价指标	分值比例	得分
1	查询资料	(1)能够准确查询资料； (2)对资料内容分析整理	20%	
2	小组讨论	根据要求将查询内容进行分类，归纳总结	20%	

续表

序号	工作任务	评价指标	分值比例	得分
3	小组汇报	(1)小组合作完成； (2)汇报时表述清晰，语言流畅； (3)正确把握通风机的类型及工作原理、通风机的参数； (4)准确阐述机械通风条件的选择	30%	
4	点评修改	根据教师点评意见进行合理修改	10%	
5	总结提升	总结本组的结论，能够灵活运用	10%	
6	综合素养	(1)会查阅资料并能分析出有效信息，具有信息处理能力； (2)小组分工合作，责任心强，能够完成自己的任务	10%	
合计			100%	

子任务二 采用轴流式通风机降低仓温

工作任务

假设通风前大气温度为 22 ℃、大气湿度为 65%，仓内温度为 30 ℃、仓内湿度为 85%(鉴定站可适当调整温度、湿度值，确保可以进行通风)，报告通风降温条件及能否通风降温的判断结果；打开仓窗，启动轴流风机进行降低仓温通风操作；通风过程检测气温、气湿、仓温、仓湿，判断是否可以继续通风降温，并报告降温效果；结束通风操作，关闭仓窗和轴流风机。

任务实施

1. 任务分析

采用轴流风机降低仓温需要明确以下问题：

(1)采用轴流风机降低仓温的时机选择。

(2)采用轴流风机降低仓温的具体操作。

(3)结束轴流风机降低仓温的时机判断。

2. 器材准备

器材准备见表 1-11。

表 1-11 准备器材明细一览表

序号	名称	规格	数量	备注
1	仓房	厫间	1 间	仓内散装粮堆，有进仓爬梯，仓墙上安装轴流风机，可以在仓下开启仓窗或通风换气口
2	干湿球湿度计		2 个	水槽不加水
3	蒸馏水		500 mL	装在洗瓶内
4	安全帽		1 顶	

3. 操作步骤

(1)准备温度、湿度检测仪器及用具。

(2)检查风机电源及风机转向。

(3)检测气温、气湿和仓温、仓湿，判断仓内外温度是否有温差。如果仓温高于气温，就可以采用轴流风机排除仓内空间积热，降低仓温。

(4)打开部分仓窗和通风换气口，启动轴流风机，使冷空气进入并与仓内空间热空气进行热交换后，从轴流风机口排出仓外，把仓内积热带走。

(5)通风过程中要检测仓内外温度、湿度，判断通风条件和降温效果。当气温高于仓温时，应暂停通风操作；当达到排除积热目的后，应结束此次通风操作。

(6)通风结束后，关停轴流风机，关闭仓窗和通风换气口。

(7)把温度、湿度检测仪器及用具复位，清理操作现场。

注意事项如下：

(1)夏季采用轴流风机排除积热降低仓温时，应选择低温时间段(如夜间)，但应注意夜间湿度高所导致粮面水分升高现象发生。

(2)拱板仓排除积热时，在打开通风换气口的同时，可开启轴流风机使冷空气在拱板间流过，把拱板间的积热带走。

(3)通风暂停时和结束后，要及时关停轴流风机，关闭仓窗和通风换排气口，防止湿热空气进入仓内。

任务评价

任务评价表见表 1-12。

表 1-12　采用轴流风机降低仓温评价表

班级：　　　　姓名：　　　　学号：　　　　成绩：

试题名称		采用轴流风机降低仓温			考核时间：20 min		
序号	考核内容	考核要点	配分	评分标准	扣分	得分	备注
1	准备工作	安全防护	5	未戴安全帽、穿工作服扣 2 分			
		工具用具准备		检查准备干湿球湿度计错误扣 3 分，不规范、不全面扣 2 分			
2	操作前提	掌握气温气湿、粮温检测点设置要求	20	口述大气温度、湿度检测点设置要求错误扣 10 分，不全面扣 5 分			
				口述仓内温度、湿度检测点设置要求错误扣 10 分，不全面扣 5 分			
		通风设备检查	10	未检查轴流风机电源是否接通扣 5 分			
				未点动检查轴流风机运转情况扣 5 分			
3	操作过程	通风操作规范、步骤完整	50	依据假设条件判断能否通风降温错误扣 10 分，未报告判断过程和结果扣 5 分，报告不全面扣 3 分			
				轴流风机启动前未打开仓窗或通风换气口扣 5 分			
				轴流风机启动后未观察风机运行是否正常扣 5 分			
				通风期间未检测气温气湿或检测方法错误扣 10 分，检查方法不规范或未报告检测结果扣 5 分			

续表

试题名称		采用轴流风机降低仓温			考核时间：20 min		
序号	考核内容	考核要点	配分	评分标准	扣分	得分	备注
3	操作过程	通风操作规范、步骤完整	50	通风期间未检测仓温仓湿或检测方法错误扣10分，检查方法不规范或未报告检测结果扣5分			
				通风期间未判断是否可以继续通风或判断错误扣10分，判断方法不规范或未报告判断结果扣5分			
4	操作结果	结束通风操作规范	10	口述结束降温通风判断方法错误扣5分，不规范、不全面扣3分			
				未先关闭轴流风机扣2分			
				未关闭仓窗或通风换气口扣3分			
5	使用用具	熟练规范使用检测仪器	5	检测仪器使用不规范扣2分			
		仪器使用维护		操作结束后仪器未归位或复原扣3分			
合计			100	总得分			

子任务三　使用机械通风技术降低储粮温度

工作任务

假设通风前大气温度为22 ℃，大气湿度为65%，储粮温度为28 ℃(鉴定站可适当调整温度、湿度值，确保可以进行自然通风)，报告通风降温条件及能否通风降温的判断结果；打开仓窗和通风口进行降低粮温通风操作；通风过程检测气温、气湿和粮温，判断是否可以继续通风降温，并报告降温效果；结束通风操作，关闭仓窗和通风口。

任务实施

1. 任务分析

使用机械通风技术降低储粮温度需要明确以下问题：

(1)使用机械通风技术降低储粮温度的时机选择。

(2)使用机械通风技术降低储粮温度的具体操作。

(3)结束机械通风技术降低储粮温度的时机判断。

2. 器材准备

器材准备见表1-13。

表1-13　单组准备器材明细一览表

序号	名称	规格	数量	备注
1	粮仓	厫间	1间	仓内散装粮堆，有进仓爬梯，可以在仓下开启仓窗或通风换气口和下部通风口
2	测温仪表		1个	

续表

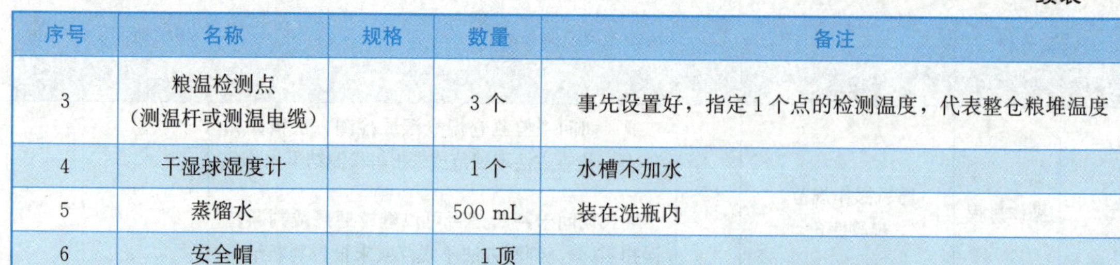

序号	名称	规格	数量	备注
3	粮温检测点 (测温杆或测温电缆)		3 个	事先设置好，指定 1 个点的检测温度，代表整仓粮堆温度
4	干湿球湿度计		1 个	水槽不加水
5	蒸馏水		500 mL	装在洗瓶内
6	安全帽		1 顶	

3. 操作步骤

(1)准备温度、湿度检测仪器及相关工具、用具。检测仓内、仓外温度、湿度和粮温，判断是否符合允许降温通风的条件，开机前报告或填写有关测定数据。

(2)检查通风机接地线是否接地、防护网固定是否牢固、电源是否接通。

(3)按照选定的送风方式(压入式或吸出式通风)，将通风机与仓房通风口正确连接，点动开机检查通风机正反转。

(4)打开仓窗或通风换气口，启动通风机，进行通风降温操作。

(5)通风过程中检测仓内、仓外温度、湿度和粮堆温度，判断通风条件和降温效果。当达到降温目的后或不满足允许降温通风条件时，关闭通风机，结束或暂停降温通风操作。

(6)通风结束后，及时断开通风机和通风口的连接，关闭仓窗、通风换气口和通风口，温度、湿度检测仪器、设备及相关工具、用具复位，清理操作现场。

(7)整理已获得的相关数据，填写通风记录卡见表 1-6。

注意事项如下：

(1)干湿球湿度计使用前应向水槽内添加适量蒸馏水。

(2)通风机启动前必须打开仓窗或通风换气口。

(3)移动式通风机与通风口须由软管连接。通风机应有锁定装置和减振装置，以免通风机时发生位移，确保平稳工作。

(4)冬季通风降温时，一定要注意通风初期仓顶结露问题。如果出现结露，应严格防止结露水回流进粮堆。

(5)采用机械通风技术降低储粮温度，可以一次降温到位，也可以分两次、三次进行，逐步降温到位。

任务评价

任务评价表见表 1-14。

表 1-14 采用机械通风技术降低储粮温度评价表

班级： 姓名： 学号： 成绩：

试题名称		采用机械通风技术降低储粮温度			考核时间：20 min		
序号	考核内容	考核要点	配分	评分标准	扣分	得分	备注
1	准备工作	安全防护	10	未戴安全帽、穿工作服扣 5 分			
		工具用具准备		未检查粮温计或测温仪表扣 2 分			
				未检查干湿球湿度计扣 3 分			

续表

试题名称		采用机械通风技术降低储粮温度			考核时间：20 min		
序号	考核内容	考核要点	配分	评分标准	扣分	得分	备注
2	操作前提	环境条件确认	10	未检查气温或检测方法错误扣 5 分，未报告检测结果或报告错误扣 3 分			
				未检查气湿或检测方法错误扣 5 分，未报告检测结果或报告错误扣 3 分			
		检查通风设备确定通风方式	21	未检查通风机接地线扣 4 分			
				未检查通风机防护网扣 4 分			
				未检查通风机电源是否接通扣 4 分			
				未点动检查通风机正反转扣 4 分			
				通风方式选择错误扣 5 分			
3	操作过程	通风操作规范、步骤完整	45	使用储粮平衡绝对湿度曲线判断错误扣 20 分，未报告判断结果或判断不全面扣 10 分			
				通风机启动前未打开仓窗或通风换气口扣 5 分			
				通风机启动错误(特别是带风门的风机启动前未关闭风门、启动后未打开风门)扣 5 分			
				通风机启动后未观察风机运行是否正常扣 5 分			
				通风期间未检测粮温或检测方法错误扣 5 分，未报告检测结果或报告错误扣 3 分			
				通风期间未判断是否可以继续通风或判断错误扣 5 分，判断方法不规范或未报告判断结果扣 3 分			
4	操作结果	结束通风操作规范	10	口述结束降温通风判断方法错误扣 5 分，不规范、不全面扣 3 分			
				未先关闭通风机扣 3 分			
				未关闭仓窗或通风换气口扣 2 分			
5	用具使用	熟练、规范使用仪器设备	14	仪器设备使用不熟练、不规范扣 2 分			
		工具使用维护		操作结束后仪器未归位或复原扣 2 分			
合计			100	总得分			

子任务四　采用单管通风降低储粮局部温度

工作任务

假设通风前大气温度为 16 ℃，大气湿度为 80%，仓内粮油(如小麦)平均水分为 14.0%，通风管所在位置粮堆局部温度为 28 ℃(鉴定站可适当调整温度、湿度值，确保可以进行机械通风），报告单管通风降温条件及能否通风降温的判断结果；打开仓窗，启动单管通风机进行降低粮温操作；通风期间检测并报告通风部位粮堆局部温度，判断并报告降温效果；结束通风操作，关闭单管通风机和仓窗。

任务实施

1. 任务分析

采用单管通风降低仓温需要明确以下问题：

(1)采用单管通风降低仓温的时机选择。

(2)采用单管通风降低仓温的具体操作。

(3)结束单管通风降低仓温的时机判断。

2. 器材准备

器材准备见表 1-15。

表 1-15　单组准备器材明细一览表

序号	名称	规格	数量	备注
1	仓房	厫间	1 间	仓内散装粮堆，有进仓的爬梯
2	测温仪表		1 个	
3	粮温检测点（测温杆或测温电缆）		3 个	事先在通风管附近设置好，指定 1 个点的检测温度，代表通风部位粮堆局部温度
4	干湿球湿度计		1 支	水槽不加水
5	蒸馏水		500 mL	装在洗瓶内
6	单管通风机		1 台	
7	通风管		1 节	已用压管机压入粮堆一定深度
8	安全帽		1 顶	

3. 操作步骤

(1)准备温度、湿度检测仪器及相关工具、用具。检测仓内、仓外温度、湿度和粮温，判断能够进行降温处理，并确定需要进行局部通风降温处理部位。

(2)检查单管风机电源是否接通，点动开机检查风机正反转。

(3)将通风管扦插到需要局部通风降温处理部位，按照选定的通风方式(压入式或吸出式)，将风机与通风管正确连接。

(4)打开仓窗或通风换气口，启动风机，进行通风降温操作。

(5)通风过程中及时检测仓内、仓外温度、湿度和处理部位储粮温度，判断条件和通风效果。当达到降温目的后或不满足允许降温通风条件时，关闭风机，结束或暂停降温通风操作。

(6)通风结束后，从通风管上取下通风机，从粮堆里拔出通风管，及时关闭通风仓窗和通风换气口。温度、湿度检测仪器、设备及相关工具、用具复位，清理操作现场。

注意事项如下：

(1)干湿球湿度计使用前应向水槽内添加适量蒸馏水。

(2)通风时必须打开仓窗、通风换气口或轴流风机，进行通风换气。

任务评价

任务评价表见表 1-16。

表 1-16　采用单管通风机降低储粮局部温度评价表

班级：　　　　　姓名：　　　　　学号：　　　　　成绩：

试题名称		采用单管通风机降低储粮局部温度			考核时间：20 min		
序号	考核内容	考核要点	配分	评分标准	扣分	得分	备注
1	准备工作	安全防护	10	未戴安全帽、穿工作服扣 5 分			
		工具用具准备		未检查粮温计或测温仪表扣 2 分			
				未检查干湿球湿度计扣 3 分			
2	操作前提	环境条件确认	10	未检查仓温或检测方法错误扣 5 分，未报告检测结果或报告错误扣 3 分			
				未检查仓湿或检测方法错误扣 5 分，未报告检测结果或报告错误扣 3 分			
		检查通风设备确定通风方式	20	未检查单管通风机电源是否接通扣 5 分			
				未点动检查单管通风机正反转扣 5 分			
				未选择连接方式为吸出式扣 10 分			
3	操作过程	通风操作规范、步骤完整	40	判断是否允许局部通风降温错误扣 15 分，未报告判断结果或判断不全面扣 8 分			
				单管通风机启动前未打开仓窗或通风换气口扣 5 分			
				单管通风机启动错误(先启动后连接到通风管上)扣 5 分			
				单管通风机启动后未观察风机运行是否正常扣 5 分			
				通风期间未检测通风管区域局部粮温或检测方法错误扣 5 分，未报告检测结果或报告错误扣 3 分			
				通风期间未判断是否可以继续通风或判断错误扣 5 分，判断方法不规范或未报告判断结果扣 3 分			
4	操作结果	结束通风操作规范	15	口述结束降温通风判断方法错误扣 5 分，不规范、不全面扣 3 分			
				未先关闭单管通风机扣 5 分			
				未关闭仓窗或通风换气口扣 5 分			
5	用具使用	熟练规范使用仪器设备	5	仪器设备使用不熟练、不规范扣 2 分			
		工具使用维护		操作结束后仪器未归位或复原扣 3 分			
合计			100				

巩固与练习

1. 机械通风除可以降低储粮的温度外，还可以(　　)。
   A. 平衡粮堆温度、湿度，防止或消除水分转移，分层和结露
   B. 预防高水分粮发热
   C. 进行环流熏蒸
   D. 在高温季节排除仓内空间积热
2. 粮堆水分梯度≤(　　)%水分/m 粮层厚度，粮堆上层与下层水分差≤(　　)%，作为结束降温机械通风的一个条件。
   A. 0.2　　B. 0.3
   C. 1.5　　D. 2.0
3. 采用轴流风机降低仓温，下列说法错误的是(　　)。
   A. 检测气温、气湿和仓温、仓湿，判断仓内、仓外温度是否有温差。如果仓温高于气温，就可以采用轴流风机排除仓内空间积热，降低仓温
   B. 打开部分仓窗和通风换气口，启动轴流风机，使冷空气进入并与仓内空间热空气进行热交换后，从轴流风机口排出仓外，把仓内积热带走
   C. 通风过程中要检测仓内、仓外温度、湿度，判断通风条件和降温效果。当气温高于仓温时，应暂停通风操作；当达到排除积热目的后，应结束此次通风操作
   D. 通风结束后，关停轴流风机，仓窗和通风换气口保持开启
4. 轴流式通风机主要由机壳、(　　)等部件组成。
   A. 进风口　　B. 叶轮
   C. 电动机　　D. 扩散筒
5. 关于压入与吸出式相结合通风，下列说法正确的是(　　)。
   A. 因压入与吸出式相结合通风效果较好，粮层较薄，阻力较小的粮堆首推此方式
   B. 可以在空气输入端由通风机正压送风，空气输出端由另一台通风机负压吸风
   C. 可以在一个通风阶段采用压入式通风，另一阶段采用吸出式通风
   D. 适用于粮层较厚，温度和水分不易平衡条件下的通风
6. 下列属于按风网的形式分类的通风方式是(　　)。
   A. 谷物冷却机通风　　B. 箱式通风系统
   C. 夹底通风系统　　D. 地槽通风系统
7. 下列属于夹底通风系统的优点的是(　　)。
   A. 造价较低　　B. 压力损耗小
   C. 气流分布均匀　　D. 通风量较大
8. 关于粮油通风中的结露现象，下列说法正确的是(　　)。
   A. 气温低于粮堆露点时，粮堆内部散发出的水蒸气遇冷空气而引起的结露，俗称“内结露”
   B. “内结露”在机械通风中影响并不严重，随着引入粮堆的大量低湿空气将粮堆内的高湿空气带走，结露会很快停止

C. 气温低于粮堆露点时，空气中的水汽凝结在冷粮上而引起的结露，俗称“外结露”

D. “外结露”在地下粮库等低温型粮库的误通风中屡见不鲜，往往影响储粮安全甚至造成严重后果

任务四　空调机控温储粮

情境描述

采用空调设备降低仓温和粮堆表层温度效果明显，设备运行简单可靠，一次性投资少，使用成本低，管理方便，而且对储粮无污染，不影响周围环境，既符合绿色储粮要求，又为低温或准低温储粮提供了有效保障。

学习目标

知识目标

1. 掌握空调机控温储粮的原理。
2. 了解空调机选配依据及布置形式。
3. 掌握空调机控温储粮技术要点。

能力目标

1. 能够进行空调机控温参数选择。
2. 能够利用空调机控制储粮温度。

素质目标

1. 具有劳动安全意识。
2. 具有工匠精神。

任务分解

子任务一	空调机控温储粮认知
子任务二	采用空调机控温储粮

任务计划

通过查阅资料、小提示等获取知识的途径，获取空调机控温储粮要点及控温储粮目标参考值。

1

任务资讯

知识点一　空调机控温储粮原理

通过在仓房内安装空调，在夏季持续高温时段，开启空调设备，向储粮内空间补充冷气，控制粮堆表层粮温升高。利用空调控温的准低温环境，抑制粮油的呼吸作用、微生物及害虫的繁殖和生长，减少储存期间的损耗，延缓品质变化速度，同时减少用药量，达到“绿色储粮”的目的。空调控温储粮尤其适用于我国南方地区。

视频：空调机工作原理及控温储粮要点

知识点二　空调机控温储粮技术要点

(1)仓房应具备良好的气密性和隔热性能。

(2)制冷量的计算应考虑仓房面积的大小、堆粮线上空间高度、仓房的保温隔热效果、使用环境等因素。其单位体积制冷量一般为 12～18 W/m^3。一般按 2 324 W 为 1P 计算制冷量，匹配空调的 P 数。

(3)一般按 100 m^2 空间配备输入功率 1.0 kW(或制冷量 3 000 W)的空调机。空调机控温技术现场如图 1-43 所示。

动画：空调控温操作工艺

(4)仓房普通空调机宜在高大平房仓两边檐墙交错对向安装，两端与山墙的距离应小于 10 m，其余空调机安装位置大致均匀布置。仓房普通空调机布置现场如图 1-44 所示。

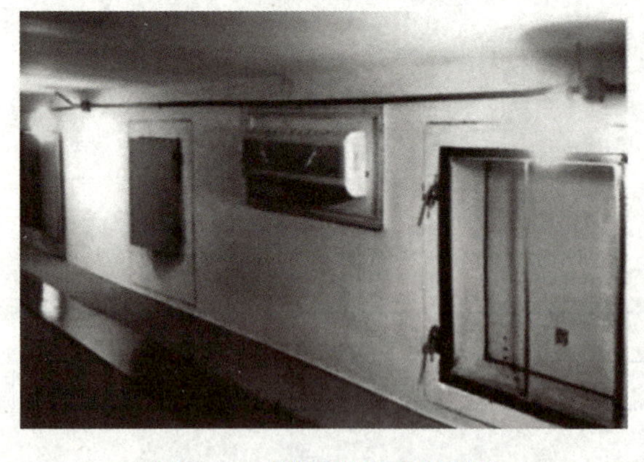

图 1-43　空调机控温技术现场

图 1-44　粮仓普通空调机布置现场

(5)宜选择冷风型(单冷型)空调机(型号标注以“K”开头)。

(6)宜优先选择压缩机为全封闭涡旋式的仓房风管机或一拖二仓房空调。

(7)应选择制冷剂不易燃的空调机；空调机的送风量不宜小于换气次数 2 次/h 所需的冷

风量，即所有空调每小时产生的冷风量宜大于等于仓房堆粮线以上空间体积的 2 倍；电源开关、控制面板、遥控接收装置能安装在仓外。

知识点三 空调机的选配与安装

1. 空调机的选配数量

空调机的选择除厂家、品牌外，主要是型号、台数的确定，其主要依据是储粮仓房的总冷负荷量。因此，在进行空调低温储粮设计时，需要计算出仓房的冷负荷，然后确定机型和台数。另外，也可根据低温仓的平面面积大小，由经验估出制冷机台数，每 100～200 m^2 的平面面积约需安装制冷量为 3 500 W 的窗式空调机 1 台。

选配空调机时，首先要确保具有足够的制冷能力，如果制冷量选得太大，将造成浪费，不合算；选得太小则不能满足需要。

2. 空调机的布置形式

在空调机的布置形式上，一般有对称分布和非对称分布两种形式。空调机对称分布可以使仓房空间的中心区域气流掺混较好，此区域的温度也较为均匀，但墙角附近区域的情况则较差。而空调机非对称分布则相反，可以使仓房墙角附近区域的掺混较好，温度均匀，但中心区域情况不理想。由于上述两种空调机布置形式均有欠缺之处，应该将两者的长处结合，优化出一套更加合理的空调布置方案，以达到最佳的均匀降温效果。但是，利用空调机对仓房空间进行降温和控温，无论采用哪种布置方式，随时间的推移仓房空间温度都会逐渐均匀。

3. 空调机的安装

窗式空调机的安装高度原则上应尽可能靠仓间顶部，以防止空调机吹出的冷风直接接触粮面而产生结露。对于未进行隔热改造的普通仓房，空调机的安装一般距离房顶 1.5 m，这是由于仓房的屋顶结构单薄，夏天日晒过烈，仓间的上层空气过热，若空调机安装得过高，冷空气很难传至粮堆下层，达不到制冷效果；若空调机安装得过低，则要使上层粮堆达到低温，空调机使用时间就会相应延长，既浪费电能，又无良好效果。

知识点四 空调机控温参数选择

利用空调机降温的主要作用是对仓房空间温度的调节和表层粮温的控制。在低温和准低温储藏期间，一般多利用空调机在高温季节补充冷源，将仓温和粮温控制在一定范围内，缓解仓房屋顶热源对仓温的影响，抑制粮堆表层温度的加速上升。

空调机降温的一般操作工艺：采用低温储粮时，将目标温度设为 20 ℃，当仓温高于 21 ℃时开启空调，当仓温降至 19 ℃时关停空调。采用准低温储粮时，将目标温度设为 25 ℃，当仓温高于 26 ℃时开启空调，当仓温降至 24 ℃时关停空调。一般窗式空调机的温控范围仅在 15～28 ℃。即使在按照低温仓要求改造的仓房内，仓内温度也只能维持在 15～20 ℃，通常为 18 ℃左右。若在未进行隔热改造的仓房内，则仓内温度很难达到 20 ℃以下。所以，在采用空调控温技术时，除注意空调机的安装位置外，还应按照低温仓或准低温仓的建设要求，加强对仓房围护结构的保温隔热处理或改造。

子任务一　空调机控温储粮认知

工作任务

空调机控温储粮认知工作任务单

分小组完成以下任务： 1. 查阅空调机控温储粮原理、空调机控温储粮技术要点、空调机的选配与安装、空调机控温参数选择等内容。 2. 填写查询报告。

任务实施

查询资料→小组讨论→小组汇报→教师点评→总结提升→填写报告。

1. 查询资料

(1)空调机控温储粮原理。

(2)空调机控温储粮技术要点。

(3)空调机的选配与安装。

(4)空调机控温参数选择。

2. 小组讨论

(1)空调机控温储粮技术要点。

(2)空调机的选配与安装、空调机控温参数选择。

3. 小组汇报

小组就讨论结果进行汇报，形式自定。

4. 教师点评

教师根据每个小组的汇报情况进行点评。

5. 总结提升

汇总每个小组的结论，总结空调机控温储粮技术要点及空调控温参数选择。

6. 填写报告

将结果填入表 1-17 中。

表 1-17　空调机控温储粮认知

阐述空调机控温储粮原理工作原理	
列举空调机控温储粮技术要点	
如何进行空调机控温参数选择	

任务评价

按照表 1-18 评价学生工作任务完成情况。

表 1-18　任务考核评价指标

序号	工作任务	评价指标	分值比例	得分
1	查询资料	(1)能够准确查询资料； (2)对资料内容分析整理	20%	
2	小组讨论	根据要求将查询内容进行分类，归纳总结	20%	
3	小组汇报	(1)小组合作完成； (2)汇报时表述清晰，语言流畅； (3)正确把握空调机控温储粮原理； (4)准确阐述空调机控温储粮技术要点及空调机控温参数选择	30%	
4	点评修改	根据教师点评意见进行合理修改	10%	
5	总结提升	总结本组的结论，能够灵活运用	10%	
6	综合素养	(1)会查阅资料并能分析出有效信息，具有信息处理能力； (2)小组分工合作，责任心强，能够完成自己的任务	10%	
合计			100%	

子任务二　采用空调机控温储粮

工作任务

夏季温度较高，开启空调机进行控温储粮。

任务实施

1. 任务分析

采用空调机降低仓温需要明确以下问题：

(1)采用空调机控温储粮的时机选择。

(2)采用空调机控温储粮的具体操作。

2. 器材准备

空调机、温度计等。

3. 操作步骤

(1)正确选择空调开启时机，如图 1-45 所示。在应用空调控温技术时，需要先连续跟踪检测粮温和仓温。当仓温或表层粮温超过目标温度时，可手控或智能开启空调进行制冷，降低仓温或表层粮温。在启动空调前，应先检查空调设备是否完好、电源线插头是否连接正确。当仓内安装有多台空调设备时，应逐台对设备进行检查。

(2)启动空调并合理设定送风温度值，如图 1-46 所示。稻谷宜采用低温储藏，玉米、大豆宜采用准低温储藏。开启空调后，要按照使用说明规定的方法，设定送风温度值。粮仓普通空调一般送风温差(进、出蒸发器的空气温差)为 8～12 ℃。采用低温储粮时，将目标温度设定为 19 ℃；采用准低温储粮时，将目标温度设定为 24 ℃。

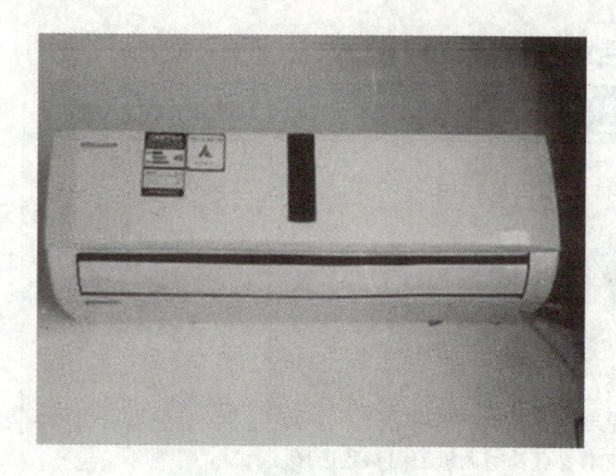

图 1-45　正确选择空调开启时机

图 1-46　合理设定送风温度值

(3)检查冷凝器，如图 1-47 所示。需检查室外机的冷凝器是否正常运转，冷凝水排放是否通畅。仓内安装多台空调设备时，应逐台检查冷凝器运行状况，确保每台空调均正常运行并应逐台启动并设置好送风温度参数。

(4)检查空调设备运行情况，如图 1-48 所示。当所有空调全部启动后，还需对各台设备的运行情况进行检查，注意观察设定的温度数值显示是否异常等。空调控温技术应用期间，需连续跟踪检测粮温、仓温，及时准确掌握温度变化情况。当仓温或表层粮温降至目标温度时，应及时关闭空调。

图 1-47　检查冷凝器

图 1-48　检查空调设备运行情况

注意事项如下：

(1)空调运行初期，特别要注意观察每台空调的出风口是否有结露现象。

(2)空调控温期间，应注意观察粮堆表面、仓墙内表面及仓顶等部位是否有结露的情况。若出现结露，可及时调高送风温度，结露严重时应暂停运行。

(3)空调使用期间如遇停电，应将供电开关置于关闭状态。

(4)空调停用应切断电源。

(5)空调运行期内应尽量减少门窗开关频率。

(6)雷雨天气应及时切断电源，停止空调运行。

(7)采用磷化氢熏蒸前，应将空调系统与熏蒸环境隔离。一般利用双槽管和复合膜密封隔离空调系统的仓内部分。

任务评价

任务评价表见表 1-19。

表 1-19　采用空调机控温储粮评价表

班级：　　　　　姓名：　　　　　学号：　　　　　成绩：

试题名称		采用空调机控温储粮度			考核时间：20 min		
序号	考核内容	考核要点	配分	评分标准	扣分	得分	备注
1	准备工作	安全防护	5	未戴安全帽、穿工作服扣 2 分			
		工具用具准备		检查工具不规范、不全面扣 3 分			
2	操作前提	空调机控温储粮时机选择	10	空调机控温储粮时机选择不正确扣 10 分			
3	操作过程	操作规范步骤完整	80	不能正确开启空调机扣 20 分；未检查设备是否完好、电线连接是否正确扣 10 分			
				送风温度设置不合理扣 20 分			
				未检查室外机冷凝器是否正常运转扣 10 分			
				未检查冷凝水排放扣 10 分			
				所有空调机开启后未检查设备运行扣 10 分			
				未检查温度显示数值是否正常扣 10 分			
4	使用用具	熟练规范使用检测仪器	5	检测仪器使用不规范扣 2 分			
		仪器使用维护		操作结束后仪器未归位或复原扣 3 分			
合计			100	总得分			

巩固与练习

1. 空调机的选择也可根据低温仓的平面面积大小，由经验估出制冷机台数，每(　　)m^2的平面面积约需安装制冷量为 3 500 W 的窗式空调机 1 台。

A. 50～100　　　　B. 100～200

C. 150～200　　　　D. 200～300

2. 关于空调机控温参数选择，下列说法正确的是(　　)。

A. 采用低温储粮时，将目标温度设定为 25 ℃，当仓温高于 26 ℃时开启空调，当仓温降至 24 ℃时关停空调

B. 采用准低温储粮时，将目标温度设定为 25 ℃，当仓温高于 26 ℃时开启空调，当仓温降至 24 ℃时关停空调

C. 一般窗式空调机的温控范围仅在 15～28 ℃

D. 在未进行隔热改造的仓房内，仓内温度也只能维持在 15～20 ℃，通常为 18 ℃左右

任务五　谷物冷却机控温储粮

情境描述

低温储粮技术利用低温季节的自然冷源或谷物冷却机，粮面控温机等储粮冷却设备对仓库内的粮堆进行冷却，使储粮温度处于较低的状态，从而保持和提高粮油储存质量，实现储粮安全储藏的目的。

学习目标

知识目标

1. 了解谷物冷却机基本结构。
2. 掌握谷物冷却机的工作原理。
3. 掌握谷物冷却机冷却通风的操作条件。

能力目标

1. 能够采用谷物冷却机降低储粮温度。
2. 能够正确填写谷物冷却通风记录卡。

素质目标

1. 具有节能意识。
2. 具有安全意识。

任务分解

子任务一	谷物冷却机控温储粮认知
子任务二	采用谷物冷却机控温储粮

任务计划

通过查阅资料、小提示等获取知识的途径，获取谷物冷却机控温储粮技术要点，利用谷物冷却机降低储粮温度。

任务资讯

知识点一　谷物冷却机构造

1. 谷物冷却机的构造

谷物冷却机是一种可移动式的制冷控湿通风机组。典型的谷物冷却机主要由以下三大系统的主要部件组成，如图 1-49 所示。

(1)制冷系统：由压缩机、冷凝器、热力膨胀阀、蒸发器等组成；

(2)送风系统：由过滤器、通风机、静压箱等组成；

(3)控制系统：由电控柜、可编程控制器、变频器、传感器、执行器等组成。

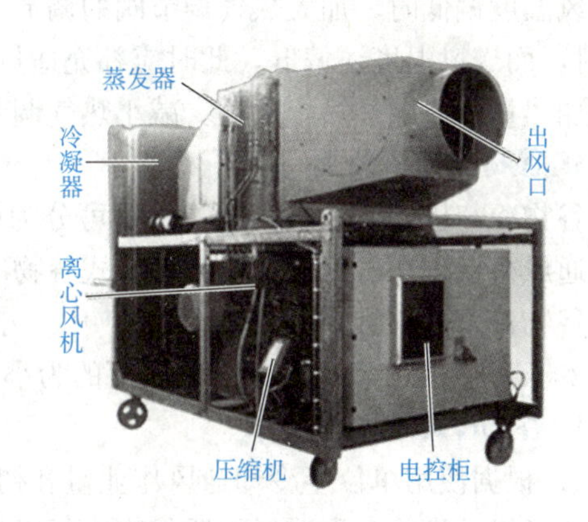

图 1-49　谷物冷却机的构成示意

2. 谷物冷却机工作原理

如图 1-50 所示，外界空气在通风机产生的压力差作用下，经过滤网进入蒸发器，通过热交换被冷却，当被冷却的空气湿度超过设定值时，后加热装置对被冷却的空气进行适当加热，将其相对湿度降低到设定要求，调控湿度后的冷却空气再通过送风管道和空气分配器进入粮堆，自下而上地沿着粮堆中的空隙穿过粮层，通过与储粮进行冷热交换，降低粮堆温度，从而达到低温储粮目的。

视频：谷物冷却机工作原理及控温储粮要点

动画：谷物冷却机的工作原理

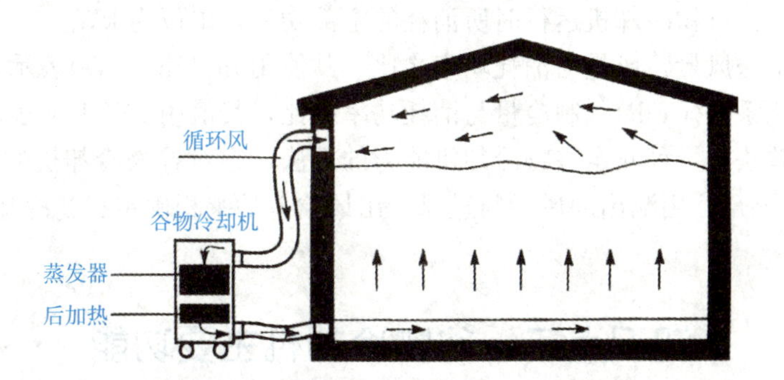

图 1-50　谷物冷却机的工作原理示意

动画：谷物冷却机的结构

(1)制冷系统原理。在压缩机吸排作用下，制冷系统中的制冷剂(R22)在两个换热器之间循环运动。在蒸发器中，低温低压液体制冷剂蒸发吸收空气中的热量，使其温度下降。而在冷凝器中，高温高压的制冷剂向外界散发热量，使制冷剂变成常温高压的液体，通过膨胀阀的节流作用，使制冷剂成为低温低压的液体，从而进入蒸发器蒸发吸热，如此循环不已。在此装置中高温高压制冷剂的冷凝分为两部分，一部分经风冷冷凝器冷凝；另一部分空气在加热器中冷凝，利用冷凝热适当加热空气降低湿度，从而节约了额外加热空气的能量。

(2)送风系统原理。离心风机将过滤后的空气送入蒸发器，空气的温度将被降低而相对湿度增加，可高达95%，然后经过加热器加热后，随着温度上升，相对湿度随之降低，从而使冷空气出口温度、湿度调整到符合设定的要求。

(3)送风温度控制系统原理。送风温度控制可通过调节热气量或调节电加热量来实现。当送风温度偏低时，加大热气调节阀的调节，如热气调节阀开度最大(即热气加热量调到最大)时，而送风温度还偏低，此时应补充适量电加热进行控制。当送风温度偏高时，首先减小电加热量，当电加热全关时，减小热气调节阀的开度。

3. 谷物冷却机分类

谷物冷却机按照通风机设置位置可分为前置式和后置式两种形式。前置式谷物冷却机是指通风机设置在蒸发器之前；后置式谷物冷却机是指通风机设置在蒸发器之后。

谷物冷却机按制冷量可分为大、中、小三种规格。制冷量 80 kW 以上的为大型机；50～80 kW 的为中型机；50 kW 以下的为小型机。

4. 谷物冷却机配置要求

(1)根据使用单位年冷却通风作业量和初冷与复冷作业完成时间要求，按照仓型、储粮数量和气候条件等合理选择配置谷物冷却机机型、规格和数量。

(2)根据仓房类型、风网布置、设备条件、储粮种类、粮堆体积、冷却作业要求等，确定谷物冷却机的使用数量及布置方式。

(3)所配置谷物冷却机的风压、风量及制冷量应能满足冷却储粮的要求。

5. 谷物冷却机的基本参数

(1)送风量：单位时间内向仓房送入的空气量，单位为 m^3/h。谷物冷却机在任何状态运行时送风量均应换算成 20 ℃、101 Pa、相对湿度 65%的状态下的数值。

(2)制冷量：在规定的制冷能力条件下，从进入谷物冷却机的空气中除去的热量，单位为 kW。

(3)消耗功率：谷物冷却机运行时所消耗的全部功率，单位为 kW。

(4)单位功率送风量：风量与消耗功率之比，其值用 $m^3/(h \cdot kW)$表示。

(5)制冷性能系数(COP)：制冷量与消耗功率之比，其值用 kW/kW 表示。

(6)空气焓差法：一种测定谷物冷却机能力的方法。它对谷物冷却机的进风参数、出风参数及风量进行测量，用测出的风量与进风、出风焓差的乘积确定谷物冷却机的制冷量。

知识点二　谷物冷却机主要功能

谷物冷却机低温储粮技术主要用于降低储粮温度，在降温的同时可以保持和适量调整储粮水分，具有保持水分冷却通风、降低水分冷却通风和调质冷却通风三种功能。

动画：谷物冷却机的主要功能

1. 保持水分冷却通风

通过合理调控送入仓内冷却空气的温度和湿度，降低储粮温度，保持

储粮水分。此方式可用于降低储粮温度，防止储粮发热和预防虫、霉危害，保持储粮品质；处理发热储粮和高温储粮；平衡储粮的温度、湿度，防止水分转移及结露。

2. 降低水分冷却通风

将送入仓内冷却空气的相对湿度调节到低于被冷却储粮水分的平衡相对湿度，在降低粮温的同时，可使粮油水分适量降低。此方式可用于降低储粮温度和水分，实现安全储粮。

3. 调质冷却通风

调高送入仓内冷却空气的相对湿度，对水分过低的储粮，在降低粮温的同时，可使储粮水分适量增加。此方式可用于储粮出仓前调整储粮水分，改善储粮加工品质。

知识点三　谷物冷却机冷却通风的操作条件

1. 整仓冷却通风的条件

(1)开始整仓冷却通风的条件。

①当整仓储粮平均温度高于预定值 5 ℃以上时，宜进行整仓冷却通风作业。

②采用低温储藏时，粮堆平均温度＞15 ℃，应进行整仓冷却通风作业。

③采用准低温储藏时，粮堆平均温度＞20 ℃，应进行整仓冷却通风作业。

(2)结束整仓冷却通风的条件。

①当整仓储粮平均温度降到预定值，竖向谷物冷却机冷却通风时，冷却界面已移出粮堆上层(即距粮堆表面 500 mm 左右，粮温不高于预定值 3 ℃)，粮堆高度方向温度梯度≤1 ℃/m 粮层厚度时；横向通风时，冷却峰面已移出出风口(即距粮堆靠近出风口截面平均粮温不高于预定值 3～5 ℃时)，可结束冷却通风作业。

②采用低温储藏时，粮堆平均温度≤15 ℃且局部最高粮温≤20 ℃，可结束冷却通风作业。

③采用准低温储藏时，粮堆平均温度≤20 ℃且局部最高粮温≤25 ℃，可结束冷却通风作业。

2. 环流冷却通风的条件

环流冷却是指谷物冷却机输出的冷风穿过粮堆后，当其焓值或仓内空气的焓值低于外界空气焓值时，通过环流管道将其引入谷物冷却机的进风口进行循环利用的谷物冷却通风过程。

(1)开始环流冷却通风的条件。竖向谷物冷却机冷却通风时，当仓内空气的焓值低于外界空气焓值时，宜进行环流冷却通风作业。

(2)结束环流冷却通风的条件。当仓内空气的焓值高于外界空气焓值时，应停止环流冷却通风方式。

知识点四　谷物冷却机冷却通风的参数确定

(1)谷冷通风前，应测定仓温、粮温、储粮水分和大气温度、大气相对湿度。

(2)在全面掌握粮情和环境条件、仓房及通风系统条件、谷物冷却机设备性能的前提下，根据不同的谷冷通风目的，本着安全、经济、有效的原则，应分阶段设置谷物冷却机出风口温度、湿度参数。

(3)谷物冷却机出风温度的设置不宜低于 10 ℃。当采取分阶段谷冷通风时，后阶段出风温度不应高于前阶段。每阶段的谷物冷却机出风温度应比粮堆平均温度低 3～5 ℃。竖向谷冷通风时最后阶段谷物冷却机出风温度一般比目标温度低 1～3 ℃；横向谷冷通风时最后阶段谷物冷却机出风温度一般比目标温度低 3～5 ℃。只用于降低仓温的谷冷通风，谷物冷却机出风温度应比仓内空间温度低 8～10 ℃，且需加强粮面结露检查。

动画：谷冷机整仓冷却通风的操作条件

(4)谷物冷却机出风相对湿度应根据冷却目的而确定，一般应控制在 70%～90%。当采取分阶段进行谷冷通风时，开始阶段谷物冷却机出风相对湿度可达 90%，其后每阶段出风相对湿度应逐渐降低，最后阶段谷物冷却机出风相对湿度应不低于 70%。谷物冷却机出风相对湿度的设定方法按照《粮油储藏 谷物冷却机应用技术规程》(GB/T 29374—2022)规定的方法执行。

(5)根据粮情和环境条件、仓房及通风系统的条件、谷物冷却机设备性能，确定采用一次性完成谷冷通风或分阶段完成谷冷通风的方式。

(6)不应向仓内送入温度高于粮堆平均温度的空气。

(7)横向谷冷通风时，应保证同一室间工作的分体式谷物冷却机制冷量和出风口温度、湿度基本一致。特殊情况下同一室间使用不同制冷量的分体式谷物冷却机时，应保证每台设备的出风温度、湿度基本一致。

知识点五　冷却通风过程中的检测项目和要求

1. 粮情检查

(1)通风期间，应每 6 h 检测一次粮温。

(2)应在风道上方和风道之间的不同粮层设置储粮水分检测固定取样点。通风期间，应每 6 h 用快速水分检测仪检测一次固定取样点的储粮水分。

(3)在进行以降水或调质为目的冷却通风时，应每 12 h 按有关规定检测一次整仓储粮水分。

(4)在通风前后均应按有关规定检测整仓储粮水分。采取分阶段冷却通风时，宜在每个阶段通风结束后检测整仓储粮水分。

(5)粮情出现异常时，应适当增加检测次数。

2. 环境温度、湿度检查

(1)每次修改谷物冷却机出风温度、湿度参数时，应检测一次环境温度、湿度，使设定值符合安全、经济、有效的原则。

(2)在冷却通风期间，宜选用大气温度、湿度记录仪连续记录环境温度、湿度变化。

3. 谷物冷却机出风温湿度检查

(1)应每 6 h 从连接管上的温度、湿度检查孔检测送入粮堆的冷风温度和相对湿度。

(2)在修改谷物冷却机出风温度、湿度参数后 1 h 内，应每隔 20 min 检查一次送入粮堆的冷风温度和相对湿度。

知识点六　填写谷物冷却通风记录卡

填写谷物冷却通风记录卡（表 1-20）是判断谷物冷却机运行是否正常、冷却通风参数选择是否正确、冷却通风效果是否达到预定目标等设备运行日常管理的需要，也是对谷物冷却机此次使用进行总结和评价。通过对这些过程数据进行分析和积累，可以帮助操作者熟悉和掌握设备的使用性能，并为后期谷物冷却机经济合理运行和改进方案提供依据。

表 1-20　谷物冷却通风记录卡

省（自治区、直辖市）　　县（市）　　库（站）　　仓（货位）号

粮种		等级		杂质	%	质量	t
仓型		直径或长×宽	m	粮层厚度	m	粮堆体积	m^3
风网类型				粮层阻力	Pa	总 风 量	m^3/h
谷冷机型号		台数	台	总 功 率	kW	单位风量	$m^3/(h·t)$
冷却通风目的：							
通风时间	开始：			结束：		累计冷却通风时间：	h
冷却通风期间参数				平均值		最高值	最低值
大气温度/℃							
大气相对湿度/%							
储粮温度/℃	冷通前						
	冷通后						
储粮水分/%	冷通前						
	冷通后						
粮层温度梯度值（℃/m）							
粮层水分梯度值（%/m）							
冷却送风温度（设定值/检测值）/℃				前期		中期	后期
冷却送风湿度（设定值/检测值）/%				前期		中期	后期
实际冷却处理能力				t/24 h		总 电 耗	kW·h
吨粮耗电				kW·h/t		单位能耗	kW·h/(t·℃)
电价				元/(kW·h)		单位成本	元/吨
操作人						统计人	
备注							

知识点七　谷物冷却机的单位能耗和单位成本

1. 冷却通风的单位能耗

在谷物冷却机作业中，平均每吨储粮温度降低 1 ℃的用电量称为单位能耗，用 E 表示，

单位为千瓦·小时/吨粮·摄氏度[kW·h/(t·℃)]。

冷却通风的单位能耗按照下列公式计算：

视频：谷物冷却机的单位能耗和单位成本

$$E=\frac{W}{(T_1-T_2)m}$$

式中　E——谷物冷却机冷却通风的单位能耗[kW·h/(t·℃)]；

W——冷却通风降温累计耗电量(kW·h)；

T_1——冷却通风前平均粮温(℃)；

T_2——冷却通风结束后 24 h 的平均粮温(℃)；

m——被冷却通风的储粮质量(t)。

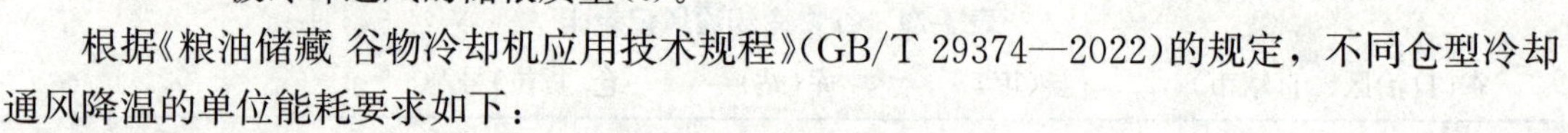

根据《粮油储藏 谷物冷却机应用技术规程》(GB/T 29374—2022)的规定，不同仓型冷却通风降温的单位能耗要求如下：

(1)立筒仓冷却通风：$E \leqslant 0.30$ kW·h/(t·℃)；

(2)浅圆仓冷却通风：$E \leqslant 0.50$ kW·h/(t·℃)；

(3)高大房式仓冷却通风：$E \leqslant 0.50$ kW·h/(t·℃)；

(4)其他房式仓冷却通风：$E \leqslant 0.80$ kW·h/(t·℃)。

2. 冷却通风的单位成本

一年内谷物冷却机冷却通风每吨储粮的电耗费用称为单位成本，用 Y 表示，单位为元/吨(¥/t)。

谷物冷却机冷却通风的单位成本按照下列公式计算：

$$Y=\frac{(W_1+W_2+\cdots+W_n)\times d}{m}$$

式中　Y——谷物冷却机冷却通风的单位成本(元/t)；

W_1，W_2，$\cdots W_n$——一年内第一次、第二次……第 n 次冷却通风耗电量(kW·h)；

d——用电单价[元/(kW·h)]；

m——被冷却通风储粮的质量(t)。

计算结果是一年内谷物冷却机低温通风每吨储粮的电耗费用若干元。

子任务一　谷物冷却机控温储粮认知

工作任务

谷物冷却机控温储粮认知工作任务单

分小组完成以下任务： 1. 查阅谷物冷却机构造和工作原理、谷物冷却机主要功能、谷物冷却机冷却通风的操作条件、谷物冷却机冷却通风的参数确定、冷却通风过程中的检测项目和要求、填写谷物冷却通风记录卡、谷物冷却机的单位能耗和单位成本等内容。 2. 填写查询报告。

任务实施

查询资料→小组讨论→小组汇报→教师点评→总结提升→填写报告。

1. 查询资料

(1)谷物冷却机构造和工作原理。

(2)谷物冷却机主要功能。

(3)谷物冷却机冷却通风的操作条件。

(4)谷物冷却机冷却通风的参数确定。

(5)冷却通风过程中的检测项目和要求。

(6)谷物冷却通风记录卡填写。

(7)谷物冷却机的单位能耗和单位成本。

2. 小组讨论

(1)谷物冷却机冷却通风的操作条件。

(2)谷物冷却机冷却通风的参数确定方法。

3. 小组汇报

小组就讨论结果进行汇报，形式自定。

4. 教师点评

教师根据每个小组的汇报情况进行点评。

5. 总结提升

汇总每个小组的结论，总结谷物冷却机冷却通风的操作条件及谷物冷却机冷却通风的参数确定方法。

6. 填写报告

将结果填入表 1-21 中。

表 1-21　谷物冷却机控温储粮认知

阐述谷物冷却机构造和工作原理	
如何确定谷物冷却机冷却通风的操作条件	
如何进行谷物冷却机冷却通风的参数确定	

任务评价

按照表 1-22 评价学生工作任务完成情况。

表 1-22　任务考核评价指标

序号	工作任务	评价指标	分值比例	得分
1	查询资料	(1)能够准确查询资料； (2)对资料内容分析整理	20%	
2	小组讨论	根据要求将查询内容进行分类，归纳总结	20%	
3	小组汇报	(1)小组合作完成； (2)汇报时表述清晰，语言流畅； (3)正确把握谷物冷却机构造和工作原理； (4)准确阐述谷物冷却机冷却通风的操作条件及谷物冷却机冷却通风的参数确定方法	30%	
4	点评修改	根据教师点评意见进行合理修改	10%	

续表

序号	工作任务	评价指标	分值比例	得分
5	总结提升	总结本组的结论，能够灵活运用	10%	
6	综合素养	(1)会查阅资料并能分析出有效信息，具有信息处理能力； (2)小组分工合作，责任心强，能够完成自己的任务	10%	
合计			100%	

子任务二　采用谷物冷却机控温储粮

工作任务

夏季温度较高，开启谷物冷却机进行控温储粮。

任务实施

1. 任务分析

采用谷物冷却机降低仓温需要明确以下问题：

(1)采用谷物冷却机控温储粮的时机选择。

(2)采用谷物冷却机控温储粮的具体操作。

2. 器材准备

谷物冷却机、温度计等。

3. 操作步骤

(1)移动谷物冷却机到指定位置并平稳摆放，按设备使用说明书的要求对谷物冷却机进行运行前的检查和清理。

(2)用连接管连接谷物冷却机出风口与仓房通风口，并在连接管上适当位置开设冷空气温度、湿度检查孔。

(3)严格按照设备使用说明书规定的方法，检查电路和接入电源的相位，接通电源，并按照规定的时间对谷物冷却机进行预热。

(4)根据谷物冷却机通风量、环境风向和通风方式等具体情况，应有选择地、适量地打开仓窗、通风换气口或轴流风机，便于仓内和粮堆中热空气顺畅排出。

(5)准备温度、湿度检测和水分检测仪器及相关工具、用具，检测仓温、粮温、储粮水分和大气温度、相对湿度等粮情数据，根据通风目和通风方式，设定谷物冷却机出风温度和湿度，完成设备预热并进行必要的设备检查后，逐台启动完成预热的谷物冷却机，观察谷物冷却机的运行情况，直至设备运行稳定。

(6)冷却通风过程中，注意观察谷物冷却机的运行情况，定时检测入仓冷空气的温度、湿度，定期检测粮堆各层温度和抽样检测储粮水分，分析判断参数设置和粮情变化是否正常，发现问题及时解决。

(7)冷却通风结束后，应正确关停设备，立即拆除连接管，关闭仓房通风口、仓窗、通风换气口或轴流风机。

(8)整理粮情数据和检测结果，评估本次冷却通风作业的单位能耗和成本，填写谷物冷

却通风记录卡，见表1-20。

注意事项如下：

(1)对同一仓房采用多台谷物冷却机同时冷却通风时，一般采用“一机一口”或“一机多口”的连接方式，严禁多台谷物冷却机串联使用。采用“一机多口”连接方式，送风主管道上宜配空气分配器，在连接管和空气分配器上宜包敷保温材料。

(2)谷物冷却作业的环境温度宜在15～35 ℃，环境湿度宜在50%～95%。在高温季节确需进行谷物冷却作业时，宜选择夜间等环境温度较低的时段进行。

(3)谷物冷却机应在平整路面移动，避免剧烈颠簸。用机动车牵引时，速度不应超过6 km/h。在移动过程中不允许碾压或在地面拖拽设备电缆。到达使用地点应平稳摆放在背阴处平整、坚实的地面上，避免运行时出现溜车和产生异常振动，避免整机特别是电控柜受阳光直接照射。

(4)谷物冷却机出风口和仓房进风口之间若采用硬管连接，连接管的质量不能由设备的出风口承载。为减少冷量损失，应尽可能缩短连接风管的长度并使连接处不漏风。

(5)供电系统应符合有关电气安装规范，并能满足谷物冷却机的动力负荷要求。要检查谷物冷却机接入电源电压，应确定电压范围在(380±38)V之内，启动前要特别注意检查接入电源的相位，如果相位错误，应调换与谷物冷却机连接的开关箱内的电源相位，禁止改动谷物冷却机内部的电源接线。

(6)谷物冷却机启动后约30 min达到稳定状态，设备启动运行至少15 min后方可停机。停机再启动的时间间隔应不小于10 min。

(7)谷物冷却机运行中要对制冷剂流动情况、冷凝水排放、电源电压和运行电流、出风温度和湿度、风压和过滤网及仓窗或通风换气口的开启等情况进行检查，发现问题及时处理。

(8)在冷却通风过程中，应定期从连接管上的温度、湿度检查孔检测冷风温度和相对湿度，若发现实测冷风温度、湿度波动较大或与设定值偏差较大(冷风温度与设定温度的差值大于1 ℃或冷风相对湿度与设定湿度的差值大于6%)时，或风道上方和风道之间的不同粮层储粮水分变化较快时，以及出现异常粮情(如粮温不降或升高、局部水分超出安全指标、水分转移较大、温度梯度较大等)时，应及时调整和纠正温度、湿度参数设定值。若设备自控调节不利或不能纠正偏差时，必须停机检查原因，排除故障后方能重新启动。

(9)在气温较低而储粮温度较高时，开始冷却阶段会造成仓房屋顶部或墙壁甚至粮堆表层出现结露。这时应该继续低温通风，并且加强仓房屋顶部的空气流通。在雨天和雾天等相对湿度较高的天气条件下使用谷物冷却机，要及时修正温度、湿度参数，确保冷风相对湿度在要求的范围内。

(10)谷物冷却机报警或自动停机时，应在设备提示下查清原因，排除故障，重新启动；通风作业时，当设备出现机器温度、湿度或压力异常、电机温度过高、设备振动剧烈、制冷剂泄漏等故障应立即停机检修；不允许在设备运行状态下进行修理。

(11)由于谷物冷却机数量和现场条件的限制不能一次性完成整仓冷却时，宜采用分区段冷却通风降温作业的方式。先后冷却的区段宜为相邻的区段。

(12)为确保谷物冷却机的使用安全，必须严格按照使用说明书要求进行操作。

1

任务评价

任务评价表见表1-23。

表1-23 采用谷物冷却机控温储粮评价表

班级： 姓名： 学号： 成绩：

试题名称		采用谷物冷却机控温储粮			考核时间：20 min		
序号	考核内容	考核要点	配分	评分标准	扣分	得分	备注
1	准备工作	安全防护	5	未戴安全帽、穿工作服扣2分			
		工具用具准备		检查工具不规范、不全面扣3分			
2	操作前提	谷物冷却机的检查和清理	10	内环流均衡粮温储粮时机不正确扣10分			
3	操作过程	操作规范 步骤完整	10	未正确连接谷物冷却机出风口与仓房通风口，未开设冷空气温度、湿度检查孔扣10分			
			10	未预热扣10分			
			10	未适量开启仓窗、通风换气口或轴流风机扣10分			
			20	未正确设定谷物冷却机出风温度和湿度扣20分			
			20	未定时检测入仓冷空气的温度、湿度、粮堆各层温度和抽样检测储粮水分扣20分			
			10	未关闭仓房通风口、仓窗、通风换气口或轴流风机扣10分			
4	使用用具	熟练规范使用检测仪器	5	检测仪器使用不规范扣2分			
		仪器使用维护		操作结束后仪器未归位或复原扣3分			
合计			100	总得分			

巩固与练习

1. 在高温季节确需进行谷物冷却作业时，宜选择(　　)时段进行。

A. 早上　　B. 中午　　C. 夜间　　D. 以上都可以

2. 谷物冷却机停机再启动的时间间隔应不小于(　　)min。

A. 5　　B. 6　　C. 8　　D. 10

3. 谷物冷却机送风量是指单位时间内向粮仓送入的空气量，单位是(　　)。

A. m^3/s　　B. m^3/min　　C. m^3/h　　D. 以上都不是

4. 当整仓储粮平均温度降到预定值，冷却界面已移出粮堆上层(即距粮堆表面500 mm左右粮温不高于预定值3 ℃)，粮堆高度方向温度梯度(　　)℃/m粮层厚度时，可结束冷却通风作业。

A. ≤0.5　　B. ≤1　　C. ≤2　　D. ≤5

任务六　内环流控温储粮

情境描述

内环流控温储粮技术是近年来国内兴起的一项绿色储粮技术，通过仓房内底部通风地笼、仓外通风口、环流风机、仓外保温管、仓内空间与粮堆形成一个闭合回路，冬天时充分利用室外低温，依次对储粮实施自然通风和分阶段的机械通风蓄冷，待春季气温回升时，及时对仓房的门窗、地笼口进行密封保温；夏季时，则通过环流风机的作用，从粮堆底部抽出冷气，经过保温管注入仓房上部空间，使仓内上、下空气在闭合的循环系统中运行，不与外界空气接触，起到调节仓温和表层粮温的作用，从而实现低温储粮。

学习目标

知识目标

1. 了解内环流控温系统的组成。
2. 掌握内环流控温储粮的工作原理。
3. 掌握内环流通风的操作条件。

能力目标

1. 能够正确判断利用内环流控温系统均衡储粮温度的时机。
2. 能够利用内环流控温系统均衡储粮温度、降低储粮温度。

素质目标

1. 养成自觉遵守职业道德规范和职业守则的习惯。
2. 具有安全意识。
3. 具有工匠精神。
4. 具有创新意识。

任务分解

子任务一	内环流控温储粮技术认知
子任务二	采用内环流控温储粮技术

任务计划

通过查阅资料、小提示等获取知识的途径，获取内环流控温储粮的相关内容，利用内环流控温系统均衡粮温。

1

任务资讯

动画：内环流控温系统组成

视频：内环流控储粮

知识点一　内环流控温储粮工作原理

内环流控温储粮工作的原理：冬季降低粮温蓄冷，夏季采用小功率风机将粮堆内部的冷空气从通风口抽出，送到仓内空间，降低仓温、仓湿和表层粮温，实现常年低温(准低温)储粮。有足够的粮堆冷心是内环流控温储粮技术成功的前提和关键。该技术是一项在我国北方地区有效的节能环保控温储粮技术，一般适用于冬季通风降温后，全仓平均粮温在−5～5 ℃，以及夏季明显存在“热皮冷心”现象的散装储存的粮堆，如图 1-51 所示。

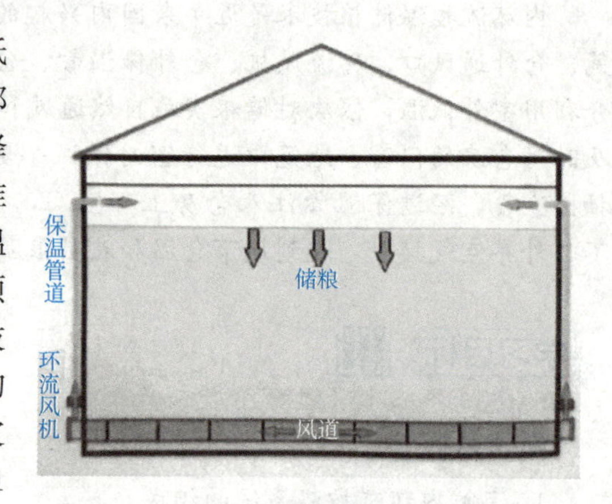

图 1-51　内环流控温储粮工作原理示意

知识点二　内环流控温储粮系统组成

动画：内环流通风均衡粮温的工作原理

内环流控温系统组成简单，包括一管、一机、一箱、一线，即保温管、环流风机、控制箱、测温感应线，如图 1-52 所示；系统基本配置如图 1-53 所示。

(1)控制箱：是电源、智能可编程控制器等的组合，为系统核心控制部位，可自动开启或关闭系统，自动统计系统运行时间、开启次数，也可实现手动、自动互转。

(2)通风道：为仓房原有通风系统，配置与安装应满足《储粮机械通风技术规程》(LS/T 1202—2002)的有关要求。

图 1-52　内环流控温储粮系统组成

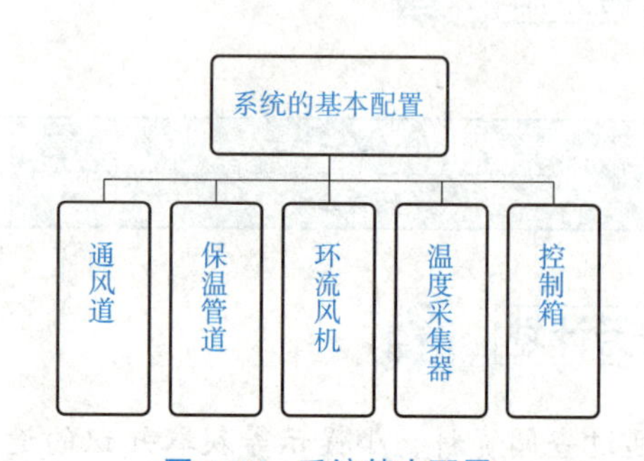

图 1-53　系统基本配置

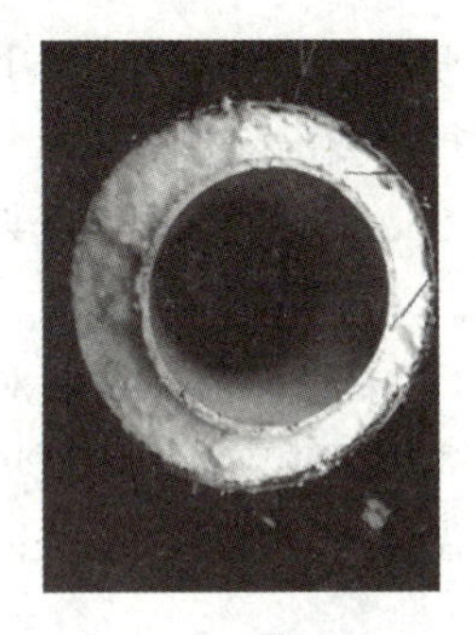

图 1-54　内环流控温主要材料

(3)环流风机：为三相异步防爆电动机，功率为 0.75 kW。

(4)保温管道：为管套管结构，内管材料为 PVC(ϕ90 mm)，外管材料为不锈钢，其间填充聚氨酯发泡保温材料。外管直径为 133 mm、304 mm 不锈钢钢管，厚度为 1.2 cm；保温材料发泡剂厚度为 2 cm/90 PVC 管，内径为 85 mm，如图 1-54 所示。

(5)温度采集器：为数字温度传感器，应符合有关规范规定。

知识点三　内环流控温储粮技术要点

动画：内环流控温储粮技术要点

(1)秋冬季通风蓄冷。秋冬季节气温下降，分 2～3 个阶段，采用轴流风机逐步降低粮温。冬季拟实现低温储粮的粮堆，宜将平均粮温降至－5～0 ℃；夏季拟实现准低温储粮的粮堆。宜将平均粮温降至 0～5 ℃。操作现场如图 1-55 所示。

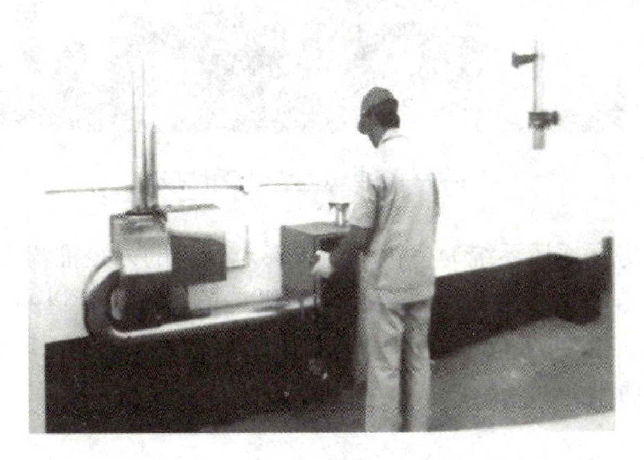

图 1-55　秋冬季通风蓄冷操作现场

(2)春季保温隔热。春季保温隔热操作现场如图 1-56 所示。

图 1-56　春季保温隔热操作现场

要求：对门窗及孔洞用泡沫板、海绵等隔热材料封堵并采取塑料薄膜密闭；对仓墙、屋面进行必要的隔热处理；检测仓房气密性、查漏补漏，使仓房气密性达标，即仓压由 500 Pa 降至 250 Pa 的压力半衰期；平房仓的压力半衰期≥40 s；筒仓、浅圆仓的压力半衰期≥60 s。

(3)夏季环流控温。对低温储藏的粮堆，当仓温超过 22 ℃时，启动环流风机，当仓温低于 18 ℃时，关闭环流风机；对准低温储藏的粮堆，当仓温超过 26 ℃时，启动环流风机，当仓温低于 24 ℃时，关闭环流风机。操作现场如图 1-57 所示。

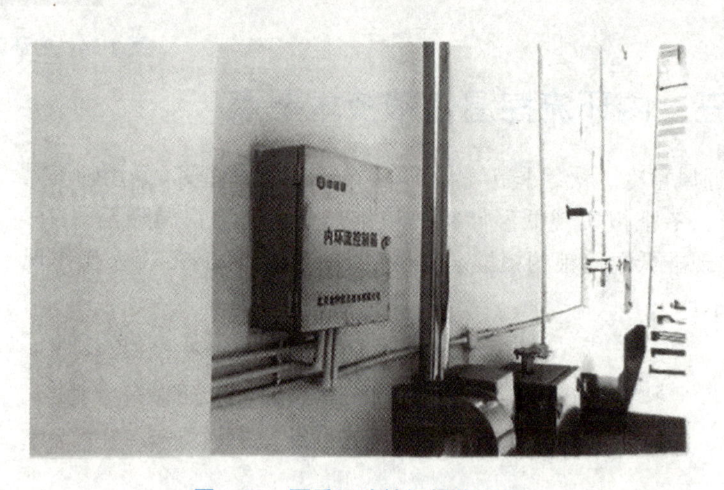

图 1-57　夏季环流控温操作现场

提示：若高大平房仓通风系统为一机四道，环流管道的内径推荐为 125 mm，环流风机的功率为 0.75 kW；若高大平房仓通风系统为一机三道，环流管道的内径推荐为 100 mm，环流风机的功率为 0.55 kW；若高大平房仓通风系统为一机两道，环流管道的内径推荐为 80 mm，环流风机的功率为 0.55 kW。

子任务一　内环流控温储粮技术认知

工作任务

内环流控温技术储粮认知工作任务单

分小组完成以下任务： 1. 查阅内环流通风均衡粮温的工作原理、内环流控温系统组成、内环流控温储粮技术要点等内容。 2. 填写查询报告。

任务实施

查询资料→小组讨论→小组汇报→教师点评→总结提升→填写报告。

1. 查询资料

(1)内环流控温储粮的工作原理。

(2)内环流控温系统组成。

(3)内环流控温储粮技术要点。

2. 小组讨论

(1)内环流控温储粮的工作原理及内环流控温系统组成。

(2)内环流控温储粮技术要点。

3. 小组汇报

小组就讨论结果进行汇报，形式自定。

4. 教师点评

教师根据每个小组的汇报情况进行点评。

5. 总结提升

汇总每个小组的结论，总结内环流控温储粮技术要点。

6. 填写报告

将结果填入表 1-25 中。

表 1-25　内环流控温技术储粮认知

阐述内环流通风均衡粮温的工作原理	
写出内环流控温系统组成	
总结内环流控温储粮技术要点	

任务评价

按照表 1-26 评价学生工作任务完成情况。

表 1-26　任务考核评价指标

序号	工作任务	评价指标	分值比例	得分
1	查询资料	(1)能够准确查询资料； (2)对资料内容分析整理	20%	
2	小组讨论	根据要求将查询内容进行分类，归纳总结	20%	
3	小组汇报	(1)小组合作完成； (2)汇报时表述清晰，语言流畅； (3)正确把握内环流控温储粮的工作原理及内环流控温系统组成； (4)准确阐述内环流控温储粮技术要点	30%	
4	点评修改	根据教师点评意见进行合理修改	10%	
5	总结提升	总结本组的结论，能够灵活运用	10%	
6	综合素养	(1)会查阅资料并能分析出有效信息，具有信息处理能力； (2)小组分工合作，责任心强，能够完成自己的任务	10%	
合计			100%	

子任务二　采用内环流控温储粮技术

工作任务

夏季温度较高，开启内环流控温系统进行控温储粮。

任务实施

1. 任务分析

采用内环流控温需要明确以下问题：

(1)采用内环流控温储粮的时机选择。

(2)采用内环流控温储粮的具体操作。

2. 器材准备

内环流控温系统，温度、湿度检测仪器等。

3. 操作步骤

(1)准备温度、湿度检测仪器及相关工具、用具。检测仓温和粮温，根据检测结果判断均衡粮温的可行性。

(2)检查内环流控温系统是否完整、连接是否紧密。

(3)接通电源，点动检查环流风机正反转。

(4)在温度条件符合环流通风要求时，启动环流风机进行通风。

(5)在环流通风过程中，检测仓温和粮温，判断通风条件和均衡粮温效果。当达到均温目的后或不满足允许环流通风条件时，关闭环流风机，结束或暂停均衡粮温操作。

(6)环流通风结束后，温度、湿度检测仪器、设备及相关工具、用具复位，清理操作现场。

注意事项如下：

(1)操作前必须对测试设备进行必要的前期准备，干湿球湿度计使用前应向水槽内添加适量蒸馏水。

(2)环流通风前必须进行仓温和粮温的检测，根据测试结果判断均衡粮温的可行性。

(3)通风前要检查环流风机正反转方向。

(4)采用内环流粮时，仓房门窗和通风换气口等应处于关闭状态。

任务评价

任务评价表见表 1-27。

表 1-27　采用内环流控温储粮评价表

班级：　　　　　姓名：　　　　　学号：　　　　　成绩：

试题名称		采用内环流控温系统均衡粮温			考核时间：20 min		
序号	考核内容	考核要点	分值	评分标准	得分	扣分	备注
1	准备工作	安全防护	5	未戴安全帽、穿工作服扣 2 分			
		工具用具准备		检查工具不规范、不全面扣 3 分			
2	操作前提	内环流均衡粮温储粮时机选择	10	内环流均衡粮温储粮时机不正确扣 10 分			

续表

试题名称		采用内环流控温系统均衡粮温			考核时间：20 min		
序号	考核内容	考核要点	分值	评分标准	得分	扣分	备注
3	操作过程	操作规范 步骤完整	80	未检查内环流系统连接是否紧密扣10分			
				未点动检查风机正反转扣20分			
				未正确启动环流风机扣10分			
				通风过程未检测仓温和粮温扣20分			
				结束环流通风时机判断不正确扣20分			
5	使用用具	熟练规范使用检测仪器	5	检测仪器使用不规范扣2分			
		仪器使用维护		操作结束后仪器未归位或复原扣3分			
合计			100	总得分			

巩固与练习

1. 关于内环流控温储粮的说法，下列表述错误的是(　　)。
   A. 冬季降低粮温蓄冷，夏季采用小功率风机将粮堆内部的冷空气从通风口抽出，送到仓内空间，降低仓温、仓湿和表层粮温，实现常年低温(准低温)储粮
   B. 有足够的粮堆冷心是内环流控温储粮技术成功的前提和关键
   C. 该技术是一项在我国南方地区有效的节能环保控温储粮技术
   D. 一般适用于冬季通风降温后，全仓平均粮温在−5～5 ℃，以及夏季明显存在“热皮冷心”现象的散装储存的粮堆
2. 内环流控温系统组成是(　　)。
   A. 保温管
   B. 环流风机
   C. 控制箱
   D. 测温感应线

视频：不畏艰难勇攀高峰

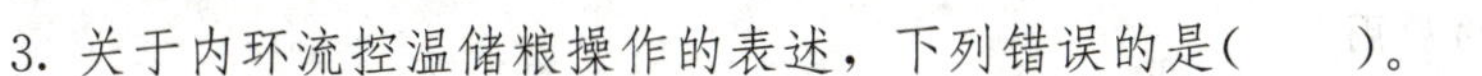

3. 关于内环流控温储粮操作的表述，下列错误的是(　　)。
   A. 操作前必须对测试设备进行必要的前期准备，干湿球湿度计使用前应向水槽内添加适量蒸馏水
   B. 环流通风前必须进行仓温和粮温的检测，根据测试结果判断均衡粮温的可行性
   C. 通风前要检查环流风机正反转方向
   D. 采用环流通风均衡粮温时，仓房门窗和通风换气口等应处于开放状态

项目二　控制储粮水分

学习导入

粮粒内部的各种新陈代谢活动必须在有水分的情况下才能进行，粮堆湿度大、水分高，可导致呼吸作用加剧，代谢活动旺盛，消耗干物质速度加快，而使储粮稳定性大为降低。湿度大、水分高也会降低储粮对害虫微生物的抗性。储粮害虫一般最适湿度为70%～75%，对粮食水分的要求一般为13%～13.5%。如果粮堆内的空气相对湿度保持在65%以内，保持与其平衡的水分，就可以抑制粮食上几乎全部微生物的活动。从储粮管理来说，湿度抑制微生物的生长比温度更有意义，也就是说控制储粮水分是抑制储粮中虫、霉的关键因素。

任务一　控制储粮水分认知

情境描述

在储藏期间，储粮水分的变化主要与储粮的吸湿性能有关，与储粮的储藏稳定性、储藏品质都密切相关，与储粮的发热霉变、结露、返潮等现象也有直接关系。所以，储粮的吸湿特性是储粮储藏中最重要的变量因素之一。

学习目标

知识目标

1. 掌握储粮吸湿性的原因。
2. 了解储粮籽粒水分的存在形式。
3. 掌握储粮水分的吸附和解吸过程。
4. 掌握水分活度的定义及意义。
5. 掌握储粮的平衡水分、安全水分、临界水分的定义及意义。
6. 掌握湿热扩散的定义。

能力目标

1. 能够通过储粮的解吸过程判断储粮水分变化。

2. 能够根据平衡水分、安全水分、临界水分的意义判断储藏条件、降低储粮温度。

素质目标

1. 养成自觉遵守职业道德规范和职业守则的习惯。
2. 具有安全意识。
3. 具有责任意识。
4. 具有节粮减损意识。

任务分解

子任务	控制储粮水分认知

任务计划

通过查阅资料、小提示等获取知识的途径，获取粮食的吸湿性相关知识。

任务资讯

视频：粮食的吸湿性

知识点一　储粮的吸湿性

粮粒对水汽的吸附与解吸的性能，称为储粮的吸湿特性，它是储粮吸附特性的一个具体表现。

储粮之所以吸附水蒸气，其原因如下。

(1)粮粒是多孔毛细管胶体物质，能够使水蒸气通过扩散进入其内部并凝聚。

(2)粮粒具有很大的吸附表面，使水蒸气分子能在表面发生单分子层或多分子层的吸附。

(3)粮粒含有大量的淀粉和蛋白质，都属于亲水胶体。存在很多亲水性基团，这些基团对水蒸气分子具有较强的吸附能力，如小麦的淀粉含量约占粮粒的63%，蛋白质约占16%，纤维素约占13%，这些物质都具有数个亲水基团，构成了粮粒吸湿的活性部位。

知识点二　储粮籽粒水分存在形式

储粮的水分含量是指储粮试样中水分的质量占试样质量的百分比。储粮粒中的一部分水分以毛细作用的形式，保持在粮粒内部的颗粒间隙中，这些水具有自然界中水的普遍性质，称为自由水；另一部分水分则以分子间力保持在粮粒中，吸附在粮粒的有效表面，称为吸附水；还有一部分水分以化学形式与储粮中的某一成分相结合，构成了粮粒物质整体的一部分，称为结合水，而所测定的储粮水分含量，就是上述三种水分的总和。水分含量与储粮稳定性密切相关，正常储藏的粮油均含有一定量的水分，这是粮粒维持生命和正常生理代谢所必需的。此外，储藏于不同生态环境中的粮粒，为了保证其储粮稳定性所要求的储粮水分含量是不同的。

在通常情况下，储粮中的"化合水"受环境影响的可能性不大。随着环境条件发生变化的主要是"自由水"和"吸附水"。"自由水"又是"吸附水"在一定条件下凝聚的结果，因此对于"吸附水"的研究就显得十分重要。

水蒸气能被粮粒表面吸附，主要是由分子间的力——范德华力与氢键作用的结果。范德华力包括：极性分子相互靠近时，由永久偶极作用产生的偶极力；极性分子和非极性分子相靠近时产生的诱导力；非极性分子相互靠近时，由瞬时偶极产生的色散力。这三种力都具有吸引作用。因此，当粮粒的有效表面与水蒸气分子接近时，在这三种力的作用下，水分子就分别吸附在极性、非极性表面上。

水分子是极性分子。因此，粮粒上所发生的作用力主要是水分子与粮粒极性部位分子之间发生的偶极力；水分子与粮粒非极性分子或部位之间发生的诱导力。其中，水分子在偶极力作用下，强烈地吸附在极性物质的表面上。

知识点三　储粮水分的吸附和解吸

1. 储粮水分的吸附

粮粒吸附水分，首先是水分在粮粒表面形成蒸汽吸附层，通过毛细管扩散到内部，吸附在有效表面上，其中有少部分与固体表面不饱和电子对发生作用，称为"结合水"。在吸湿过程中，存在着一个扩散吸附的物理过程，即水分子先扩散到粮粒表面和内部，然后再在活性表面吸附。

当水汽吸入后，如果水汽压仍大于粮粒内的水汽压，水汽就会不断地进入粮粒内，开始吸附在毛细管壁，形成单分子层，继续吸附而变成多分子层，当毛细管壁上的水汽吸附层逐渐加厚至中央汇合时，就出现了毛细管水分。这时，水分在毛细管中形成一个弯月面。

弯月面上的水汽分压低于毛细管壁上的水汽分压，即存在着一个压力差。因此，管壁中的水汽分子就向弯月上运动，从而使弯月面上的水汽过饱和而发生凝结，这种现象就称为毛细管凝结。这个动态过程的不断进行就使储粮水分含量不断增加，直至完成吸湿过程。

2. 储粮水分的解吸

当外界环境中的水汽分压低于粮粒内部的水汽分压时，粮粒中的水汽分子就向粮粒外扩散，即储粮中的水分发生解吸作用。解吸时首先是储粮毛细管中的凝结水扩散到空气中，其次是多分子层的吸附水，最后是单分子层的吸附水，直到储粮中的水汽分压与环境中的水汽分压平衡为止。

影响粮食吸湿性的因素主要是环境温度和湿度。在吸附过程中，水汽的吸附可以看作是液化过程，故吸湿过程是放热的，温度下降有利于吸湿；相反，解吸过程是吸热的。温度上升有利于解吸（散湿），烘干可以降低储粮水分。

知识点四　水分活度

水分活度(A_w)是指储粮的水蒸气分压与纯水的饱和蒸汽压的比值。水分活度在数值上相当于与储粮水分相平衡的环境相对湿度的小数值：

$$A_w=\frac{p}{p_0}=\frac{ERH}{100}$$

式中　p——储粮的水蒸气分压；

p_0——纯水的饱和蒸汽压；

ERH——储粮水分的平衡相对湿度。

平衡相对湿度受到大气的影响，而水分活度主要取决于储粮的水分特性。

水分活度在粮油储藏及其产品的储藏加工方面具有重要的意义。储粮及其制品的生化变化和品质劣变，都与水分活度有关。在储粮水分含量相同的情况下，由于储粮内部水的存在状态不同，就像溶剂中所溶的溶质不同。因此，储粮水分所产生的蒸汽压不同，从而使微生物利用的水分和生化反应所需的水分不同，储粮的稳定性就不同。对于各种储粮，水分活度在某一范围内其储藏稳定性则是安全的。一般在 A_w＝0.65－0.65－0.70 的情况下，粮食的变质非常缓慢。

水分活度与含水量相比是更有用的参数，它反映了储粮呼吸代谢过程中可利用水分的程度。水分活度相同的储粮，其含水量可以不同。因此，这就使评价水分对粮油储藏稳定性的影响有了统一的标准。

视频：粮食的平衡水分、安全水分及临界水分

粮食微生物的发展主要取决于储粮的水分活度和温度。即使在适宜的温度条件下，只要控制水分活度到达一定范围，微生物生长不会造成较为严重的危害。因此，为了储粮储藏的安全，就要控制储粮的水分活度在 0.65 左右。

知识点五　储粮的平衡水分、安全储存水分、临界水分

1. 储粮的平衡水分

不同种类的储粮在同一状况下所达到的平衡水分是不同的，如谷类含的亲水物质较多，油料类所含疏水物质较多，油料类平衡水分就明显地小于谷类。表 2-1 是几种主要储粮在不同温度、湿度下的平衡水分。

表 2-1　不同温度、湿度下的储粮平衡水分

粮种	温度/℃	相对湿度/%							
		20	30	40	50	60	70	80	90
稻谷	30	7.13	8.51	10.0	10.88	11.93	13.12	14.66	17.13
	25	7.4	8.8	10.2	11.15	12.2	13.4	14.9	17.3
	20	7.54	9.1	10.35	11.35	12.5	13.7	15.23	17.83

续表

粮种	温度/℃	相对湿度/%							
		20	30	40	50	60	70	80	90
稻谷	15	7.8	9.3	10.5	11.55	12.65	13.85	15.6	18.0
	10	7.9	9.5	10.7	11.8	12.85	14.1	15.95	18.4
	5	8.0	9.65	10.9	12.05	13.1	14.3	16.3	18.8
	0	8.2	9.87	11.09	12.29	13.26	14.5	16.59	19.22
大米	30	7.59	9.21	10.58	11.61	12.51	13.9	15.35	17.72
	25	7.7	9.4	10.7	11.85	12.8	14.2	15.65	18.2
	20	7.98	9.59	10.9	12.02	13.01	14.57	16.02	18.7
	15	8.1	9.8	11.0	12.15	13.15	14.65	16.4	19.0
	10	8.3	10.0	11.2	12.25	13.3	14.85	16.7	19.4
	5	8.5	10.2	11.35	12.4	13.5	15.0	17.1	19.7
	0	8.68	10.33	11.5	12.55	13.59	15.19	17.4	20.0
小麦	30	7.41	8.88	10.23	11.4	12.54	14.1	15.72	19.34
	25	7.55	9.0	10.30	11.65	12.8	14.20	15.85	19.7
	20	7.8	9.24	10.68	11.84	13.10	14.3	16.02	19.95
	15	8.1	9.4	10.7	11.9	13.1	14.5	16.2	20.3
	10	8.3	9.65	10.85	12.0	13.2	14.6	16.4	20.5
	5	8.7	10.86	11.0	12.1	13.2	14.8	16.55	20.8
	0	8.9	10.32	11.30	12.5	13.9	15.3	17.8	21.3
玉米	30	7.85	9.0	11.13	11.24	12.39	13.9	15.85	18.3
	25	8.0	9.2	10.35	11.5	12.7	14.25	16.25	18.6
	20	8.23	9.4	10.7	11.9	13.19	14.9	16.92	19.2
	15	8.5	9.7	10.9	12.1	13.3	15.1	17.0	19.4
	10	8.8	10.0	11.1	12.25	13.5	15.4	17.2	19.6
	5	9.5	10.3	11.4	12.5	13.6	15.6	17.4	19.85
	0	9.43	10.54	11.58	12.7	13.83	15.8	17.6	20.1
大豆	30	5.0	5.72	6.4	7.17	8.86	10.63	14.51	20.15
	25	6.35	8.0	9.0	10.45	11.8	14.0	16.55	19.4
	20	5.4	6.45	7.1	8.0	9.5	11.5	15.29	20.28
	15	7.0	8.45	9.7	11.1	11.2	14.7	17.2	20.0
	10	7.2	8.7	9.9	11.3	11.4	14.8	17.3	20.2
	5	7.5	8.85	10.2	11.6	11.7	15.0	17.7	20.15
	0	5.8	6.95	7.71	8.68	9.63	11.95	16.18	21.54

同一粮粒，胚的平衡水分就比胚乳大，因此，胚的含水量一般大于粮粒总含水量，见表2-2。

表 2-2　小麦胚与胚乳的平衡水分(相对湿度 85%)

完整粮粒	胚乳	胚
19.07	18.92	20.38
18.97	18.49	20.04

在同一相对湿度下，储粮的平衡水分与粮温并不呈现正相关，而表现为粮温越低，平衡水分越大，温度越高，平衡水分越小。由于温度上升时，解吸过程加强，平衡向解吸作用增强方向移动，加热会引起粮粒吸附物上的水分子部分脱离，因而水分吸附量随之减少，平衡水分就相应减小。温度下降时，平衡则向吸湿作用增强方向移动，水汽吸附量反趋增长，平衡水分就相应增大。当温度由 30 ℃下降到 0 ℃时，各种储粮的平衡水分几乎相似地增加 1.3%～1.4%。

吸湿性的研究为粮油储藏工作提供了理论依据。粮粒的吸湿性质和平衡水分的概念，指出了空气相对湿度对储粮水分含量的影响，当水分含量高的储粮存放在低相对湿度条件下，储粮水分则会散发；反之，如将干燥的储粮存放在空气潮湿的环境中，储粮则增加水分而吸湿。因此，在粮油储藏期间，利用通风、密闭干燥等措施控制调节水分时，必须运用粮食的吸湿性与平衡水分的概念和规律。

由于吸附滞后作用，高水分粮和低水分粮混储后，会引起粮堆水分的不均匀，而难以保管。

2. 储粮安全储存水分

储粮安全储存水分简称安全水分，是指在利用完好仓储设施储粮并采取科学保粮措施条件下，保证粮食安全度下储存的水分值。不同地区地理气候条件不同，储粮安全储存水分标准不同；同一地区储藏的不同粮种，因结构和化学成分不同，安全储存水分标准也不同，见表 2-3。

表 2-3　各地主要粮食品种安全储存水分值

地区	分品种安全水分/%				
	小麦	早籼稻	晚籼稻和粳稻	玉米	大豆
北京	13.5	14.5	15	14.5	14
天津	13.5	14.5	15	14.5	14
河北	13.5	14.5	15	14.5	14
山西	13.5	14.5	15	14.5	14
内蒙古	13.5	14.5	15	14.5	14
辽宁	13.5	15	15.5	14.5	14
吉林	13.5	15	15.5	14.5	14
黑龙江	13.5	15	15.5	14.5	14
江苏	13	14	14.5	14	14
上海	13	14	14.5	14	14
浙江	13	14	14.5	14	14
安徽	13	14	14.5	14	14

续表

地区	分品种安全水分/%				
	小麦	早籼稻	晚籼稻和粳稻	玉米	大豆
江西	13	14	14.5	14	14
福建	13	14	14.5	14	14
山东	13	14	14.5	14	14
河南	13	14	14.5	14	14
湖北	13	14	14.5	14	14
湖南	13	14	14.5	14	14
广东	13	13.5	13.5	13.5	13
广西	13	13.5	13.5	13.5	13
海南	13	13.5	13.5	13.5	13
四川	13	14	14	14	14
重庆	13	14	14	14	14
云南	13	14	14	14	14
贵州	13	14	14	14	14
西藏	13	14	14	14	14
陕西	13.5	14	14.5	14.5	14
宁夏	13.5	14.5	14.5	15	14
甘肃	13.5	14.5	14.5	15	14
青海	13.5	14.5	14.5	15	14
新疆	13.5	14.5	14.5	14	14

粮油储藏是否安全，受水分、温度的共同影响，一定含水量的粮油储藏于因季节变化而变化的大气温度所制约的环境温度下，不同季节又有不同的粮油储藏安全水分。一般来说，当储藏温度较高时，储粮的含水量应降低；反之，高水分的潮粮必须储藏于较低温度的环境之中。保证粮油安全储藏的温度水分制约关系是储粮含水量以18%、储藏温度以0 ℃为基点，温度每升高5 ℃，储粮含水量应降低1%。

3. 储粮的临界水分

影响储粮劣变速度的诸因素中，水分是最重要因素。水是粮粒呼吸过程中一切生化反应的介质。

一般情况下，随着水分含量的增加，粮粒呼吸强度升高，当储粮水分含量升高到一定数值时，呼吸强度就急剧加强，形成一个明显的转折点，这个转折点的储粮含水量称为储粮的临界水分。

任何一种储粮的临界水分是指与大约75%大气相对湿度相平衡的储粮含水量。粮粒间隙空气相对湿度为75%时，各种储粮的呼吸强度都显著升高，因此，在常温下短期储藏的最高安全水分相当于75%相对湿度下的储粮水分；长期储藏或高温过夏的储粮最高含水量则应相当于更低的相对湿度，长期储藏(1～3年)的粮油，其最大安全水分应降低到对应于65%的相对湿度。为了保证粮油储藏过程中的品质及延长储藏时间，必须控制粮油的含水量，使其不超过安全储藏所要求的数值，更不能超过“临界水分”。

不同储粮的临界水分大小不同。一般禾谷类粮食的临界水分为14%左右，油料的临界水分较低，为8%～10%，但大豆的临界水分在14%左右。表2-4归纳了与75%相对湿度相对应的粮食的含水量参数。

表2-4　75%相对湿度下各种储粮的含水量

粮种	稻谷	稻谷	糙米	小麦	小麦	小麦	玉米	大麦	花生果	亚麻子	棉籽	大豆
温度/℃	25～28	25	25～28	27	21	27	25	25～28	25	25	25	25
水分/%	14.4	14.0	15.6	14.7	14.7	14.7	14.3	14.4	10.5	10.3	11.4	14.4

粮食含水量超过其临界水分时呼吸强度急剧增高，其原因之一是干燥状态的粮食内部水分为束缚水，蛋白质未能处于充分水合状态，作为酶的蛋白质分子也不是处于充分水合状态。因此，呼吸作用及其他代谢过程均不活跃，当含水量增高，蛋白质分子处于充分水合状态，并有了自由水，使酶活力增加，从而使呼吸强度也增高。

知识点六　粮堆的湿热扩散

视频：粮食的湿热扩散现象

1. 水分在粮堆中的转移

储藏中的粮油即使处在安全水分和水分一致的情况下，只要在粮堆的不同部位存在着显著的温差，仍有可能变质。粮堆内的空气不是静止的，而是通过对流不停地运动着。粮堆内热空气比重较轻而上升，水汽也随之运动，至表面遇冷，它就放出多余水分以维持其相对湿度。即使在水分很均匀的储粮中，水分也会沿着温度梯度引起的蒸汽压梯度而运动，这种现象称为湿热扩散。水分从温暖区域向较冷的区域移动，可能导致平衡水分超过安全水分。极端的情况下，空气遇到冷的表面，可能冷却至低于露点。于是，水分就在仓壁或粮堆表面凝结，大幅地增加了这一区域的平衡相对湿度，使储粮变质的危险性增加。例如，当年入库的夏粮，在气温下降时，容易出现粮堆上表面转冷而水分增高的分层现象。一般所说的“结顶”大多是由此产生与发展的结果。

当高水分粮和低水分粮堆在一起时，储粮水分能通过水汽的吸附和解吸作用而移动，最后达到吸湿平衡，这种现象称为水分再分布。但吸湿平衡除考虑储粮水分外，必须同时考虑粮堆温度、相对湿度和水汽压等因素。

在相同温度条件下，水分越高，粮粒间水汽压越高；在相同水分条件下，粮温越高，粮粒间水汽压也越高。在粮堆各部位温度分布不均匀的情况下，水蒸气常从高温处移向低温处转移，粮温较低的粮层由于水蒸气凝结而导致水分含量升高。温差越大，粮粒原有含水量越高，堆放时间越久，则水分增加也越分明。

水分沿着温度梯度而运动的过程是一个缓慢的过程。一般认为，扩散是水分转移的主要机理，对流起辅助作用。储藏实践表明，靠近仓壁的储粮变质主要是由水分不断地由暖处移向冷处，以及粮堆空气在中心上升，而沿仓壁下降的对流联合作用的结果。粮堆表面生霉结块、发芽、腐烂也往往是温差引起水分转移的结果。

2. 影响水分在粮堆中扩散的因素

在粮食储藏中，除仓房漏雨进水及结露外，粮食吸湿和解吸都是通过水汽进行的。粮食吸水或失水的速率也取决于大气中的水汽分压(相对湿度)的高低。水分扩散进出粮堆或粮食与大气水分交换的速率是很慢的，尤其是在大量粮食散存的情况下。粮堆储存中水分转移的现象在储粮实践中具有重要的意义，了解这一物理过程对储粮的安全是必不可少的。归纳起来，影响水分扩散的因素有以下几个。

(1)粮食的含水量。含水量高，饱和水汽分压就高，容易发生水分转移。

(2)粮堆阻力的大小。水汽的扩散受到粮堆阻力的影响。通常孔隙度大，粮食就易发生水分转移。当然，粮粒的颗粒形态及杂质含量也会影响这一过程。

(3)温度差别。不同储粮部位的温差越大，水分扩散的速度与数量越大。

(4)粮食吸湿性能大小。水汽的扩散是一粒一粒粮食逐渐进行的，每粒粮食都有一个吸湿和解吸的过程，这样，粮食吸湿性的大小就直接影响水分的扩散。

3. 湿热扩散与储粮的关系

储粮工作者应掌握粮食水分的变化过程与规律，以防止水分在某一部位的聚积而使粮食变质，这些均与研究水分扩散的规律密切相关。例如，秋冬交替时粮温较高，特别是热入仓的麦堆，容易产生温差，中、下层粮温高于上层，从而引起冷热空气循环对流，使水分按热流方向移动。这种水分移动长期进行，就会使粮堆上层水分明显增高，形成上层结顶现象(图 2-1)，若中、下层粮温低，边、上部粮温高时，则会发生相反的对流现象，使底部粮食水分增高(图 2-2)，这种情况常发生于春季。

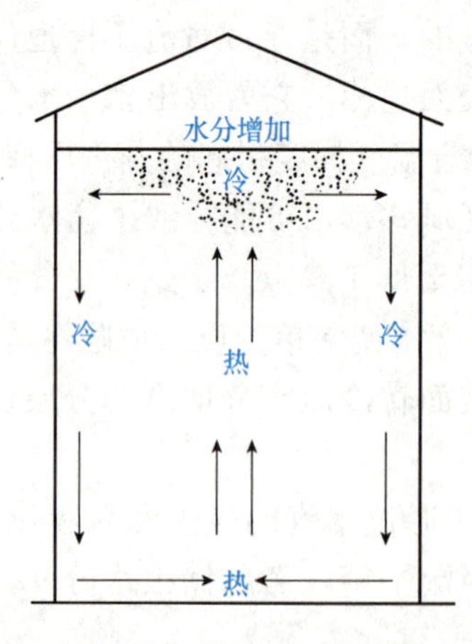

图 2-1　外温低于粮温时，水分转移情况

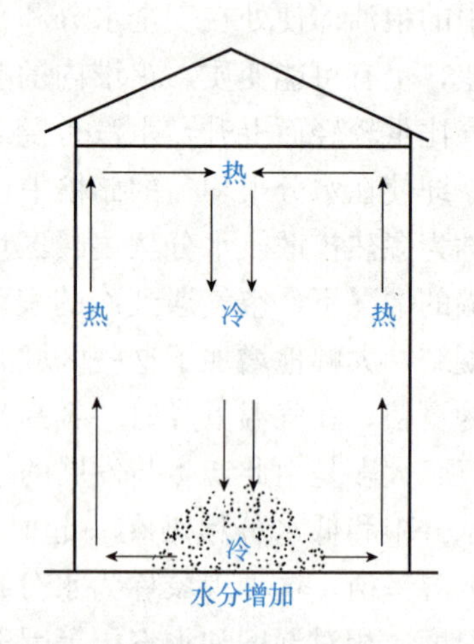

图 2-2　外温高于粮温时，水分转移情况

在储粮实践中，春秋季节转换时，要特别注意水分转移的情况，即使是原始水分很低的粮食。如 9.8%的小麦，在 20 ℃的温差下经过两周，较冷部位的小麦水分也会增至 36.2%，发芽生霉。在机械通风降温、降水过程中也会发生储粮水分转移的情况，甚至发生局部结露，导致储粮变质的现象。在粮仓中，阴面墙边、底部和其他部位都有可能由湿热扩散引起水分增高，如不及时检查处理，就可能导致储粮变质。因此，要密切注意粮堆的低温部位，发现问题及时处理，确保储粮安全。

子任务 控制储粮水分认知

工作任务

控制储粮水分认知工作任务单

分小组完成以下任务： 1. 查阅控制储粮水分相关内容。 2. 填写查询报告。

任务实施

查询资料→小组讨论→小组汇报→教师点评→总结提升→填写报告。

1. 查询资料

储粮的吸湿性相关内容。

2. 小组讨论

(1)储粮吸湿性的原因。

(2)储粮水分的吸附和解吸过程。

(3)水分活度的定义及意义。

(4)储粮平衡水分的定义及意义。

(5)储粮安全水分的定义及意义。

(6)储粮临界水分的定义及意义。

(7)湿热扩散对储粮的影响。

3. 小组汇报

小组就讨论结果进行汇报，形式自定。

4. 教师点评

教师根据每个小组的汇报情况进行点评。

5. 总结提升

汇总每个小组的结论，总结储粮水分的吸附和解析过程，储粮平衡水分、安全水分、临界水分的差异，湿热扩散对储粮的影响。

6. 填写报告

将结果填入表 2-5 中。

表 2-5 控制储粮水分认知学习任务评价表

阐述储粮水分的吸附和解吸过程	
写出水分活度的定义	
指出储粮平衡水分、安全水分、临界水分的差异	
阐述湿热扩散对储粮的影响	

任务评价

按照表 2-6 评价学生工作任务完成情况。

表 2-6　任务考核评价指标

序号	工作任务	评价指标	分值比例	得分
1	查询资料	(1)能够准确查询资料； (2)对资料内容分析整理	20%	
2	小组讨论	根据要求将查询内容进行分类，归纳总结	20%	
3	小组汇报	(1)小组合作完成； (2)汇报时表述清晰，语言流畅； (3)阐述储粮水分的吸附和解析过程，准确指出储粮平衡水分、安全水分、临界水分的差异及阐述湿热扩散对储粮的影响	30%	
4	点评修改	根据教师点评意见进行合理修改	10%	
5	总结提升	总结本组的结论，能够灵活运用	10%	
6	综合素养	(1)会查阅资料并能分析出有效信息，具有信息处理能力； (2)小组分工合作，责任心强，能够完成自己的任务	10%	
		合计	100%	

巩固与练习

1. 关于储粮吸附性的描述，下列说法错误的是(　　)。
   A. 粮堆中发生的吸附作用是物理吸附和化学吸附并存
   B. 由于吸附滞后作用，高水分粮和低水分粮混放后，会引起粮堆水分的不均匀而增加保管难度
   C. 由于吸附特性的存在，储粮极容易吸附不良气体和液体
   D. 粮粒中存有很多疏水性基团，这些基团对水蒸气分子具有较强的吸附能力
2. 粮堆中发生的吸附作用通常是物理吸附和化学吸附(　　)。
   A. 中的一种
   B. 并存
   C. 之一
   D. 不可能同时存在
3. 粮粒中存在很多(　　)，这些基团对水蒸气分子具有较强的吸附能力。
   A. 亲水性基团
   B. 疏水性基团
   C. 非极性基团
   D. 共价基团

任务二　自然通风控制储粮水分

情境描述

自然通风不需要使用任何设备，其是一种经济、有效的保粮措施。虽然由于空气交换量少，不能带走大量的湿热，而且受气候条件的影响，有一定的局限性。但操作简便，只要合理运用，抓住有利时机长时间连续通风，仍有一定效果。

学习目标

知识目标

1. 掌握自然通风降水原理。
2. 掌握储粮自然通风的季节和时机。
3. 掌握储粮自然通风的方法。

能力目标

1. 能够采用适当的方法进行自然通风降水。
2. 能够判断选择自然通风的季节和时机。

素质目标

1. 具有安全意识。
2. 具有节能意识。
3. 具有明辨思维。

任务分解

子任务一	自然通风控制储粮水分认知
子任务二	利用自然通风降低储粮水分

任务计划

通过查阅资料、小提示等获取知识的途径，获取利用自然通风降低储粮水分的方法。

任务资讯

1. 储粮自然通风原理

视频：储粮自然通风的原理和方法

储粮自然通风是指打开仓房门窗，利用空气自然对流，将外界干燥、低温的空气与粮堆内湿热空气进行交换，从而降低储粮水分和温度，达到安全储粮的目的。自然通风是基于粮堆具有空隙，空气通过粮堆空隙能够渗透和扩散的性质。

自然通风效果与温差、风压、仓房类型、堆装方式、粮粒大小、粮堆孔隙度、含杂量等因素有关。一般来说，温差越大，风压越大，空气交换量就越多，通风效果越好。仓房结构合理，通风效果好。包装比散装通风效果好。堆小的、孔隙度大的，通风效果好。杂质特别是泥灰等小杂质含量少的通风效果好。

2. 储粮自然通风的季节和时机

储粮自然通风是利用空气自然对流来调节粮堆的温度、湿度。从理论上讲，必须以空气温度、湿度低于粮堆温度和平衡水分(粮堆湿度)为前提。应合理选择通风时机，最好能达到既降粮温又降水分的目的。如果不能同时达到，应尽量争取在不增加粮温的前提下通风降水，或者在不增加水分前提下通风降温。但在实践中不可能通过测定时刻变化的空气参数来采取相应措施，主要是要抓住季节性有利时机，进行长时间的适时通风，除雨、雾、雪天外，在不产生结露、增湿、升温的条件下，就可以任其对流。

在一年的季节变化中，从晚秋起气温下降，冬季和早春气候寒冷，我国各地的平均气温达到最低点。从三北高寒区到华南湿热区，这时都是自然通风的大好时机。经过长时间持续通风，均可降低储粮温度，有时还可以达到冷冻程度，为以后的低温密闭储藏打下良好的基础。

在我国北方寒冷地区，冬、春季节的自然通风可作为获得储粮低温的主要手段，对降低储粮的温度和水分，都十分有利，在长江流域，冬季的最冷月份的气温远远低于粮温，也属于保粮以通风为主的季节。华南湿热区虽然低温时期较短，也应尽量利用，以求最大限度地降低粮温。因此，储粮的通风季节为秋冬气温下降季节(寒冷地区延续到早春)。

要使通风达到预期目的，必须做到合理通风。这不仅要求能够把握有利的气候和季节，而且还必须根据气温、气湿、仓温、仓湿、粮温、储粮水分，以及储粮的吸湿平衡原理等具体情况进行综合分析，判断能否通风，进行合理通风，否则会适得其反。

一般情况下，当大气湿度小于 70%，外温低于粮温 5 ℃，通风对降温、降水都有利，可以通风。但在雨、雪、雾天气，大气湿度处于或接近饱和状态，一般不宜通风。

从全年气温变化规律看，一年中，春夏季是气温上升季节，秋冬季则是气温下降季节。在气温下降时期，气温一般低于仓温和粮温，是自然通风的大好时机，应以通风为主。在气温上升季节，对水分低、粮温低的储粮，或趁热进仓密闭杀虫的储粮，应以密闭保温为主；但对新收获的高水分粮或晒后温度很高的储粮，则应以通风为主。

在一段时间内或一天之中，大气的温度、湿度不是固定不变的。因此，气温上升时期，也不是完全不能通风；同时，在气温下降时期，也不是时时刻刻都可以通风。能否通风应根据具体情况分析。

当仓外温度、湿度都低于仓内温度、湿度时，可以通风，反之，不宜通风；当仓内外温度大致相同，仓外湿度低时，或当仓内外湿度基本相同，仓外温度低时，都可以通风，但后者要注意防止因温差过大而造成粮堆结露；当仓外温度高而相对湿度低，或者仓外温度低而相对湿度高时，情况比较复杂，需要根据储粮的吸湿平衡原理等具体情况进行综合分析判断。

3. 储粮自然通风的方法

储粮自然通风实际上就是通过开启仓房门窗等方法，促使仓外空气与仓内空气、粮堆内空气自然对流，改变仓内空气和粮堆内空气的温度、湿度，引起粮温和粮食水分发生变化，从而提高储粮稳定性。

自然通风的方法很多，通常采用的操作方法如下：

(1)开启仓房门窗通风。在气温下降季节，或在有利于降低粮温、粮湿条件下，可将仓房门窗全部打开。

(2)利用烟囱效应通风。对于仓底有入风口的筒仓或通风仓，可打开底部入风口的盖板或地槽的盖板及上部的入粮口或窗户，充分利用储粮气流的烟囱效应进行通风。

(3)深翻粮面，开沟扒塘。在打开仓房门窗的同时经常翻动粮面，开沟扒塘，增加仓内外空气对粮堆表层的影响深度，促使储粮降温降水。一般每 10～15 d 翻动粮面一次，如温差很大，可 5 d 左右翻动一次，否则容易结露。

(4)改变堆型。如将包装实垛改为通风垛，就仓降温，或将包装粮移至屋檐下、过道上、晒场上站包通风。该法常用于发热粮包的降温。

(5)挖心通风降温。在粮堆中央放上用苇席等物料做成的直径 1 m 左右的围圈，从围圈中把储粮挖出，围圈随之下沉，形成上口大下口小的空筒，利用此法进行通风。

(6)转仓通风降温。利用冬季寒流，使用皮带输送机、溜筛等设备，结合除杂进行转仓降温。

(7)在粮堆中埋设通风管道。为增加粮堆孔隙，在粮堆中设置通风竹笼、三脚架加盖麻袋片，或用袋装粮码成通风隧道，进行自然通风降温。此法适用于露天储存的粮油。

需要注意的是，在运用上述方法时，如果因气温骤降而达到储粮的露点，要及时关闭门窗，避免温差过大造成粮堆结露。

子任务一　自然通风控制储粮水分认知

工作任务

自然通风控制储粮水分认知工作任务单

分小组完成以下任务： 1. 查阅储粮自然通风相关内容。 2. 填写报告。

任务实施

查询资料→小组讨论→小组汇报→教师点评→总结提升→填写报告。

1. 查询资料

(1)储粮自然通风的原理。

(2)储粮自然通风的方法。

2. 小组讨论

(1)储粮自然通风的季节和时机。

(2)储粮自然通风的方法。

3. 小组汇报

小组就讨论结果进行汇报，形式自定。

4. 教师点评

教师根据每个小组的汇报情况进行点评。

5. 总结提升

汇总每个小组的结论，总结常见储粮自然通风的方法。

6. 填写报告

将结果填入表 2-7 中。

表 2-7 储粮自然通风相关知识

阐述储粮自然通风的原理	
如何正确选择储粮自然通风的季节和时机	
列举储粮自然通风的方法	

任务评价

按照表 2-8 评价学生工作任务完成情况。

表 2-8 任务考核评价指标

序号	工作任务	评价指标	分值比例	得分
1	查询资料	(1)能够准确查询资料； (2)对资料内容分析整理	20%	
2	小组讨论	根据要求将查询内容进行分类，归纳总结	20%	
3	小组汇报	(1)小组合作完成； (2)汇报时表述清晰，语言流畅； (3)正确选择储粮自然通风的季节和时机，列举常见的储粮自然通风方法	30%	
4	点评修改	根据教师点评意见进行合理修改	10%	
5	总结提升	总结本组的结论，能够灵活运用	10%	
6	综合素养	(1)会查阅资料并能分析出有效信息，具有信息处理能力； (2)小组分工合作，责任心强，能够完成自己的任务	10%	
合计			100%	

子任务二　利用自然通风降低储粮水分

工作任务

利用自然通风降低储粮水分。

任务实施

1. 任务分析

利用自然通风降低储粮水分需要明确以下问题：

(1)选择合适的考核场地，整洁规范，无干扰。

(2)提前判断选择适宜的通风环境。

(3)安全防护齐全，且符合标准。

2. 器材准备

器材准备见表 2-9。

表 2-9　单组准备器材明细一览表

序号	名称	规格	数量	备注
1	粮仓	廒间	1 间	散装粮堆并具有通风系统
2	温度计		2 支	
3	干湿球湿度计		2 支	水槽不加水
4	蒸馏水		500 mL	
5	爬梯		1 个	能够顺利进入仓内
6	铁锹		1 把	翻动粮面使用
7	安全帽		1 顶	

3. 操作步骤

(1)考核前准备：对操作前的器具进行必要的准备，穿戴工作服，干湿球湿度计水槽添加蒸馏水。

(2)操作前提：设定粮堆平均水分为 14.5%，粮堆上层平均水分为 15%，仓温为 25 ℃，仓湿为 70%。感观法核实粮堆水分，用温度、湿度计核实仓温、仓湿。

(3)操作过程：测定仓外温度、湿度，判断能否自然通风降水。打开门窗和通风口，通风期间适时正确翻动粮面。

(4)操作结果：判断自然通风降水效果，操作结束后适时关闭门窗和通风道口。

注意事项如下。

(1)干湿球湿度计水槽提前加水进行湿度测量。

(2)未判断能否自然通风降低储粮水分，不能开启门窗和通风口。

(3)操作过程中穿戴工作服，正确佩戴防护用具。

(4)高空作业要求进行安全操作。

任务评价

任务评价表见表 2-10。

表 2-10　利用自然通风降低储粮水分评价表

班级：　　　　姓名：　　　　学号：　　　　成绩：

<table>
<tr><td colspan="2">试题名称</td><td colspan="3">利用自然通风降低储粮水分</td><td colspan="2">考核时间：20 min</td></tr>
<tr><td>序号</td><td>考核内容</td><td>考核要点</td><td>配分</td><td>评分标准</td><td>扣分</td><td>得分</td></tr>
<tr><td rowspan="2">1</td><td rowspan="2">准备工作</td><td>穿戴工作服</td><td>5</td><td>未穿戴整齐扣 5 分</td><td></td><td></td></tr>
<tr><td>器具准备</td><td>5</td><td>检测仪器、用具准备不规范扣 5 分</td><td></td><td></td></tr>
<tr><td>2</td><td>操作前提</td><td>确认设定粮情数据</td><td>10</td><td>未确认设定仓温、仓湿和储粮水分扣 10 分</td><td></td><td></td></tr>
<tr><td rowspan="6">3</td><td rowspan="6">操作过程</td><td rowspan="3">自然通风降水条件确认</td><td rowspan="3">25</td><td>未检查仓外温度扣 10 分</td><td></td><td></td></tr>
<tr><td>未检查仓外湿度扣 10 分</td><td></td><td></td></tr>
<tr><td>未报告条件检查结果扣 5 分</td><td></td><td></td></tr>
<tr><td rowspan="3">自然通风
降低储粮水分操作</td><td rowspan="3">30</td><td>根据粮情判断能否自然通风降低储粮，判断不准确扣 10 分</td><td></td><td></td></tr>
<tr><td>未同时开启仓窗和通风道口扣 10 分</td><td></td><td></td></tr>
<tr><td>未翻动粮面扣 10 分</td><td></td><td></td></tr>
<tr><td rowspan="2">4</td><td rowspan="2">操作结果</td><td rowspan="2">达到降低储粮水分目的</td><td rowspan="2">20</td><td>未进行储粮降水效果检查扣 10 分</td><td></td><td></td></tr>
<tr><td>未及时关闭门窗和通风口扣 10 分</td><td></td><td></td></tr>
<tr><td>5</td><td>工具使用</td><td>熟练规范使用器具</td><td>5</td><td>器具使用后未复位扣 3 分，现场不整洁扣 2 分</td><td></td><td></td></tr>
<tr><td colspan="3">合计</td><td>100</td><td></td><td></td><td></td></tr>
</table>

巩固与练习

1. 进行自然通风降低粮温前(　　)是不需要考虑的因素。
   A. 仓内、仓外的温度、湿度　　B. 粮温、粮湿
   C. 仓外的天气状况　　D. 粮堆内的气体成分
2. 关于自然通风降低储粮水分，下列说法不正确的是(　　)。
   A. 自然通风必须把握大气温度、湿度应低于储粮温度和储粮平衡水分为前提
   B. 自然通风之前，应测定仓内、仓外温度、湿度，以及储粮温度和水分，判断通风引起水分变化的趋势
   C. 自然通风需合理选择通风时机，最好能达到既降温又降水的目的
   D. 自然通风降低储粮水分时，如果不能同时达到降温降水的目的，应尽量争取在不增加粮油水分的条件下通风降水，粮温变化可暂不考虑

3. 自然通风的原则就是必须把握(　　)为前提。
A. 大气温度、湿度应低于储粮温度和储粮平衡水分
B. 储粮温度和储粮平衡水分应低于大气温度、湿度
C. 储粮温度和储粮平衡水分应接近大气温度、湿度
D. 以上说法都不对

任务三　堆码通风垛降低储粮水分

情境描述

堆码通风垛降低储粮水分是包装粮储藏常用的一种高水分粮降水技术措施，特别是在包装运输前和短期存放时，多采用堆码通风垛的方法来降低储粮水分。

学习目标

知识目标

1. 掌握包装粮堆放的基本要求。
2. 掌握包装粮堆码形式。
3. 掌握原粮实垛和原粮包装通风垛堆放方法。
4. 了解面粉包通风垛堆垛方法。

能力目标

1. 能够选择正确方法进行原粮实垛和原粮包装通风垛堆放。
2. 能够正确进行包装粮堆放。

素质目标

1. 具有一丝不苟的精神。
2. 具有精益求精的意识。

任务分解

子任务一	堆码通风垛降低储粮水分认知
子任务二	堆码通风垛降低储粮水分

任务计划

通过查阅资料、小提示等获取知识的途径，获取堆码通风垛的方法。

任务资讯

知识点一　包装粮堆放的特点

包装粮堆放通常采用麻袋或面粉袋装粮堆码成粮垛。此法虽然在费用和仓容利用方面都不是很经济，但由于包装储藏有利于储粮的通风降温、运输及保持纯度，所以在成品粮、种子粮储藏时多采用包装形式。

原粮的包装主要使用麻袋作为包装材料；成品粮的包装材料种类相对较多，主要包括塑料、纸、复合材料等。

采用包装定量发运的储粮必须准确称重，并按储粮调运规定实行定量包装，事先装好，等待发运。定量包装的规定是 100 kg 的标准麻袋，装稻谷、壳大麦为 70 kg；装高粱、米大麦、玉米为 85 kg；装芝麻、油菜籽、花生仁为 80 kg；装大米、小米、小麦、高粱米、豆类为 85 kg。标准面袋装面粉 25 kg。

包装堆放的形式主要有实垛和通风垛两大类。

(1)实垛包装的堆放适用于水分低、粮温低、储藏时间较长的储粮。其特点是粮包挤靠紧密，空隙小，不易受外界湿热影响，能较长时间保持低温，有利于保管。

(2)通风垛包装的堆放形式较多，由于通风垛包间空隙大，便于储粮通风、散热、降温及粮情检查。所以，其适用于保管水分高、温度高的储粮，尤其适合秋冬季储藏高水分大米。

知识点二　包装粮堆放的基本要求

(1)作为包装用的仓房，应根据仓房面积，划出垛脚位置并给予编号。垛脚与墙距离 50 cm，垛与垛间须留出 60 cm 的走道。

(2)确定包装堆放时，应根据储粮质量、季节及储存时间长短选用适当堆形，并需注意节省仓容和便于检查粮情。

(3)包装粮需堆在垫架或芦席上，同时袋口一律向里，以免沾染虫杂、吸湿和防止散口倒塌。

知识点三　实垛的堆放方法

1. 原粮实垛堆垛方法

实垛堆放也称平桩，是用麻袋或面袋堆码成实垛，长度不限，随仓房情况而定，宽度一般是四列(以粮包的长度为准)，也可堆成二列、六列、八列。堆装高度根据具体粮种而定，大米四甸以上的可堆 18 包高，二列的不宜超过 12 包；稻谷可增加 1 包或 2 包高；大豆、小麦、糙米等散落性较大的粮种要酌情降低堆高，以防止倒桩。实垛的牢固性在于“盘头”和“拍包”。通过盘头和拍包使整个粮堆的粮包都起到互牵拉的作用，而组成一牢固的整体。盘头是指批粮堆两头上下层的粮包互相盘压；拍包是指上下层粮包互相骑口。

2. 成品粮实垛堆放方法

成品粮主要包括面粉和大米，目前大米和面粉的主要流通形式是包装流通，因此，其堆放形式也是包装堆放。大米的堆放形式与原粮基本相同，面粉的堆放与原粮有较大差别，面粉的包装规格和种类较多，标准的面袋装面粉为 25 kg。25 kg 的标准面粉袋实垛堆放方法有五包垛和三包垛。

(1)五包垛的堆法是先放一横包，然后在横包一边放两纵包，每行为两包，这是第一层，第二层的堆法与此相反，交替堆至上去，到所需高度为止。五包垛堆放方法如图 2-3 所示。

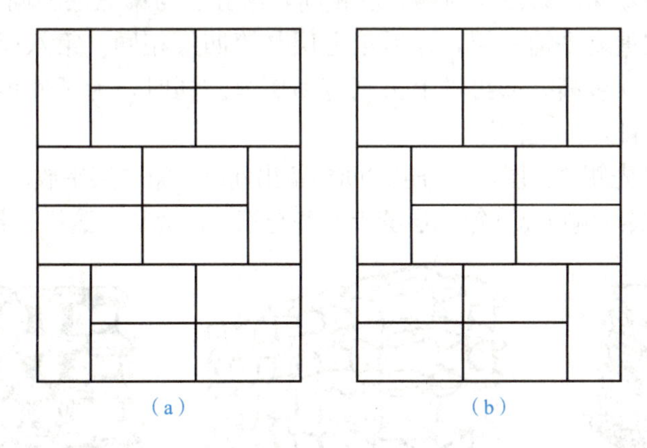

图 2-3　五包垛堆放方法

(a)奇数层；(b)偶数层

(2)三包垛主要用于面粉包的堆装，堆垛时先放一横包，然后在横包的一边放两纵包，这是第一层，第二层在横包上放两纵包，两纵包的一端放一横包，第三层与第一层同，第四层与第二层同，交替堆置上去，一般可堆 12～15 包。三包垛堆放方法如图 2-4 所示。

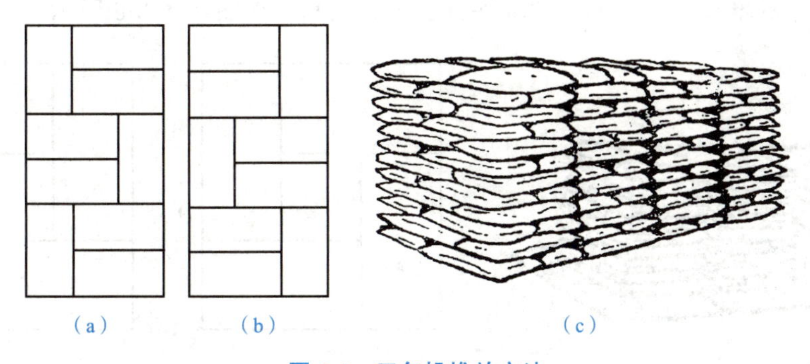

图 2-4　三包垛堆放方法

(a)奇数层；(b)偶数层；(c)实际效果图

知识点四　通风垛的堆放方法

视频：堆码通风垛通风降水

1. 原粮通风垛堆放方法

通风垛也称风凉垛，主要适用于秋冬季节保管高水分粮。通风垛的堆放形式很多，主要包括半非字形垛、工字形垛、金钱孔形垛等。堆垛效果如图 2-5 所示。

(1)半非字形垛：第一层先堆三纵包，然后在三纵包的一边堆二横包。第二层相反，就是在三纵包的上面先堆二横包，然后在二横包的一边堆三纵包，这样交替地堆上去到所需的高度为止，长度不拘。

(2)工字形垛：第一层先平放两列纵包，长度依需要堆长为准。然后在平放纵包的中央，侧放一纵包，这是第二层，第三层是在侧放纵包上，平放一层纵包，这样就成为许多工字形连接在一起的堆垛。第四层与第二层相同，第五层与第三层相同。但为使堆垛牢固，第六层依第五层形式重复平铺一层，以后第七层与第四层相同，第八层与第五层相同。这种堆垛一般只堆 9～10 包高，如再堆上去则容易倒垛。同时，为了使堆垛坚固，可在堆垛的两端，平放横包两排，以免倒塌。

(3)金钱孔形垛：先侧放一层，包与包之间要留出间隔，第二层平放，每包要压在第一层每二包的间隔上，第三层再侧放压在第二层缝上，并与第一层对称，这样交替堆到所需的高度。

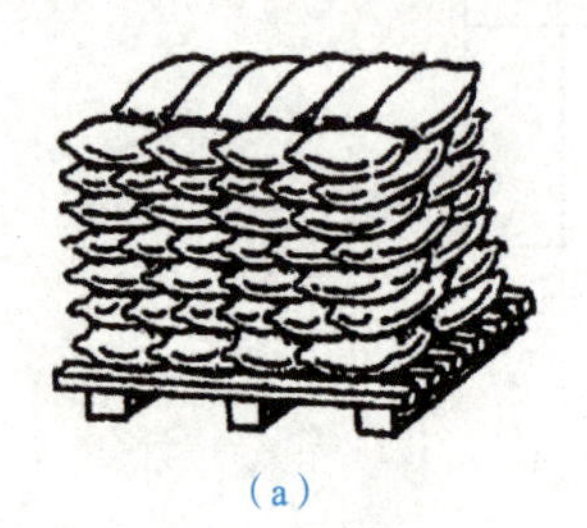

(a)

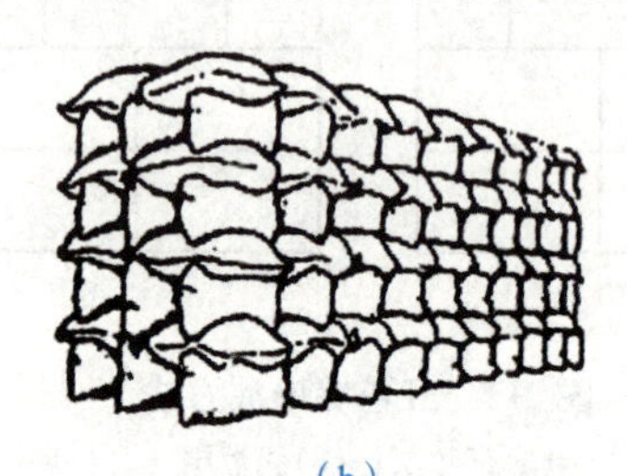

(b)

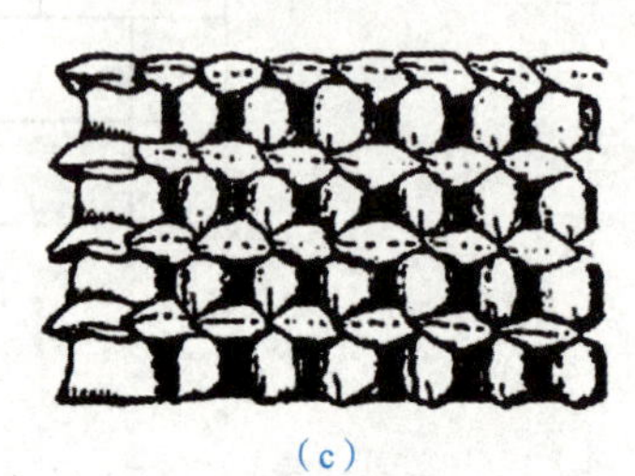

(c)

图 2-5　通风垛包堆放示意

(a)半非字形垛；(b)工字形垛；(c)金钱孔形垛

2. 面粉包通风垛堆放方法

(1)口字形垛。口字形垛属于通风垛的一种，主要适用于水分、温度较高的粉类，如面粉、玉米面包装的堆装。口字形垛的堆垛方法示意图和效果图如图 2-6 所示。

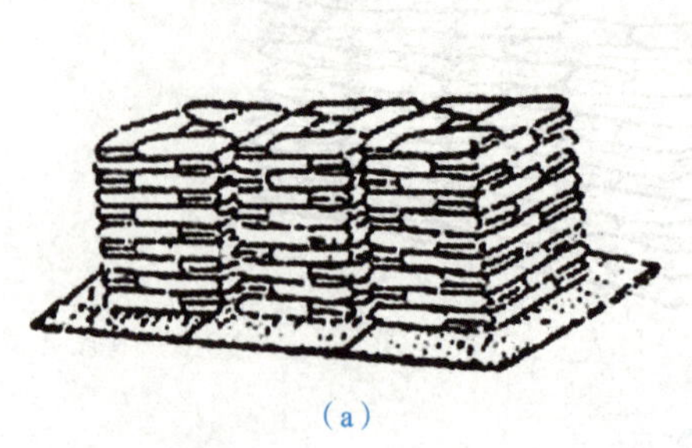

(a)

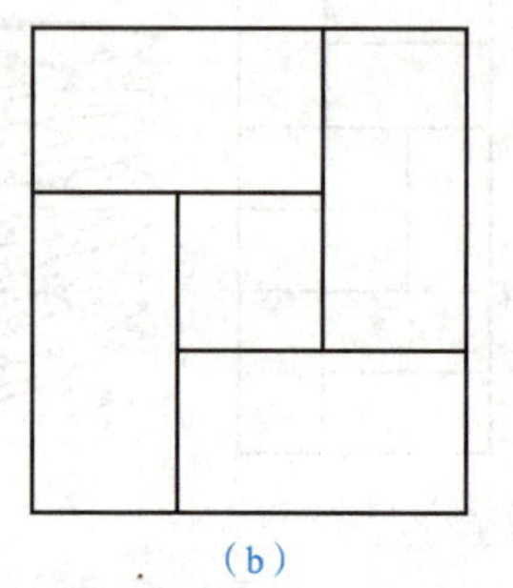

(b)

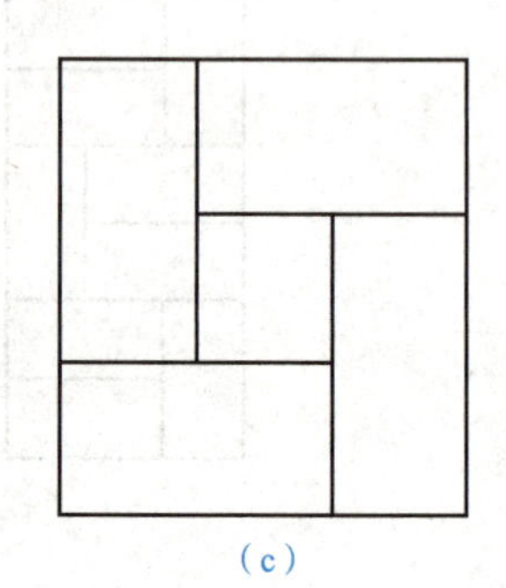

(c)

图 2-6　口字垛示意图

(a)口字形垛；(b)奇数层；(c)偶数层

(2)井字形垛。井字形垛(图 2-7)是面粉方面常用的堆垛方法之一。堆垛方法较为简单，堆垛时第一层先堆两纵包，第二层堆两横包，以后第三层与第一层同，第四层与第二层同，交替堆置上去，直至所需高度，长度不拘。宽度方面，一般有将 2～4 个井字形垛连接在一起的，但也有堆 4 个以上的。如堆两个以上的井字形垛时，在第一个井字形垛与第二个井字形垛的第一层堆法不应相同，如一端是两纵包，另一端应为两横包，此种堆法称双井字垛。

图 2-7　井字形垛

知识点五　围包散装

1. 六包垛

六包垛(图 2-8)适用于标准麻袋包或与标准麻袋包规格相同的其他包装储粮的堆垛操作。此类堆垛方法操作较为简单，堆垛时在粮堆的第一层堆放两列三个横包，第二层堆放两行三个纵包。继续向上堆放时，奇数层的堆放方法与第一层相同，偶数层与第二层堆放方法相同。此方法在实际工作中较为常用，如油厂中的豆粕通常采用此法进行堆装。

2. 围包散装

围包散装是用装粮的麻包、编织袋或草包砌成围墙后，将储粮散放在其中的一种堆放形式。对于结构不够牢固、易返潮的仓房，或储粮质量好，但数量少及仓房大而储藏粮种多的情况，均可以采用围包散装堆放。具体操作方法是用麻袋装粮，码成围墙，边打围墙边倒粮，如图 2-9 所示。

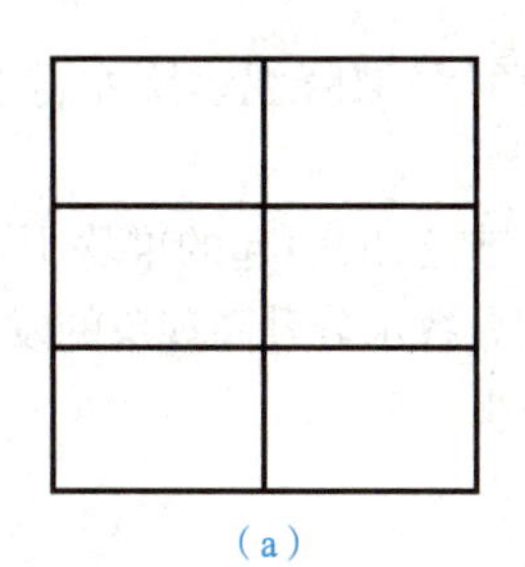

(a)

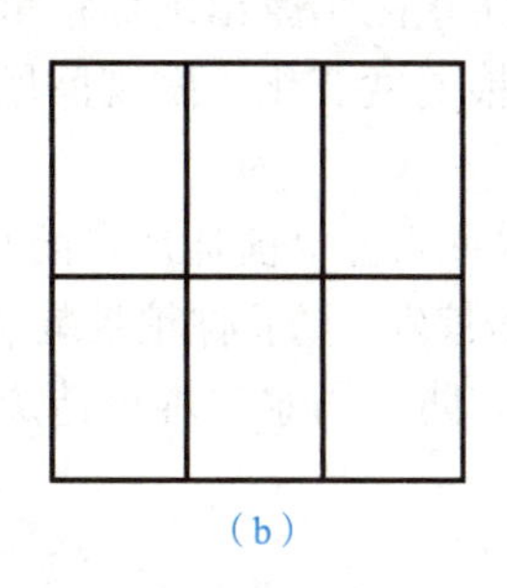

(b)

图 2-8　六包垛

(a)奇数层；(b)偶数层

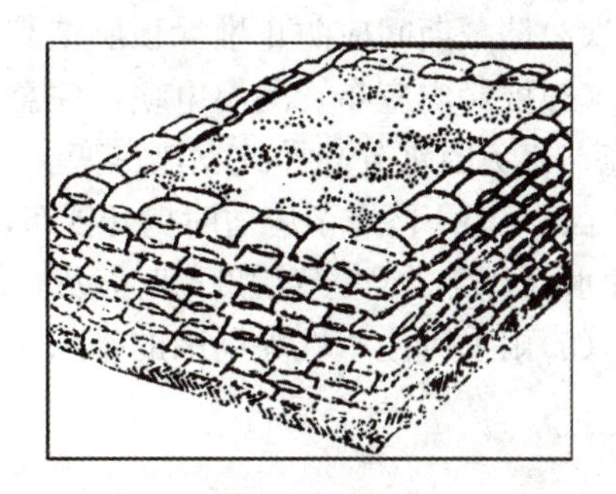

图 2-9　围包散装

围包散装的围墙高度和厚度要根据储粮的散落性大小来确定，散落性小的围墙可适当高些、薄些，如大豆、小麦可堆 11 包高，稻谷可堆 13 包高，一般 1～5 层堆一包半的厚度(即横一包直一包)，6～10 层都是直包，10 层以上即可改用横包。围墙粮包要求包包扣紧，层层骑缝，逐层收进，形成梯形，以加固包围强度；根据经验，一般自下而上，每层收进 3～3.5 cm 为宜，以 12 包高为例，上口收进约 40 cm。

知识点六　堆码通风垛的降水要求及操作管理

1. 堆码通风垛降水分的要求

(1)通风垛应码在通风条件良好的地理位置。

(2)通风垛不要堆码得太大，以免影响通风降水的效果。

(3)通风垛的主风道应朝着当地主导风向位置，以便使气流能够顺利地进入粮堆。横向隔一段距离也应打横向风道，从而增加过风面积。

2. 通风垛降水操作管理

(1)充分了解粮食吸湿和解吸的一般变化规律，掌握包装垛储粮水分变化规律，特别是气温下降季节，更要特别注意堆垛表层储粮水分变化，防止堆垛上层储粮发生结露现象。

(2)掌握储粮水分与大气湿度之间的平衡关系，充分选择有利于通风降水、降温的环境条件，做到通风时机把握准确，降水、降温效果明显。

(3)当环境条件不利于通风降水、降温时，应及时苫盖堆垛，以避免因环境条件不利造成通风的负面影响。

(4)通风过程中应随时检测环境条件和储粮水分、温度的变化情况，了解和分析通风降水、降温效果，并采取相应的管理措施，做到通风期间不仅安全，而且行之有效。

(5)如果储粮堆垛内水分普遍过高，靠自然通风达不到理想的降水效果时，可采用机械通风方式强制通风，避免因水分过高出现坏粮事故的发生。

(6)如果堆垛内局部水分高，可采用负压通风模式，并采取人工辅助揭膜(揭开粮堆苫布)方式，强迫气流从选择的堆垛部位进入粮堆，从而带走高水分部位的储粮水分。

3. 通风垛日常管理

(1)严格控制包装堆垛的储粮质量为以后安全储藏打下良好基础。

(2)储藏期间应防止堆垛顶层结露，防止因结露出现坏粮事故。

(3)堆垛内应布置测温电缆，注意储粮温度变化，发现问题及时采取降温、降水等相应措施，避免因水分高导致发热霉变。

(4)气温下降季节应适时揭开苫布，采取自然对流通风，防止湿热扩散引起的堆垛上部储粮油水分升高。当空气湿度高时应及时苫盖粮堆，防止储粮吸湿返潮导致水分升高现象的发生。

(5)雨季应注意堆垛周围的排水畅通，防止雨水对堆垛造成侵害。

子任务一　堆码通风垛降低储粮水分认知

工作任务

堆码通风垛通风降水认知工作任务单

分小组完成以下任务： 1. 查阅堆码通风垛通风降水相关内容。 2. 填写报告。

任务实施

查询资料→小组讨论→小组汇报→教师点评→总结提升→填写报告。

1. 查询资料

(1)包装粮堆放的特点及基本要求。

(2)通风垛的堆放方法。

(3)堆码通风垛降低储粮水分的要求及操作管理。

2. 小组讨论

(1)通风垛的堆放方法。

(2)堆码通风垛降低储粮水分的要求及操作管理。

3. 小组汇报

小组就讨论结果进行汇报，形式自定。

4. 教师点评

教师根据每个小组的汇报情况进行点评。

5. 总结提升

汇总每个小组的结论，总结常见通风垛的堆垛方法。

6. 填写报告

将结果填入表 2-11 中。

表 2-11 堆码通风垛通风降低储粮水分相关知识

描述包装粮堆放的特点及基本要求	
列举通风垛的堆放方法	
写出堆码通风垛降低储粮水分的要求	

任务评价

按照表 2-12 评价学生工作任务完成情况。

表 2-12 任务考核评价指标

序号	工作任务	评价指标	分值比例	得分
1	查询资料	(1)能够准确查询资料； (2)对资料内容分析整理	20%	
2	小组讨论	根据要求将查询内容进行分类，归纳总结	20%	
3	小组汇报	(1)小组合作完成； (2)汇报时表述清晰、语言流畅； (3)正确写出堆码通风垛通风降低储粮水分的方法及要求	30%	
4	点评修改	根据教师点评意见进行合理修改	10%	
5	总结提升	总结本组的结论，能够灵活运用	10%	
6	综合素养	(1)会查阅资料并能分析出有效信息，具有信息处理能力； (2)小组分工合作，责任心强，能够完成自己的任务	10%	
合计			100%	

子任务二　堆码通风垛降低储粮水分

工作任务

堆码通风垛降低储粮水分。

任务实施

1. 任务分析

堆码通风垛降低储粮水分需要明确以下问题：

(1)通风环境的选择。

(2)堆码通风垛的具体步骤。

2. 器材准备

器材准备见表 2-13。

表 2-13　单组准备器材明细一览表

序号	名称	规格	数量	备注
1	包装粮	90 kg	20 包	
2	包装粮水分测定仪		1 台	
3	温度计		2 支	
4	干湿球湿度计		2 支	水槽不加水
5	蒸馏水		500 mL	
6	卷尺		1 个	
7	安全帽		1 顶	
8	清扫工具		1 个	

3. 操作步骤

(1)考核前准备：对操作前的器具进行必要的准备，穿戴工作服。

(2)操作前提：设定包装粮水分为 15%，根据环境条件堆码通风垛。

(3)操作过程：指导装卸工人堆码通风垛，根据现场提供的条件判断能否利用码垛进行通风降水，口述操作要点并进行关键操作。

(4)操作结果：建立半非字形、工字形、井字形、口字形和金钱孔形中任意一种包装粮通风垛 1 个，进行通风降低包装粮堆垛储粮水分操作。

注意事项如下。

(1)干湿球湿度计水槽提前加水进行湿度测量。

(2)未判断能否自然通风降水，不能开启门窗和通风口。

(3)操作过程中穿戴工作服，正确佩戴防护用具。

任务评价

堆码通风垛降低储粮水分任务评价表见表 2-14。

表 2-14　堆码通风垛降低储粮水分任务评价表

班级：　　　　姓名：　　　　学号：　　　　成绩：

试题名称		堆码通风垛降低储粮水分			考核时间：20 min	
序号	考核内容	考核要点	配分	评分标准	扣分	得分
1	准备工作	穿戴工作服	5	未穿戴整齐扣 5 分		
		工具、用具准备	10	检测仪器、用具准备不规范扣 5 分		
				未清扫现场扣 5 分		
2	操作前提	确定堆垛和降水条件确认	25	未确定堆垛大小扣 10 分		
				未检查大气湿度扣 5 分		
				未检查气温扣 5 分		
				未确认储粮水分扣 5 分		
3	操作过程	操作步骤是否正确	10	口述通风降水操作要点，叙述错误或遗漏每一点扣 2 分，扣完为止		
			20	码垛方法不正确扣 10 分		
				码垛方向不正确扣 10 分		
			5	直尺、干湿球湿度计和包装粮水分测定仪等使用不规范扣 5 分		
4	操作结果	堆半非字形、工字形、井字形、口字形和金钱孔形中任意一种包装粮通风垛 1 个	20	通风垛不符合通风要求扣 10 分		
				不是五种通风垛堆放形式之一的扣 10 分		
5	使用工具	熟练规范使用器具	5	器具使用后未复位扣 3 分，现场不整洁扣 2 分		
合计			100			

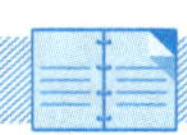

巩固与练习

1. 小麦粉五包垛的堆法是先放 1 横包，然后在横包一边放 1 包纵包，每行为 2 包，这是第一层，第二层的堆法与此相反，交替堆置上去，到所需高度为止。这种方法是(　　)的。

   A. 正确　　　　B. 错误

2. 小麦粉包的通风垛，一般可堆成(　　)，堆垛完毕必须检查粮垛牢固程度。

   A. 半非字形垛　　　　B. 井字形垛

   C. 口字形垛　　　　D. 以上都是

3. 口字形垛属通风垛的一种，主要适用于(　　)的粉类，如小麦粉、玉米面包装的堆装。

A. 水分、温度较低　　B. 水分较高、温度较低

C. 水分、温度较高　　D. 水分较低、温度较高

4. 小麦粉包的通风垛，一般可堆成(　　)，堆垛完毕必须检查粮垛牢固程度。(多选题)

A. 半非字形垛　　B. 品字形垛

C. 口字形垛　　D. 井字形垛

E. 田字形垛

任务四　允许、结束机械通风降水的条件

情境描述

机械通风是目前国内广泛采用的一种储粮技术，采取机械通风降水，其实质就是以空气为载体，将粮堆内的水汽不断地引向粮堆外的过程。

学习目标

知识目标

1. 掌握机械通风降水对参数的要求。
2. 掌握允许降水机械通风的条件。
3. 掌握结束降水机械通风的条件。
4. 熟悉结束降水机械通风的附加条件。
5. 了解机械通风降水的单位能耗。

能力目标

1. 能够选择合适时间进行机械通风降水。
2. 能够判断及选择结束机械通风的条件。

素质目标

1. 具有工匠精神。
2. 具有责任意识。

任务分解

子任务一	允许、结束机械通风降水的条件认知
子任务二	采用机械通风降低储粮水分

通过查阅资料、小提示等获取知识的途径，获取机械通风降水的条件。

视频：机械通风降水条件判断

任务资讯

视频：机械通风降水对参数的要求

知识点一　机械通风降水对参数的要求

机械通风降水对通风系统、通风参数及通风环境条件的要求如下。

(1)通风系统的空气途径比宜在 1.2∶1～1.5∶1，最大不超过 1.5∶1。

(2)按储粮水分高低选用与之相匹配的通风量，应不低于表 2-15 所列最低单位通风量。

表 2-15　通风降水时的最低单位通风量表

储粮水分/%	14	16	18	20
最低单位通风量/[$m^3 \cdot (h \cdot t)^{-1}$]	25	30	40	60

(3)降水通风时尽量选择气温较高、气湿较低的环境条件。

(4)针对本地区收购储粮水分的现状，必要时对通风系统做出改进，适当增加管道数量。如果已装满仓，可以采用其他辅助方式(如加通风探管、单管通风系统和多管通风系统等)提高降水效果。

允许降水通风的温度条件和湿度条件见下式：

$$P_{s1} < P_{s21},\ t_2 > t_{L1}$$

式中　t_2——储粮温度；

t_{L1}——大气露点温度；

P_{s1}——大气绝对湿度；

P_{s21}——储粮水分减 1%，且储粮温度等于大气温度 t_1 时的绝对湿度。

机械通风中降水和降温往往是同时存在的。在粮堆中存在两个随气流方向移动的沿，即冷却前沿和干燥前沿。在干燥前沿之前是尚未干燥的储粮，在干燥前沿之后是已干燥的储粮；对冷却前沿而言，情况类同。两个前沿的移动速度是不同的，冷却前沿移动速度明显快于干燥前沿。在通风中往往表现为干燥过程尚在进行，冷却过程已经结束。因此，降水通风时为了避免出现因为粮温变化而发生通风效果逆转现象，直接将粮温等同于气温作为查定储粮平衡绝对湿度的条件。另外，将储粮水分减 1%，是为了进一步增加通风的湿差，以提高通风效率。

[例 2-1]已知玉米温度为 5 ℃，水分为 18%，气温为 20 ℃，相对湿度为 60%，是否允许降水机械通风？

[解]查图 1-39 得：气温为 20 ℃时大气饱和绝对湿度 P_{b1} 为 17.3 mmHg；

当前大气相对湿度为 60%，则大气绝对湿度 $P_{s1}=P_{b1}\times60\%=10.4$(mmHg)。对应的大气露点 t_{L1} 为 12 ℃。

查图得：玉米水分减 1% 即 17% 水分，且粮温等于气温 20 ℃时，玉米平衡绝对湿度 P_{s21} 为 14.4 mmHg。

虽然 $P_{s1}<P_{s21}$ 满足了湿度条件，但是由于：$t_2=5$ ℃ $<t_{L1}=12$ ℃

可以发生较严重的外结露，结论是不宜降水机械通风。

知识点二　结束降水机械通风的条件及附加条件

满足结束降水机械通风有以下三个必要条件：

(1)干燥前沿移出粮面(底层压入式通风时)，或移出粮堆底面(底层吸出式通风时)；

(2)粮堆水分梯度≤0.5%/m 粮层厚度；

(3)粮堆温度梯度≤1 ℃/m 粮层厚度

满足结束降水机械通风的附件条件为储粮水分值不超过表 2-16 中规定的高限度值。

表 2-16　降水通风储粮水分最高限度值

早稻谷 16% (亚热带地区 15%)	小麦 16%	大豆 18%
晚稻谷 18%	玉米 20% (亚热带地区 16%)	油菜籽 10%

知识点三　机械通风降水的单位能耗

降水通风的单位能耗值越小，效率越高，计算公式如下：

$$E_2=\frac{\sum W_2}{(W_{初}-W_{终})m}$$

式中　E_2——降低储粮水分的单位能耗[kW·h/(1%水分·t)]；

$\sum W_2$——降水通风实际累计耗电量(kW·h)；

$W_{初}$——降水通风前粮堆的平均水分(%)；

$W_{终}$——降水通风结束后 48 h 粮堆平均水分(%)；

m——被通风的储粮质量(t)。

根据《储粮机械通风技术规程》(LS/T 1202—2002)的有关规定，机械通风降水通风的单位能耗要求：

(1)玉米降水：$E_2\leqslant2.0$ kW·h/(1%水分·t)。

(2)稻谷降水：$E_2\leqslant2.5$ kW·h/(1%水分·t)。

(3)大豆降水：$E_2\leqslant2.5$ kW·h/(1%水分·t)。

子任务一 允许、结束机械通风降水的条件认知

工作任务

允许、结束机械通风降水的条件认知工作任务单

分小组完成以下任务： 1. 查阅允许、结束机械通风降水的条件相关内容。 2. 填写报告。

任务实施

查询资料→小组讨论→小组汇报→教师点评→总结提升→填写报告。

1. 查询资料

允许、结束机械通风降水的条件。

2. 小组讨论

(1)机械通风降水对参数的要求。

(2)结束降水机械通风的条件及附加条件。

(3)机械通风降水的单位能耗。

3. 小组汇报

小组就讨论结果进行汇报，形式自定。

4. 教师点评

教师根据每个小组的汇报情况进行点评。

5. 总结提升

汇总每个小组的结论，总结允许、结束机械通风降水的条件。

6. 填写报告

将结果填入表 2-17 中。

表 2-17 允许、结束机械通风降水的条件相关知识

阐述机械通风降水对参数的要求	
列举结束降水机械通风的条件	
写出玉米、稻谷、大豆机械通风降水通风的单位能耗要求	

任务评价

按照表 2-18 评价学生工作任务完成情况。

表 2-18 任务考核评价指标

序号	工作任务	评价指标	分值比例	得分
1	查询资料	(1)能够准确查询资料； (2)对资料内容分析整理	20%	

续表

序号	工作任务	评价指标	分值比例	得分
2	小组讨论	根据要求将查询内容进行分类，归纳总结	20%	
3	小组汇报	(1)小组合作完成； (2)汇报时表述清晰、语言流畅； (3)正确选择允许、结束机械通风降水的条件。	30%	
4	点评修改	根据教师点评意见进行合理修改	10%	
5	总结提升	总结本组的结论，能够灵活运用	10%	
6	综合素养	(1)会查阅资料并能分析出有效信息，具有信息处理能力； (2)小组分工合作，责任心强，能够完成自己的任务	10%	
		合计	100%	

子任务二　采用机械通风技术降低储粮水分

工作任务

判断通风条件，采用机械通风技术降低储粮水分。

任务实施

1. 任务分析

机械通风技术降低储粮水分需要明确以下问题：

(1)考核场地整洁规范，无干扰。

(2)安全防护齐全，且符合标准。

(3)判断通风时机。

2. 器材准备

器材准备见表 2-19。

表 2-19　单组准备器材明细一览表

序号	名称	规格	数量	备注
1	粮仓	廒间	1 间	仓内散装粮堆，有进仓爬梯，可在仓下开启仓窗或通风换气口和下部通风口
2	快速水分测定仪		1 台	事先用仓内储粮品种标准样品已校正
3	测温仪表		1 个	
4	粮温检测点 (测温杆或测温电缆)		3 个	事先设置好，指定 1 个点的检测温度，代表粮堆平均温度
5	干湿球湿度计		1 支	水槽不加水
6	蒸馏水		500 mL	装在洗瓶内

续表

序号	名称	规格	数量	备注
7	离心式通风机		1台	自带连接管
8	储粮平衡绝对湿度曲线		1张	对应仓内储粮品种
9	粮情记录表(通风前)		1份	与假定储粮水分平均粮温一致
10	货位卡		1份	
11	安全帽		1顶	

3. 操作步骤

(1)考核前准备：戴安全帽、穿工作服；准备检测仪器。

(2)操作前提：检测气温、气湿；检查通风机；选择通风机与仓房连接方式。

(3)操作过程：假设通风前气温 16 ℃，气湿 80%，仓内储粮(如小麦)平均水分为 16.0%，表层水分为 16.5%，粮堆平均温度为 25 ℃(鉴定站可适当调整温度、湿度值，确保可以进行机械通风)，报告通风降水条件及能否通风降水的判断结果；打开仓窗，启动通风机进行降水通风操作；通风期间检测并报告仓内粮堆表层水分，判断并报告降水效果；结束通风操作，关闭通风机和仓窗。

(4)操作结果：达到降低储粮水分的目的，将结果填写在储粮机械通风降水作业记录卡(表 2-20)上。

(5)使用用具：离心式通风机、干湿球湿度计、测温仪表、快速水分测定仪。

(6)安全及其他：按照安全操作规定操作，并在规定时间内完成。

表 2-20　储粮机械通风降水作业记录卡

省(区、市)　　　县(市)　　　库(站)　　　仓(货位)号

仓型			尺寸/m		
储粮种类			数量/t		
通风目的			实际装粮高度/m		
风机类型及型号			送风方式(吸/压)		
风网布置(地槽或地上笼)			气流方向(上行/下行)		
大气温度/℃	通风前		粮堆平均温度/℃	通风前	
	通风中			通风后	
大气相对湿度/%	通风前		粮堆表层水分/%	通风前	
	通风中			通风后	
			操作人		

注意事项如下：

(1)未判断降水条件，不能直接启动风机通风。

(2)违章操作或发生事故，均须立即停止操作。

(3)操作过程中穿戴工作服，正确佩戴防护用具。

任务评价

采用机械通风降低储粮水分任务评价见表 2-21。

表 2-21　采用机械通风降低储粮水分任务评价表

班级：　　　　姓名：　　　　学号：　　　　成绩：

试题名称		采用机械通风降低储粮水分			考核时间：25 min	
序号	考核内容	考核要点	配分	评分标准	扣分	得分
1	准备工作	安全防护	10	未戴安全帽、穿工作服扣 5 分		
		工具用具准备		未检查快速水分检测仪扣 3 分		
				未检查干湿球湿度计扣 2 分		
2	操作前提	环境条件确认	10	未检查气温或检测方法错误扣 5 分(气温检测方法正确，未报告检测结果或报告错误扣 3 分)		
				未检查气湿或检测方法错误扣 5 分(气湿检测方法正确，未报告检测结果或报告错误扣 3 分)		
		检查通风设备确定通风方式	21	未检查通风机接地线扣 4 分		
				未检查通风机防护网扣 4 分		
				未检查通风机电源是否接通扣 4 分		
				未点动检查通风机正反转扣 4 分		
				通风方式选择错误扣 5 分		
3	操作过程	通风操作规范、步骤完整	45	使用储粮平衡绝对湿度曲线判断错误扣 20 分(使用储粮平衡绝对湿度曲线方法正确，未报告判断结果或判断不全面扣 10 分)		
				通风机启动前未打开仓窗或通风换气口扣 5 分		
				通风机启动错误(特别是带风门的风机启动前未关闭风门、启动后未打开风门)扣 5 分		
				通风机启动后未观察风机运行是否正常扣 5 分		
				通风期间未检测粮温和粮堆表层水分或检测方法错误扣 5 分(检测粮温和粮堆表层水分方法正确，未报告检测结果或报告错误扣 3 分)		
				通风期间未判断是否可以继续通风或判断错误扣 5 分(是否继续通风判断结果正确，但判断方法不规范扣 3 分)		

续表

试题名称		采用机械通风降低储粮水分			考核时间：25 min	
序号	考核内容	考核要点	配分	评分标准	扣分	得分
4	操作结果	结束通风操作规范	10	口述结束降水通风判断方法错误扣5分(不规范不全面扣3分)		
				未先关闭通风机扣2分		
				未关闭仓窗或通风换气口扣3分		
5	用具使用	熟练规范使用仪器设备	4	仪器设备使用不熟练、不规范扣2分		
		工具使用维护		操作结束后仪器未归位或复原扣2分		
合计			100	总得分		

巩固与练习

1. 允许降水通风的湿度条件：大气绝对湿度＞储粮水分减(　　)个百分点，且粮油温度等于大气温度 t_1 时的绝对湿度。

   A. 1　　B. 2　　C. 3　　D. 5

2. 结束降水机械通风的条件之一，要满足粮堆水分梯度≤(　　)%/m 粮层厚度。

   A. 0.1　　B. 0.2　　C. 0.5　　D. 1.0

3. 结束降水机械通风的条件之一，要满足粮堆温度梯度≤(　　)℃/m 粮层厚度。

   A. 0.5　　B. 1　　C. 2　　D. 5

4. 根据《储粮机械通风技术规程》(LS/T 1202—2002)的有关规定，机械通风降水通风的单位能耗要求：稻谷降水 E_2≤(　　)kW·h/(1%水分·t)。

   A. 1.5　　B. 2.0　　C. 2.5　　D. 3.0

任务五　日光晾晒控制储粮水分

情境描述

日光晾晒的方法需要了解晾晒湿粮的种类、水分和质量等基本情况。其操作方法简单

易行，设备简单，费用较低，具有较好的降水、杀虫、灭菌的效果，能促进储粮后熟，提高发芽率，避免产生爆花粒或暴腰。

学习目标

知识目标

1. 了解日光晾晒的优点和缺点。
2. 熟悉影响晾晒效果的因素。
3. 掌握日光晾晒的操作要点。

能力目标

1. 能够正确选择日光晾晒的时机。
2. 能够正确进行日光晾晒操作降低储粮水分。

素质目标

1. 具有吃苦耐劳的精神。
2. 具有精益求精的意识。

任务分解

子任务	日光晾晒控制储粮水分认知

任务计划

通过查阅资料、小提示等获取知识的途径，选择日光晾晒控制储粮水分要点，利用日光晾晒的方法控制水分。

任务资讯

知识点一　日光晾晒的优点和缺点

日光晾晒的优点是方法简单易行，设备简单，费用较低，具有较好的降水、杀虫、灭菌的效果，能促进储粮后熟，提高发芽率，避免产生爆花粒或暴腰；缺点是需要大面积的晒场，会受到季节和天气的限制，存在劳动力多、劳动强度大等不利因素。另外，场地晾晒储粮，容易混入灰土、沙粒，多次堆摊谷粒受到机械损伤，摊晒后杂质增多，破碎增加，谷物品质变差。

知识点二　影响储粮晾晒粮效果的因素

1. 季节对晾晒效果的影响

需根据各地气候条件选择晾晒时机。一般情况下，春、秋两季储粮晾晒降水效果好，阳光温和适中，晒后粮质正常。冬季日照时间短，气温低、降水效果差；夏季晒粮效果虽好，但储粮余热不易扩散，晒后粮质较差。

2. 天气对晾晒效果影响

在气温高、气湿低、空气干燥、风力较大的天气里，晾晒储粮降水效果好。

3. 粮层厚度对晾晒效果的影响

在同样条件下，晾晒粮层越薄，降水效果越好。

4. 摊粮方式对晾晒效果的影响

储粮摊成波浪形比摊成平面效果好，因为波浪形受热面大，蒸发面也大，故储粮水分下降快。

5. 翻动次数与方式对晾晒效果的影响

当日光晒热粮层表面时，上层储粮水分很快蒸发，中层储粮因接触上层较高温度的储粮，其水分也因受热而蒸发，但水分向表层转移的同时，还会向下层储粮移动。因此，在晒粮过程中，如不经常翻动储粮，下层储粮水分反会增高。因此，晾晒时翻动次数越多，储粮水分蒸发越快、越均匀。另外，在翻扬方式上，高扬的比低扬得好。因为高扬储粮接触热空气多，水分散失也快。

6. 晒场质量对晾晒效果的影响

地势高、场地空旷、通风良好的晒场，比低洼、通风不良的晒场储粮降水快。水泥晒场容易晒热，比土晒场上的储粮降水多。

知识点三　储粮日光晾晒的操作要点

视频：日光晾晒控制储粮水分

日光晾晒的操作要点是选择晴朗干燥的天气和地势高、通风良好的晒场，先将晒场晒干、晒热后，再摊粮晾晒，薄摊粮层；晾晒时勤翻储粮，起垄划沟，提高储粮降水速度；晾晒结束后冷却热粮，适时归仓。

1. 选择天气

储粮的吸湿散湿是根据吸湿平衡的规律变化的。一般情况下，晴天或少云，温度高、湿度低，空气干燥，有利于储粮散湿，是晒粮的好天气。从季节来讲，冬季晒粮，气温过低，降水效果差；夏季阳光强烈，气温较高，降水多，对夏收作物(如麦类、油菜籽)是晒粮的大好季节，但对晚稻谷、豆类等不适宜，容易暴腰、变色、脱皮，降低品质。最好的晒粮季节是春、秋两季，阳光比较柔和，日照温度一般在 20 ℃左右，可收到较好的降水效果，而且不损害粮质。

2. 清场预晒

场地要打扫干净，以免砂石、泥灰混入储粮，保持粮油的清洁度。出晒时间不宜过早，一般可在上午 9：00 左右出场，使场地预晒增温，这样不仅降低储粮水分的效果好，而且可以预防贴近地面的粮层发生结露，造成水分分层。

稻谷、麦类等小粒粮油，为使水分均衡下降，摊层不宜过厚，避免上下层干湿不均匀。翻动次数、厚度对其降水效果的影响详见表 2-22 和表 2-23。

表 2-22　翻动次数相同、厚度不同其降水效果比较

品种	厚度/mm	翻动次数	晾晒时间/h	降水效果/%		
				晒前水分	晒后水分	降水幅度
晚粳稻	55	6	6	20.04	18.27	1.77
	45			20.04	17.27	2.77
	25			20.04	16.60	3.44

表 2-23　厚度相同、翻动次数不同其降水效果比较

品种	厚度/mm	翻动次数	晾晒时间/h	降水效果/%		
				晒前水分	晒后水分	降水幅度
晚粳稻	40	3	6	20.04	19.01	1.03
		6		20.04	17.28	2.76
		12		20.04	16.24	3.80

3. 薄摊勤翻，向阳起垄

薄摊勤翻的目的是增加储粮与阳光和干燥空气的接触机会，提高降水效果。从表 2-22 中可看出，储粮摊晒厚度薄，有利于促进储粮水分蒸发。一般情况下，稻谷、小麦等小粒储粮，摊晒厚度不宜超过 100 mm，大豆、玉米、蚕豆等大中粒储粮，摊晒厚度为 100～150 mm。晾晒时应勤加翻动，向阳堆成波浪式，能扩大储粮与阳光接触面，有助于提高降水效果。从表 2-23 中可以看出，翻动次数越多，降水效果越好，一般每小时翻动 1 次，翻动要彻底，使水分均衡下降，避免干湿不均或水分分层。

4. 控制降水程度

储粮日光晾晒降水要控制在达到安全保管的水分要求即可，而不是水分降得越低越好。水分降得过多，会造成粮质不良变化，如稻谷增加暴腰，导致加工时碎米率高，成品率低；大豆出现脱皮，长期保管中易吸湿、生霉、赤变；赤豆色泽加深变暗，商品价值下降等，造成经济上的损失。

5. 适时归仓

除“三麦”、豌豆等进行高温杀虫的粮种需要晒后趁热归仓外，其他粮种应先经过冷却降温后再入仓。散装堆存的储粮尤其要注意这个问题，以免高温粮直接入仓引起粮堆底部结露，或因粮堆余热不易散发引起储粮发热霉变。有条件的粮库还可结合晒粮，进行风扬

和过筛除杂。对于晒后收场的地脚粮，因灰杂多，必须清理后方可归仓。

6. 防止害虫感染

晾晒的储粮中如带有害虫，或晒场及其周围环境中有潜藏害虫，应在晒场外围或粮囤、仓房四周设置防虫线，防止害虫传播或感染储粮。

子任务　日光晾晒控制储粮水分认知

工作任务

日光晾晒控制储粮水分的认知工作任务单

分小组完成以下任务： 1. 查阅日光晾晒控制储粮水分相关内容。 2. 填写报告。

任务实施

查询资料→小组讨论→小组汇报→教师点评→总结提升→填写报告。

1. 查询资料

日光晾晒控制储粮水分技术的相关知识。

2. 小组讨论

(1)日光晾晒的优点和缺点。

(2)影响日光晾晒的因素。

(3)日光晾晒控制储粮水分操作。

3. 小组汇报

小组就讨论结果进行汇报，形式自定。

4. 教师点评

教师根据每个小组的汇报情况进行点评。

5. 总结提升

汇总每个小组的结论，总结常见储粮害虫物理防治的方法。

6. 填写报告

将结果填入表 2-24 中。

表 2-24　日光晾晒控制储粮水分技术的相关知识

日光晾晒的优点和缺点	
影响日光晾晒的因素	
日光晾晒控制储粮水分操作	

任务评价

按照表 2-25 评价学生工作任务完成情况。

表 2-25　任务考核评价指标

序号	工作任务	评价指标	分值比例	得分
1	查询资料	(1)能够准确查询资料； (2)对资料内容分析整理	20%	
2	小组讨论	根据要求将查询内容进行分类，归纳总结	20%	
3	小组汇报	(1)小组合作完成； (2)汇报时表述清晰，语言流畅； (3)正确说出晾晒的优点、缺点及影响因素，并能口述其操作要点	30%	
4	点评修改	根据教师点评意见进行合理修改	10%	
5	总结提升	总结本组的结论，能够灵活运用	10%	
6	综合素养	(1)会查阅资料并能分析出有效信息，具有信息处理能力； (2)小组分工合作，责任心强，能够完成自己的任务	10%	
		合计	100%	

巩固与练习

1. 采用日光晾晒降低储粮水分的优点不包括(　　)。
   A. 方法简单易行　　B. 不受季节天气限制
   C. 设备简单　　D. 费用较低
2. 关于季节对晾晒降低储粮水分效果的影响，下列说法不正确的是(　　)。
   A. 一般情况下，春、秋两季储粮晾晒降水效果好，阳光温和适中，晒后粮质正常
   B. 一般情况下，冬、夏两季储粮晾晒降水效果好，阳光温和适中，晒后粮质正常
   C. 冬季日照短，气温低、降水效果差
   D. 夏季晒粮效果虽好，但储粮余热不易扩散，晒后粮质较差
3. 在(　　)天气中晾晒储粮降水效果较差。
   A. 气湿高　　B. 气温高
   C. 空气干燥　　D. 风力大
4. 关于摊粮方式对晾晒效果的影响，下列说法正确的是(　　)。
   A. 储粮摊成波浪形比摊成平面效果好
   B. 储粮摊成平面比摊成波浪形效果好
   C. 波浪形与平面效果都不好
   D. 以上说法都不对

任务六　粮堆结露处理

情境描述

粮堆结露后，能使局部水分增加，引起酶活性增强，呼吸作用旺盛，使粮堆中的微生物大量生长繁殖，最终引起粮堆发热、发芽、霉变、腐烂，失去利用价值。因此，必须预防结露的发生，一旦发生结露应及时处理。

学习目标

知识目标

1. 掌握粮堆结露的预防措施。
2. 掌握粮堆结露的处理措施。

能力目标

1. 能够采用适当方法预防粮堆结露。
2. 能够采用措施进行粮堆结露处理。

素质目标

1. 具有储粮安全意识。
2. 具有工匠精神。

任务分解

子任务一	粮堆结露处理认知
子任务二	处理粮堆局部结露

任务计划

通过查阅资料、小提示等获取知识的途径，获取粮堆结露的处理方法。

任务资讯

知识点一　粮堆结露的预防措施

粮堆结露的原因是有温差存在，当高温部位的空气受低温部位的影响下降到露点温度时，空气中的相对湿度达到饱和状态，水分子就会在物体表面凝结成水。

引起储粮结露的主要原因是粮堆不同部位之间出现温差。温差越大，储粮结露越严重。此外，储粮水分的高低对储粮结露也有一定影响，储粮吸湿性很强，只要空气湿度大于粮堆平衡湿度，储粮就容易吸水。储粮水分越大，或空气中含水量越多，露点与当时气温越接近，就越容易发生结露。高水分粮在温差较小的情况下也可能发生结露。

根据粮堆结露的条件，应采取以下措施，防止结露：

(1)入仓储粮水分要在安全水分以内。低水分储粮即使温差较大也不易结露。

(2)要防止粮温骤升、骤降，尽量减少因温差造成的结露。适时做好粮堆的通风和密闭工作，对夏季入仓及过夏的高温粮，应进行均衡粮温通风，减少粮堆内外温差；春、夏季节要对低温粮进行密闭，防止外界高温突然侵入粮堆；对于烘、晒后的热粮或新出机的成品粮，应充分冷却后再入仓；常温粮入低温仓储藏时，应分阶段将粮温逐步降低到与仓温相接近，才可入仓；粮堆局部温度过高时，应及时通风降低温差，防止粮堆内局部结露。

(3)干、湿粮应分开堆放，防止粮堆高湿部位的水汽因空气对流、水分转移引起粮堆局部结露。

(4)做好铺垫和防潮工作。采用稻糠、麻袋、草帘等物料铺垫粮堆底部或苫盖粮堆上表面和侧面，一可缓冲粮温骤变；二能吸收结露的水分，防止储粮霉变，但应注意适时更换。

知识点二　粮堆结露的处理措施

粮堆一旦发生结露，必须立即采取以下处理措施：

视频：储粮结露处理

(1)处理原则：除强制通风外，处理方法不得造成非结露区域吸湿升温；处理时机的选择应以取得降水效果或降温效果为目的；根据造成粮堆结露的原因选择适当的处理方法；以实现储粮安全为目的控制粮温、水分因素之一，而不必苛求降水。

(2)把握处理时机：综合考虑粮堆结露的特点、水分和温度所决定的安全期限、受季节影响的空气干燥能力等多种因素，10—11 月发生的结露应在次年 5 月前将水分处理至 13%以下；3—4 月发生的结露应在当年 6 月前将水分处理至 13%以下。

(3)选择处理方法的依据：处理方法的选择受水分增长幅度、结露部位、内外温差、粮堆内部温差、储粮安全期限、空气干燥能力等多种因素制约，应结合粮情具体分析制订处理方案。各种方法的适用条件如下：

①趟沟、打垅、扒塘：此方法仅限于粮堆表层结露且结露部位水分增长幅度未超过 14%～15%；此种方法用于处理粮堆结露多在 4 月或 4 月以后采用，在气温骤变季节采用此种方法可能加剧结露；无论处理结露还是处理发热，采用此种方法要求内外温差小于结露温差。

②移顶烘干或移顶暴晒：在不具备进行机械通风的条件下，此方法仅限于表层结露且结露严重，水分增长幅度大，已超过 15%；移顶后应注意温差较大时粮堆再结露。

③全仓机械通风：上行式压入法通风仅限于结露或发热部位在表层或中上层且内部温

差小于结露温差且大气与底层粮温温差小于结露温差；上行式吸出法通风仅限于结露或发热部位在表层或中上层，内部温差小于结露温差且粮堆热气流遇冷仓壁、冷仓顶不会结露，低温季节大气与底层粮温温差大于结露温差，高温季节不得采用此种方法；下行式压入法通风仅限于结露或发热部位在中下层，内部温差小于结露温差且大气与表层粮温温差小于结露温差；下行式吸出法通风仅限于结露或发热部位在中下层，内部温差小于结露温差，低温季节大气与表层粮温温差大于结露温差，高温季节不得采用此种方法；强力机械通风适用于处理严重发热粮或结露严重、内部温差仍较大并进一步结露、粮堆安全期限很短的结露粮，强力机械通风主要在于消除内部积热，保证储粮安全，并为下一步处理创造有利条件。

(4)单管通风。单管吸出式通风适用于处理局部结露、上层结露和垂直层结露；在气温骤变期间采用其他通风方法会造成结露，采用单管吸出式通风可避免结露；对垂直层结露也可采用四周揭膜全仓通风处理。而单管压入式通风仅限于结露或发热部位在表层或中上层且内外温差小于结露温差。

(5)磷化铝应急处理。在粮堆或粮堆局部结露(或发热)严重且上述方法不能采用时，为保证储粮安全而采用磷化铝应急处理，为下一步处理措施的采取赢得时间。磷化铝应急处理即在密闭粮堆用 pH3 抑制粮堆有机体的生理活动，为达到防霉效果，pH3 的浓度不得低于 0.2 g/m³。磷化铝应急处理作为一种应急处理措施，并未实现低水分的长期安全状态，在处理期内，若时机适于采用前述方法处理至安全状态，应立即处理。

综上所述，应根据粮情和各种客观因素，制订处理粮堆结露(或发热)的可行性方案，才能达到安全储粮的目的。

子任务一　粮堆结露处理认知

工作任务

粮堆结露认知工作任务单

分小组完成以下任务： 1. 查阅粮堆结露相关内容。 2. 填写报告。

任务实施

查询资料→小组讨论→小组汇报→教师点评→总结提升→填写报告。

1. 查询资料

(1)粮堆结露的原因。

(2)粮堆结露的处理原则及方法。

2. 小组讨论

(1)粮堆结露的预防措施。

(2)粮堆结露的处理措施。

3. 小组汇报

小组就讨论结果进行汇报，形式自定。

4. 教师点评

教师根据每个小组的汇报情况进行点评。

5. 总结提升

汇总每个小组的结论，总结常见的粮堆结露预防及处理措施。

6. 填写报告

将结果填入表 2-26 中。

表 2-26 粮堆结露相关知识

列举粮堆结露的预防措施	
列举粮堆结露的处理措施	

任务评价

按照表 2-27 评价学生工作任务完成情况。

表 2-27 任务考核评价指标

序号	工作任务	评价指标	分值比例	得分
1	查询资料	(1)能够准确查询资料； (2)对资料内容分析整理	20%	
2	小组讨论	根据要求将查询内容进行分类，归纳总结	20%	
3	小组汇报	(1)小组合作完成； (2)汇报时表述清晰，语言流畅； (3)正确阐述粮堆结露预防及处理措施	30%	
4	点评修改	根据教师点评意见进行合理修改	10%	
5	总结提升	总结本组的结论，能够灵活运用	10%	
6	综合素养	(1)会查阅资料并能分析出有效信息，具有信息处理能力； (2)小组分工合作，责任心强，能够完成自己的任务	10%	
合计			100%	

子任务二 处理粮堆局部结露

工作任务

处理粮堆内部结露。

任务实施

1. 任务分析

处理粮堆局部结露需要明确以下问题：

(1)查看粮情记录，对可能发生结露区域的储粮扦样检查检测水分。

(2)根据检查结果进行判断，并提出处理意见。

2. 器材准备

器材准备见表 2-28。

表 2-28 单组准备器材明细一览表

序号	名称	规格	数量	备注
1	粮仓	厫间	1 间	散装粮堆
2	温度计		2 支	
3	干湿球温度计		2 支	水槽不加水
4	蒸馏水		500 mL	
5	进入仓库爬梯		1 个	能够顺利进入仓内
6	储粮水分快速测定仪		1 台	
7	扦样器		1 套	
8	粮情数据表		1 份	本仓当前粮情
9	结露判断报告		1 份	
10	安全帽		1 顶	

3. 操作步骤

(1)考核前准备：穿戴工作服，工具、用具准备。

(2)操作前提：了解粮堆内部局部结露的处理方法。

(3)操作过程：查看粮情记录；对可能发生结露区域的储粮扦样检查检测水分；根据粮情数据和检查结果进行判断，并提出处理意见。

(4)操作结果：判断和处理意见正确，填写粮堆局部结露判断报告(表 2-29)。

注意事项：

(1)考核场地整洁规范，无干扰。

(2)安全防护齐全，且符合标准。

(3)未检查结露区域的粮食水分就进行判断，应停止操作。

表 2-29 粮堆局部结露判断报告

姓名： 时间：

储粮基本情况	储粮品种		储粮质量/t	
	生产年度		入库时间	
	仓房类型		堆装形式	
	水分含量/%		杂质含量/%	
	虫害/(头·kg^{-1})		是否压盖	
当前粮温和湿度情况/℃	气温		仓温	
	平均粮温		上层粮温	
	中层粮温		下层粮温	
	最高粮温		次高粮温	
	最低粮温		次低粮温	
	气湿/%		仓湿/%	
是否结露				
处理方法				

任务评价

处理粮堆局部结露任务评价表见表 2-30。

表 2-30　处理粮堆局部结露任务评价表

班级：　　　　　姓名：　　　　　学号：　　　　　成绩：

试题名称		处理粮堆局部结露			考核时间：20 min	
序号	考核内容	考核要点	配分	评分标准	扣分	得分
1	准备工作	穿戴工作服	5	未穿戴整齐扣 5 分		
		工具、用具准备	5	用具选择不正确扣 5 分		
2	操作前提	了解结露类型和处理	10	口述结露类型和处理方法，漏答或答错每一项扣 2 分，扣完为止		
3	操作过程	粮情检查与记录	10	填写储粮基本情况，每错一项扣 2 分，扣完为止		
			10	未检查仓外内温度、湿度扣 10 分		
			10	未检查可能发生结露区域的储粮水分就进行判断，成绩记零分；检查不规范，扣 10 分		
			10	填写当前粮情数据，每错一项扣 2 分，扣完为止		
4	操作结果	确定并提出处理意见	15	根据粮情数据和检查结果进行分析判断，判断不正确扣 15 分，不全面扣 8 分		
			20	处理方法不正确扣 20 分，不全面扣 8 分		
5	使用工具	熟练规范使用工具	5	工具使用不正确扣 5 分		
合计			100			

巩固与练习

1. 粮堆表层结露的预防措施包括(　　)。

A. 打开仓窗、通风换气口

B. 使用仓房通风系统吸出式通风

C. 轴流风机排热散湿

D. 人工辅助翻动粮面

E. 粮面压盖处理

2. 处理粮堆内部结露方法正确的有(　　)。

A. 单管通风

B. 打开仓窗、通风换气口

C. 自然通风

D. 将储粮移出仓外进行晾晒或干燥

E. 多管通风

3. 粮堆表层结露的处理应打开仓窗、通风换气口或轴流风机排热散湿，轻微结露还可采取人工辅助翻动粮面，促使粮堆表层的水汽和热量散发。这种说法(　　)。

A. 正确　　B. 错误

项目三　控制粮堆气体成分

学习导入

粮堆中粮粒与粮粒之间的空间被各种气体所填充，是粮食在储藏中维持正常呼吸，进行水分、热量交换的基础。储藏环境中气体成分的变化不仅影响储粮的呼吸强度和呼吸类型，同时对储粮微生物、储粮害虫的生命活动也会产生直接的影响。因此，人为地利用惰性气体改变粮堆内的气体成分，改变粮堆内粮粒与害虫、霉菌的生活环境，可以抑制储粮呼吸及虫霉的活动。

任务一　控制粮堆气体成分认知

情境描述

食品的源头是粮油，在人们越来越关注食品安全与健康的今天，绿色储粮是减少粮油中药剂残留和减少生态环境污染的重要手段。气调储粮不施用农药，通过控制储藏环境的气体成分即可实现粮油的安全储藏。

学习目标

知识目标

1. 掌握粮堆气体的主要组成成分。
2. 掌握气调储粮技术的原理。
3. 掌握气调储粮的方法及分类。

能力目标

1. 能够分析粮堆气体组分对呼吸作用、储粮昆虫及微生物活动的影响。
2. 能够阐述气调储粮技术要点。

素质目标

1. 具有安全生产意识。
2. 具有科研素养。

任务分解

子任务	控制粮堆气体成分认知

任务计划

通过查阅资料、小提示等获取知识的途径，获取粮堆气体组成及气调储藏原理等知识。

任务资讯

视频：控制粮堆气体成分

知识点一　粮堆气体的主要组成成分

粮堆中的气体成分和大气的成分有所差异，正常情况下，粮堆中的 O_2 含量要稍低于大气中 O_2 含量，粮堆中 CO_2 的含量要高于大气中 CO_2 的含量，N_2 和其他惰性气体成分含量基本相同，导致这些差异的主要原因，就是在粮堆内进行着粮油的生理代谢——呼吸作用。

粮堆内由于环境内生物成分的呼吸作用，使其环境中的 O_2 含量减少，CO_2 的含量增多，从而造成粮堆内部 O_2、CO_2 与 N_2 的比例发生改变，另外，还有一些陈粮所特有的气体成分增加。粮堆中空气的氧气含量，除厌氧细菌外，将影响储粮和所有有害生物生长、繁殖，更是影响储粮害虫危害性的最重要化学因素。

知识点二　气调储粮技术

气调储粮是指将粮油置于密闭环境内，并改变这一环境的气体成分或调节原有气体的配比，将一定的气体浓度控制在一定的范围内，并维持一定的时间，从而达到杀虫抑霉延缓储粮品质变化的粮油储藏技术。

气调储粮通过物理的、化学的和生物的方法控制储粮环境的气体成分，属于绿色储粮的范畴，其优点比较突出。气调储粮可以起到杀虫防虫、防霉止热、延缓储粮品质变化的作用；避免或减少了储粮的化学污染及害虫抗药性的产生；避免污染环境并改善了仓储人员的工作环境。

但是，气调储粮在我国推广使用中也存在一些问题。首先，对于气密性达不到要求的粮仓，应采用塑料薄膜进行粮堆密封，而塑料薄膜的性价比往往不尽如人意，价廉物美的薄膜选择余地太小。另外，塑料薄膜密封粮堆的工作量也比较大。其次，种子粮和水分含量高于当地安全水分的粮油不宜采用气调储粮技术。最后，气调储粮成本偏高，也限制了该项技术的大规模推广应用。

知识点三　气调储粮技术的基本原理及作用

在密封粮堆或气密仓房中，可采用生物降氧或人工气调改变密闭环境中的 N_2、CO_2、和 O_2 的浓度，杀死储粮害虫、抑制霉菌繁殖，并降低储粮呼吸作用及基本生理代谢，提高储粮稳定性。试验证明，当密闭环境中氧气浓度降到 2%左右，或 CO_2 浓度增加到 40%以上，或 N_2 浓度高达 97%以上时，霉菌受到抑制，害虫也很快死亡，并能较好地保持储粮品质。

1. 气调储粮防治虫害的作用

储粮害虫的生长繁殖与所处环境的气体成分、温度、湿度分不开。利用储藏环境的气体成分配比、温度、湿度及密闭时间的配合可以达到防治储粮害虫的目的。具有代表性的杀虫、防虫气体是低氧高二氧化碳和低氧高氮。例如，当 O_2 浓度在 2%以下，CO_2 达到一定的浓度，储粮害虫能迅速致死；低氧高氮对几种常见储粮害虫也具有致死作用。杀虫所需的时间还取决于环境温度、湿度，温度越高，达到 95%杀虫率所需的暴露时间越短，所以，高温可以增加气调的效力。

在比较低的湿度下处理比在较高的湿度下处理更为有效。因害虫生存中经常面临的一个重要问题是保持其体内的水分，避免水分过分散发以确保生命的持续，生活在干燥状态的储粮害虫，具有小而隐匿的气门，气门腔中存在阻止水分扩散的疏水性毛等，在正常情况下，所有气门处于完全关闭或部分关闭状态，如果处在低氧高二氧化碳或低氧高氮及相对湿度在 60%以下的干燥空气中，则能促使害虫气门开启，使其体内水分逐渐丧失。粮堆中空气的氧气含量，除厌氧细菌外，将影响储粮和所有有害生物生长、繁殖，是影响仓虫危害的最重要的因素。储粮储藏环境中气体成分的变化会影响其呼吸强度和呼吸类型，同时，对储粮的活力及寿命也会有一定的影响。

气调杀虫的效果与充入的气体浓度密切相关，如氧气浓度控制在 2%以下，15 d 以上可有效防治储粮害虫，具有快速致死作用，可用于害虫危害严重的储粮；O_2 浓度控制在 5%～10%，2 个月以上可有效抑制储粮害虫，具有种群抑制作用，应用于害虫危害较轻或无虫的储粮。例如，小麦含水量为 11.5%～12%，粮温为 30～35 ℃，含氧量为 1.4%～2.4%，只需 12～30 h 就可使玉米象达到致死程度，而氧浓度为 2.8%～4.5%时，48 h 害虫死亡率只有 20%，随含氧量增高，害虫死亡时间还将延长。

2. 抑制霉菌的作用

环境气体成分及浓度对真菌的代谢活动有明显的影响。如能理想地将环境 O_2 浓度降至 0.2%～1.0%，不仅能控制储藏物的代谢，也能明显地影响真菌的代谢活动。当粮堆 O_2 浓度下降到 2%以下时，对大多数好氧性霉菌具有显著的抑制作用，特别是在安全水分范围内的低水分粮及在储粮环境相对湿度65%左右的低湿条件下，低氧对霉菌的控制作用尤为显著。但是有些霉菌对环境氧气浓度要求不高，对低氧环境有极强的忍耐性，例如，灰绿曲霉、米根霉能在0.2%氧浓度下生长。当气调粮堆表面或周围结露时，在局部湿度较大的部位就会出现上述霉菌，有些兼性厌氧霉菌(如毛霉、根霉、镰刀菌等)也能在低氧环境中生长。因此，采用气调储藏的粮油其水分含量必须控制在《粮食安全储存水分及配套储藏技术操作规程(试行)》所规定的水分以内。

3. 降低呼吸强度

呼吸是与生命紧密相连的，呼吸强度是储粮主要的生理指标。在储藏期间，储粮呼吸作用增强，有机物质的损耗会显著增加，储粮易劣变。在缺氧环境中，储粮的呼吸强度显著降低，当储粮处于供氧不足或缺氧的环境条件下，并不意味着储粮呼吸完全停止，而是靠分子内部的氧化来取得热能，在细胞内进行呼吸来延续其生命活动。这种呼吸过程就称为缺氧呼吸或分子内呼吸。

无论缺氧呼吸或有氧呼吸所产生的二氧化碳都能积累在粮堆中，相对地抑制储粮的生命活动，并抑制虫霉繁殖。但积累高浓度的二氧化碳只有在密闭良好的条件下才能取得。在实践中，缺氧储藏具有预防和制止储粮发热的效果，而且，干燥的储粮采用缺氧储藏，可以较好地保持品质和储粮稳定性。因为在干燥的储粮中，它们呼吸的共同途径是都兼有缺氧呼吸，即不仅发生着正常的需氧呼吸，而且还发生缺氧呼吸过程，常常由于整个呼吸水平极其微弱，即使有缺氧呼吸在细胞中进行，它们所形成的呼吸中间产物也是极其有限、微不足道的，对储粮的品质和发芽力都不会有重大影响。

然而，在高水分粮采用缺氧储藏技术时，粮粒的呼吸方式几乎由缺氧呼吸替代了正常的呼吸，它虽然产生的能量很低，也应注意到它的另一方面，缺氧呼吸的最终产物是酒精或其他中间产物及有机酸类。储粮和其他有机体一样，是需要氧维持正常功能的。在长期缺氧条件下，如果由于酒精、二氧化碳、水的积累而对粮粒的细胞原生质产生毒害作用，将会使机体受到损伤或完全丧失活力，这种现象特别对高水分粮、种子粮不利。一般来说，储粮水分在16%以上，往往就不宜较长时间地采用缺氧储藏方式，以免引起大量酒精的积累，影响品质。对种子粮来说，氧气供应不足或缺乏时，其呼吸方式由需氧呼吸转向缺氧呼吸，即使是水分含量偏低的种子粮，也会由于供氧不足，加速粮粒内部大量氧化作用和不完全氧化产物的积累，并有微生物的参与，以导致发芽率降低和种子寿命的衰亡。所以，缺氧储藏对粮粒生活力的影响取决于原始水分的含量。水分越高，缺氧越严重，保管时间越长，对发芽率影响较大。

4. 对储粮品质的影响

气调储藏对储粮品质的影响一直是人们关注的焦点，国内外在近几年的研究中，对此问题做了详尽的分析与评定。实践证明，气调储藏的粮油品质变化速度比常规储藏慢，其中低温气调的效果好于常温气调。

知识点四　气调储粮方法及类型

气调储粮的方法可分为生物降氧和人工气调两大类。生物降氧可通过粮堆生物体或人为培养的合适生物体(微生物、鲜植物叶、萌芽等)的呼吸，将塑料薄膜帐幕或气密仓内粮粒孔隙中的氧气消耗殆尽，并相应积累一定的二氧化碳，达到缺氧高二氧化碳的状况，是以生物学因素为理论根据的。人工气调则是应用一些机械设备，如燃烧炉、分子筛、化学药剂或外购气源等，使仓内气体达到高氮、高二氧化碳、低氧的状况，因此是以设备控制为依据的。

气调储粮可根据控制气体的数量分为单一气调和混合气调。混合气调又可分为二混气调、三混气调和多混气调等。单一气调储粮通常是以单独控制 O_2、CO_2、N_2 的某一气体浓度，达到杀虫、抑霉、减缓储粮品质变化的气调类型，可将 O_2 浓度控制在 2%以下，或将 CO_2 浓度控制在 40%左右，或 N_2 浓度控制在 97%以上；二混气调储粮常将低 O_2(2%)配高 N_2(98%)，或高 CO_2(80%)配 O_2(20%)；三混气调储粮一般是 O_2、CO_2、N_2 混合，只要其中一种气体达到其单一气调的浓度要求时，便可取得理想的气调储粮效果；多混气调储粮主要是利用一些混合气体进行储粮，如不同燃料的燃烧气、沼气等多种气体的混合气。因为这些混合气中多为低氧高二氧化碳，所以也可以获取良好的气调储粮效果。

3

子任务　控制粮堆气体成分认知

工作任务

控制粮堆气体成分工作任务单

分小组完成以下任务： 1. 查阅控制粮堆气体成分相关内容。 2. 填写查询报告。

任务实施

查询资料→小组讨论→小组汇报→教师点评→总结提升→填写报告。

1. 查询资料

控制粮堆气体成分相关内容。

2. 小组讨论

(1)粮堆气体的成分。

(2)气调储粮技术定义。

(3)气调储粮技术特点。

(4)气调储粮技术的原理及作用。

(5)气调储粮技术的方法及类型。

3. 小组汇报

小组就讨论结果进行汇报，形式自定。

4. 教师点评

教师根据每个小组的汇报情况进行点评。

5. 总结提升

汇总每个小组的结论，总结控制储粮气体相关内容。

6. 填写报告

将结果填入表 3-1 中。

表 3-1　控制储粮气体学习任务评价表

粮堆气体成分	
气调储粮技术定义	
气调储粮技术特点	
气调储粮技术的原理及作用	
气调储粮技术的方法及类型	

任务评价

按照表 3-2 评价学生工作任务完成情况。

表 3-2　任务考核评价指标

序号	工作任务	评价指标	分值比例	得分
1	查询资料	(1)能够准确查询资料； (2)对资料内容分析整理	20%	
2	小组讨论	根据要求将查询内容进行分类，归纳总结	20%	
3	小组汇报	(1)小组合作完成； (2)汇报时表述清晰，语言流畅； (3)正确写出控制气体成分相关内容	30%	
4	点评修改	根据教师点评意见进行合理修改	10%	
5	总结提升	总结本组的结论，能够灵活运用	10%	
6	综合素养	(1)会查阅资料并能分析出有效信息，具有信息处理能力； (2)小组分工合作，责任心强，能够完成自己的任务	10%	
合计			100%	

巩固与练习

1. 粮堆气体成分的变化与(　　)无直接关系。

A. 气温、气湿　　B. 粮温和储粮水分

C. 粮油种类　　D. 储粮中其他生物生命活动

2. 气调储粮中，O_2 浓度低于(　　)，对大多数储粮害虫能起到防治作用。

A. 0.2%　　B. 2%

C. 4%　　D. 12%

3. 气调储粮技术可归纳为生物降氧和人工气调两大类，生物降氧以生物学因素为理论根据。这种说法(　　)。

A. 正确　　B. 错误

任务二　粮堆密封技术

情境描述

气调储粮是以密闭环境为条件的，根据我国储粮仓房的现状，一般采用对仓房进行气密改造及塑料薄膜密封粮堆两种方法达到气调对环境的气密性要求。储粮环境密封程度的好坏是气调储粮成败的关键。目前，我国只有少数气调仓可在仓内整仓进行气调储粮。而普通粮仓的气密性不能满足气调仓的要求，只能采取密封粮堆的方法达到储藏环境的气密性要求。

学习目标

知识目标

1. 掌握查漏补洞、制备帐幕方法。
2. 掌握粮堆密封方式。

能力目标

1. 能够利用塑料薄膜进行仓房密封。
2. 能够进行仓房气密性测定。

素质目标

1. 具有责任意识。
2. 具有工匠精神。
3. 具有创新意识。

任务分解

子任务一	粮堆密封技术认知
子任务二	仓房气密性测定

任务计划

通过查阅资料、小提示等获取知识的途径，获取粮堆密封的方法及仓房气密性测定的方法。

任务资讯

知识点一　粮堆密封工艺

视频：粮堆的密封技术

粮堆密封的主要工艺可分为查漏补洞、制备帐幕、密封粮堆。

1. 查漏补洞

未塑化的透明粒子一般称为“鱼眼”，也称“砂眼”。塑料薄膜“砂眼”及微孔如查不出、补不好，就可能达不到缺氧储粮的理想效果，所以，在制作帐幕前必须仔细进行查漏补洞。做到五查，即热合前查、热合后查、吊在仓内查、密闭后查、查粮情时查。热合前查是最关键的一环，其方法是将薄膜平放在装有日光灯的查漏台上或对着日光灯查看。发现漏洞及“砂眼”用小木棒沾上一点胶粘剂，贴上一块比漏洞稍大的薄膜黏牢固，较大的破洞可用热合工具进行热合，这样更加牢固。

2. 制备帐幕

在应用塑料薄膜作为密封材料时，应先根据粮堆大小、密闭形式等具体情况来量剪塑料薄膜，做到合理下料，并计算大概用量，以便购买。如果用 0.14 mm 的塑料薄膜做五面密闭或六面密闭，需要量为 0.2～0.4 kg/t 储粮，用 0.14 mm 以上薄膜为 0.4～0.6 kg/t 储粮，用 0.14 mm 薄膜采用一面密闭用量为 0.1～0.2 kg/t 储粮。

较大的帐幕一般采用分片焊接，将数片焊接好的薄膜运至粮面后再连接成整体。帐幕的片数应根据仓房大小而定，如 500 t 或 1 000 t 的粮堆表面可把薄膜热合成一块，一般以 2 500 t 的粮堆表面热合成三块为宜；若仓内有柱子，可以柱子为界，确定帐幕的片数，待移入粮面时再衔接成一体。热合帐幕时要保质保量，做到热合适度、牢固、不脱焊、不假焊。

在制备帐幕时除要设计必要的测温、测气、测虫、取样等管口外，市场上也有成品管口出售，可直接购买使用。还要注意帐幕四周要比粮堆的实际尺寸每边各长出 20 cm，作为薄膜的焊缝，以保证帐幕焊接后的尺寸符合要求。

3. 密封粮堆

根据仓库的条件和堆垛不同，可采用一面密封、五面密封、六面密封等密封方法。

(1)一面密封。一面密封也称为盖顶密封、粮面密封，即用塑料薄膜密封整个仓房粮面。该法适用于仓房建筑结构牢固，墙壁、地坪防潮和气密性能好的房式仓。通常采用固定式塑料槽管密封法。先将准备好的密封薄膜在粮面展开，然后将其一边用橡胶管压入槽管内密封，在粮面上将薄膜绷紧后，在对面一边将薄膜压入槽管用橡胶管密封，然后，用橡胶管密封另外两边。对有固定密封薄膜的粮仓，可采用活动式槽管，即先将塑料槽管固定到木条上，再将木条放在墙上固定薄膜下，粮面薄膜再压在固定膜上，然后用橡胶管将两层薄膜压入槽管密封。

(2)五面密封。五面密封适用于地坪干燥而墙壁防潮和气密性能差的仓房及堆垛储藏。

散装仓房进行五面密封时，首先应根据仓房大小热合好两块塑料薄膜，一块是仓房四周的薄膜，另一块是粮面薄膜。然后，把热合好的四周薄膜沿墙壁四周吊挂起来，下端延长 20～40 cm，用胶黏剂与地面黏合好，待粮食入满后平整粮面，将四周薄膜与粮面薄膜热合或黏合在一起，并引出测温、测湿、测虫线头及测气管口。

包装堆垛进行五面密封，具体做法如下：根据堆垛大小做成一个塑料薄膜罩子，将粮堆罩住，引出测温、测湿、测虫线头及测气管口，并将下端留 30～50 cm 塑料薄膜与地面黏合即成。

五面密封方法的气密程度比一面密封高，但与地坪接触部位的薄膜极易老化龟裂，会影响密封效果。

(3)六面密封。六面密封适用于地坪需铺垫器材的仓房和成品粮堆垛储藏。具体做法只比五面密封多了一个薄膜底，其余相同，将薄膜帐幕罩上堆垛，再将帐幕与底热合或粘合牢固即成。六面密封与前两种密封形式相比，具有更高的气密程度，可将密封系统内外的气体交换率降到最低。

粮堆密闭顺序：粮油进仓时，在粮堆内埋好测温头、测湿头、测虫仪及测气管道，待粮油装满后，扫平粮面，并按计划留出走道，铺上走道板，然后把热合成若干块的粮面薄膜放平在粮面上，由仓房的一端向另一端卷拉放平，应由数人同时向一个方向操作。如果为一面密闭，则将粮面薄膜与四周墙壁的塑料槽连接密封；如为五面或六面密闭，需将四周墙体敷设的薄膜与预先热合好的粮面薄膜连接在一起，之后检查粮面薄膜，若有破洞、裂缝等，需要黏结或热合好，最后密封仓门。

知识点二　气密性评价方法

视频：储粮气密性检测

1. 气密性测定原理

气密性是指密封后的粮堆或仓房对阻隔内外气体交换的效果。其原理是向密封环境中充入或吸出空气，使密闭环境的气体压力大于或小于外界大气压力，停止充气或吸气后，使用压力计测定内外压力达到一致的时间，根据时间的长短，作为评价气密性的参数。即压力衰减得越快，粮堆的气密性越差；压力衰减得越慢，粮堆的气密性越好。为了节约测定时间，实际测定中采用测定压力差恢复到一半的时间，即压力半衰期。

2. 气密性评价方法

(1)仓房气体流失量。当气密库充气以后，以充入 CO_2(100 Pa)计量，在一周之内减少量≤0.4%，就能满足气密要求，因为保持气体浓度的时间超过全歼灭害虫的时间是没有必要的。压力在 1～100 Pa 可应用每天最大允许通气量来分析粮仓漏气特性，见表 3-3。

表 3-3　气调中最大允许通气量　　%

类型	每天最大允许通气量
干粮密闭仓	0.026
充 N_2 气调长期密闭	0.05
充 CO_2 气调	0.07

(2)仓房气密系数。启动压缩机向仓内鼓风，当室内压力达到250～350 Pa时，关闭阀门和风机，观察压力变化，每隔5 min记录压力及仓内、仓外温度。单位时间内压力降低得越慢，说明气密性越好。用公式表示为

$$\lambda=[\lg(h_1/h_2)]\div t$$

式中　λ——气密系数；

h_1——始压(Pa)；

h_2——t min后压力(Pa)；

t——经过时间，一般为20 min。

$\lambda\leqslant0.05$，表明密封性能良好。

(3)仓房或粮堆压力衰降试验。此气密性评价指标在国际上普遍适用在散装房式仓或混凝土筒仓的气密性检测中。它以充气后仓房或粮堆内压力衰减到一半所用时间来表示仓房或粮堆的气密性，通常可用于容量为300～10 000 t的粮仓。此气密性评价指标是以施用压力衰减到初始值的一半所需的时间来表示的，通常称它为“压力半衰水平”“压力半衰时间”或“压力半衰期”等。

我国储粮仓房的气密性评价也采用压力衰降法，考虑到我国粮食仓房的结构特点，测定压力范围规定由500 Pa降至250 Pa。《粮油储藏 平房仓气密性要求》(GB/T 25229—2010)将气调仓分为三个等级，见表3-4。

表3-4　平房仓气密性等级

用途	气密性等级	压力差变化范围	压力半衰期 t/min
气调仓	一级	由500 Pa降至250 Pa	≥5
	二级		4～5
	三级		2～4

平房仓仓房气密性达不到上述标准气密性等级要求，若进行气调储藏可采取仓内薄膜密封粮堆的方法，其粮堆气密性分为三个等级，见表3-5。

表3-5　平房仓内薄膜密封的粮堆气密性等级

用途	气密性等级	压力差变化范围	压力半衰期 t/min
气调储粮	一级	由−300 Pa升至−150 Pa	≥5
	二级		2.5～5
	三级		1.5～2.5

需要注意的是，整体仓房的气密性检测，采用正压气密性检测法；薄膜密封粮堆的气密性检测，采用负压气密性检测法。在测试气密性时，压力不宜加得太大，只需比检测压力高50～100 Pa即可，否则可能会破坏仓体的气密性。

知识点三　仓房气密性测定方法

仓房气密性测试一般采用正压法。测试时，仪器设备连接如图 3-1 所示。

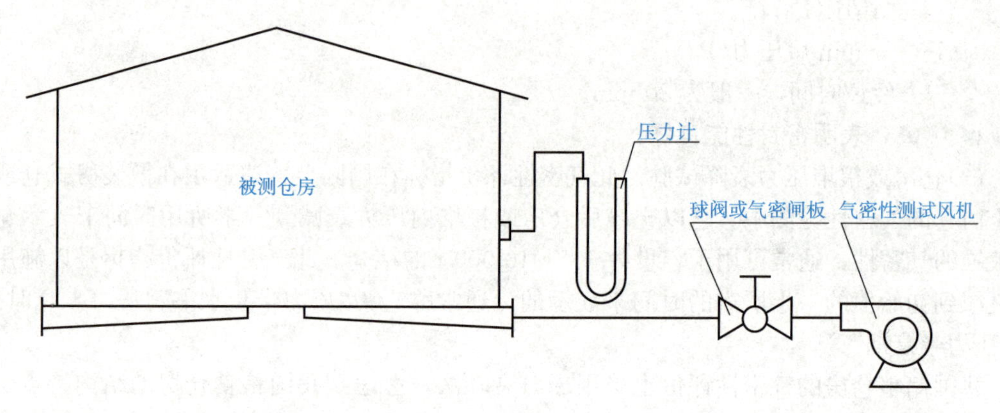

图 3-1　正压法气密性测试仪器设备连接示意

当粮垛或仓内粮面采用塑料薄膜密封时，气密性测试应采用负压法。测试时，仪器设备连接如图 3-2 所示。

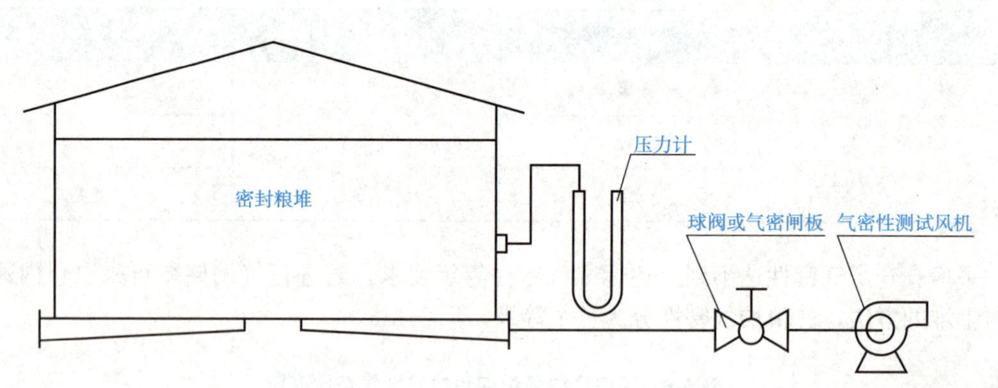

图 3-2　负压法气密测试仪器设备连接示意

动画：仓房气密性测定方法

知识点四　仓房气密性查漏方法

粮堆(垛)和仓房进行密封处理后，不可避免地还会存在一些漏洞或缝隙，使其难以达到气密性标准。因此，查明漏气部位是非常必要的。目前，常用的查漏方法是听检查漏法和肥皂水查漏法。

动画：仓房气密性测定仪器设备

1. 听检查漏法

检测气密性时，由于密封粮堆或仓房内有一定的压力(正压或负压)，若有漏气则可听到“吱吱”的声音。为提高检查效果，可采用医用听诊器沿密封槽管和薄膜焊

接缝移动，听检测试时的漏气处；或用手在缝隙处检查有凉爽感觉，都表明该部位有明显漏气现象，需要进行密封处理。

2. 肥皂水查漏法

将肥皂水装入喷壶或用毛刷将肥皂水喷涂在被检物体的表面上，观察被检部位有无气泡(正压时)或漏斗(负压时)产生，若有产生者则为漏气部位。肥皂水查漏法可用于漏气量较少的部位检漏。

子任务一　粮堆密封技术认知

工作任务

粮堆密封技术认知工作任务单

分小组完成以下任务： 1. 查阅粮堆密封技术相关内容。 2. 填写查询报告。

任务实施

查询资料→小组讨论→小组汇报→教师点评→总结提升→填写报告。

1. 查询资料

粮堆密封技术相关内容。

2. 小组讨论

(1)粮堆密封工艺。

(2)气密性评价方法。

(3)仓房气密性测定方法。

(4)仓房气密性查漏方法。

3. 小组汇报

小组就讨论结果进行汇报，形式自定。

4. 教师点评

教师根据每个小组的汇报情况进行点评。

5. 总结提升

汇总每个小组的结论，总结粮堆密封工艺、仓房气密性的测定及查漏方法内容。

6. 填写报告

将结果填入表 3-6 中。

表 3-6　粮堆密封技术学习任务评价表

写出粮堆密封的主要工艺	
列举常见的气密性评价方法	

续表

阐述仓房气密性测定方法	
写出仓房气密性查漏方法	

任务评价

按照表 3-7 评价学生工作任务完成情况。

表 3-7　任务考核评价指标

序号	工作任务	评价指标	分值比例	得分
1	查询资料	(1)能够准确查询资料； (2)对资料内容分析整理	20%	
2	小组讨论	根据要求将查询内容进行分类，归纳总结	20%	
3	小组汇报	(1)小组合作完成； (2)汇报时表述清晰，语言流畅； (3)正确阐述粮堆密封工艺、仓房气密性测定方法及仓房气密性查漏方法	30%	
4	点评修改	根据教师点评意见进行合理修改	10%	
5	总结提升	总结本组的结论，能够灵活运用	10%	
6	综合素养	(1)会查阅资料并能分析出有效信息，具有信息处理能力； (2)小组分工合作，责任心强，能够完成自己的任务	10%	
合计			100%	

子任务二　仓房气密性测定

工作任务

仓房气密性测定。

任务实施

1. 任务分析

仓房气密性测定之前需要明确以下问题：

(1)了解仓房类型、围护结构及其性能等基本情况。

(2)在气密测试之前，做好仓房所有门窗孔洞的密封处理。

2. 器材准备

粮堆或仓房气密性测试所用的仪器设备主要包括风机、U 形压力计、闸阀、连接管和秒表等。

(1)风机。风机用于仓房升压或粮堆减压，其全压应在 1 000 Pa 以上，可使用粮库的离心风机。

(2)U 形压力计。U 形压力计用于显示仓内或粮堆压力变化，由于是检测静压变化，只需用乳胶管在密封粮堆或仓体任意部位将堆内或仓内压力引出与仪器相连即可。测定时即可用 U 形压力计，读数直观方便。测定范围为 0～1 600 Pa。

(3)闸阀。闸阀要求本身气密性好，开关迅速，操作方便，一般选用球阀、蝶阀或插板阀，规格应与连接管一致，可直接安装在连接管上。

(4)连接管。连接管将风机与闸阀连接起来，可采用硬质管材或具有金属钢丝骨架的柔性管材。连接管直径与离心风机口不配套时应采用变径结构件进行过渡连接。

(5)秒表。秒表用于记录压力衰减的时间，可采用体育比赛所用的计时秒表。

3. 操作步骤

(1)了解仓房类型、围护结构及其性能等基本情况，包括仓房尺寸、仓房密封处理方法与堆装形式等内容。

(2)在气密测试之前，做好仓房所有门窗孔洞的密封处理。

(3)安装好仓房气密性检测装置，参照压入式通风方式连接风机、管道、闸阀，密闭查漏，连接 U 形压力计。

(4)开启风机，进行打压。通过风机对仓内正压送风，致使 U 形压力计上液面高度差为 55 mm 左右，然后关闭闸阀、停止风机，并仔细观察压力计上的液体高度差变化。

(5)正确测定压力半衰期。当 U 形压力计上液面高度差为 50 mm 时开始计时，随着压力慢慢下降，当 U 形压力计上液面高度差降到 25 mm 时，记录到此时所需要的时间，即压力从 500 Pa 降低到 250 Pa 时经历的时间为压力半衰期。

(6)重复测定 3 次，记录气密性测定结果，见表 3-8。

表 3-8 仓房气密性测定记录表

堆垛型号	检测日期	装粮情况	停止抽气压力/Pa	开始计时压力/Pa	停止计时压力/Pa	压力半衰期/s			测试结果/s
						第 1 次	第 2 次	第 3 次	

(7)测定结束后将使用过的仪器、设备和器材复位，保持工作场地整洁。

注意事项如下：

(1)检查风机的转向，确认风机出风口与管道连接正确、不漏气。

(2)连接 U 形压力计到仓房的测气孔，确保连接 U 形压力计的测压管不堵塞、不漏气。

(3)读数时，U 形压力计液柱凹面要与观测者的眼睛处在同一水平线上。

(4)充气时，压力值不得超过规定值，以免压力过大造成建筑结构受损。压盖厚度≥25 cm。

任务评价

仓房气密性测定评价见表 3-9。

表 3-9 仓房气密性测定任务评价表

班级： 姓名： 学号： 成绩：

试题名称		测定仓库气密性			考核时间：20 min	
序号	考核内容	考核要点	配分	评分标准	扣分	得分
1	准备工作	安全防护	15	未戴安全帽、穿工作服扣 5 分		
		风机连接		未按压入式将风机连接到通风口扣 5 分		
		U 形压力计连接		未将 U 形压力计正确连接到仓房检测箱的阀门扣 5 分		
2	操作前提	检查仓房密封性	10	未检查门窗、孔洞密封情况扣 5 分，检查不全面扣 3 分		
		检查风机转向		未点动检查风机转向扣 5 分		
3	操作过程	启动风机向仓内加压，同时用喷壶检漏	10	未在启动风机后对各连接处检漏扣 5 分		
				皂液检漏各环节操作错误每 1 处扣 2 分，扣完为止		
		停止抽气压力	10	压力未衰减到 250 Pa 扣 10 分		
		使用压力计检测仓压	25	测压时未关闸阀扣 10 分		
				测压时未关风机扣 10 分		
				关闸阀、风机顺序错误扣 5 分		
4	操作结果	数据记录、测试结果判断	25	填写气密测试记录表，每少 1 项扣 1 分		
				压力半衰期时间记录有误差，每 1 处扣 2 分		
				测试 3 次，每少 1 次扣 2 分		
				测试结果判断错误扣 5 分		
5	使用工具	熟练、规范使用检测仪器	5	U 形压力计使用不垂直扣 3 分		
		仪器使用维护		操作结束后仪器未归位或复原扣 2 分		
合计			100	总得分		
否定项说明：加压未到 500 Pa 以上□；未检查风机转向□；违章操作□；发生事故□。						

巩固与练习

1. 用于评价气密性高低或好坏的主要方法是(　　)，即压力衰减得越快，粮堆或仓房的气密性越差。

A. 检查漏法　　B. 肥皂水查漏法

C. 压力衰减法　　D. 红外线法

2. 粮堆或仓房气密性测试所用的仪器设备主要有(　　)。(多选题)

A. 风机　　B. 连接管

C. 闸阀　　D. U 形压力计

E. 秒表

3. 压力衰减法可以测定储粮仓库仓房的气密性，压力衰减得越慢，仓房的气密性越差。这种说法(　　)。

A. 正确　　B. 错误

任务三　生物降氧储粮技术

情境描述

近代采用的气调储粮技术主要有两大类，即生物降氧和人工气调。其中，生物降氧是非常常见的一类气调储粮技术，它是利用生物体的呼吸作用，降低密闭粮堆内氧气浓度的方法。为控制粮堆内气体组成，粮库常用的生物降氧手段有哪些？

学习目标

知识目标

1. 掌握自然密闭缺氧技术的特点及工艺流程。
2. 掌握微生物降氧技术的类型及特点。

能力目标

1. 能够进行自然密闭缺氧储藏。
2. 能够选用正确的微生物种类进行微生物降氧。

素质目标

1. 养成自觉遵守职业道德规范和职业守则的习惯。
2. 具有科学精神。

任务分解

子任务	生物降氧技术认知

任务计划

通过查阅资料、小提示等获取知识的途径，获取自然密闭缺氧的方法。

任务资讯

视频：生物降氧储粮技术

知识点一　自然密闭缺氧技术

1. 自然密闭缺氧技术的原理及特点

在生物降氧储粮技术中，自然密闭缺氧技术是利用密封粮堆中的粮粒、储粮微生物和害虫等粮堆生物群自身的呼吸作用，逐渐消耗粮堆中的氧气并增加二氧化碳含量，使粮堆自身逐渐趋于缺氧状态，达到杀虫、抑菌、保持储粮品质的目的。

自然密闭缺氧技术的特点：充分利用粮堆生物体自身的生物特性，操作方法简便；过程易于控制；经济安全。

2. 自然密闭缺氧储藏的工艺

自然密闭缺氧储藏的工艺主要是粮堆密封技术的应用和实施。

(1)制备帐幕。一般自然密闭缺氧储藏可选用 0.14 mm 以上厚度的聚氯乙烯薄膜，按照粮堆密封技术中的要点制备帐幕。

(2)密封粮堆。自然密闭缺氧储藏的粮堆一般选择单面密闭即可。如仓体围护结构较差，可以考虑五面密闭或六面密闭。

(3)查漏补洞。自然密闭缺氧储藏的成败在很大程度上取决于粮堆的密封程度。查漏补洞是保证粮堆气密性的关键，所以要做好薄膜帐幕热合前、热合后、吊在仓内、密闭后、查粮情时的五查。查漏补洞看似简单，其实要想做好，并非易事。这需要经常性、有耐心、有责任感地检查，发现漏洞及时修补，以保证自然密闭缺氧储藏的气调效果。

(4)缺氧期间的管理。自然密闭缺氧储藏期间应加强管理，除定期检测粮食的温度、水分、虫害等指标外，还要注意仓温、外温及仓内湿度的变化，防止由于温差过大而产生结露。同时，为了检验气调效果，还应定期检测粮堆的气体成分，掌握粮堆中各种气体成分的变化趋势及数值。

3. 影响自然降氧效果的因素

(1)降氧能力。在进行自然密闭缺氧储藏时，首先要熟悉和掌握储藏粮种的降氧能力和粮种间降氧能力的差异。降氧能力高的粮种才可以利用自然密闭缺氧技术进行缺氧储藏，降氧能力较低的粮种则应采用其他方法进行气调储藏。

经试验研究发现，稻谷、大米、小麦、玉米、大豆等粮种都具有很高的自然降氧能力，常见粮种的降氧能力由强到弱依次为大米＞玉米＞小麦＞稻谷＞大豆，红薯干及面粉则很难达到自然缺氧效果。

(2)降氧速度。在进行自然密闭缺氧储藏实践中，发现不同状况的粮堆密闭后缺氧速度差别很大，而且主要与储粮水分、温度关系密切，粮堆虫害密度大小也影响到降氧速度的快慢。

①水分含量高，降氧快。在 21～22 ℃条件下，水分含量为 17.6％的粳稻粮堆氧浓度降到 0.2％时，只需 10 d；水分含量为 16.7％时，要 20 d；水分含量为 15.6％时，则需 30 d。

其他粮种，也表现出相似的规律，如小麦水分含量13.96%，密闭7 d，氧浓度降低到3.5%；水分含量10.36%的小麦经过95 d氧浓度只降到17.4%。

②温度粮温高，降氧快。同一种储粮、含水量相同的情况下，粮温高降氧速度快。如含水量为12.5%～13.5%的粒稻，低温季节入仓，由于粮温长期处在20 ℃以下，降氧速度极为缓慢，直到7月上中旬进入高温季节后，粮温相应上升到28～30 ℃时，5 d内氧浓度迅速降到0.5%。

③虫口密度、有虫粮，降氧快。害虫的呼吸强度比储粮大10万倍以上，所以虫口密度越大，降氧速度越快，同时氧含量越低，杀虫效果越好。如水分含量为12.2%的虫粮小麦(虫口密度为1 277头/kg)密闭3 d后测定，二氧化碳上升至14.4%，氧气下降至1.4%。可见，虫粮应用自然密闭缺氧技术是以虫治虫的经济、高效方法。

知识点二　微生物降氧技术

1. 微生物降氧技术的原理及特点

利用好氧性微生物的呼吸作用，降低密闭粮堆内氧气浓度的方法称为微生物降氧。目前，我国许多地区都进行过酵母菌、糖化菌，以及多菌种的固体发酵的微生物降氧，取得了良好的效果。微生物辅助氧方法简便、费用低、降氧速度快，一周内可将粮堆的氧浓度降到2%以下，是生物降氧方法之一。

2. 微生物降氧方法

(1)选择菌种。菌种应该安全无毒，对人畜无害、不污染储粮；降氧快、呼吸量大；自身的生长对氧的要求不十分严格；培养方法简便，繁殖快、易于培养；菌种和培养料均取材容易。常用于微生物降氧的菌种为黑曲霉菌与酵母菌。

(2)制备培养料。制备培养料一般采用三级扩大培养法。

①一级培养。一级培养为试管斜面培养，将麦芽汁琼脂斜面灭菌以后接种黑曲霉菌与酵母菌。

②二级培养。二级培养为曲盘糖化，以著糠和麸皮为原料，配制比例为(0.5～1)∶1，原料加入等量的水进行调节，然后蒸煮灭菌1 h，取出冷却至60～65 ℃接种上述菌种，保持在30 ℃，培养4 d。

③三级培养。三级培养为粮堆培养箱培养，同时接通粮堆进行粮堆脱氧，按粮堆实际空间体积计算用料量，配料及灭菌方法同二级培养，按1%接种量。进行微生物脱氧时每10 t粮食需1 kg麸皮，0.5～1 kg糠，水少许，湿重约为4 kg。

(3)粮堆脱氧装置的特点(图3-3)。粮堆脱氧装置利用通气管连通微生物培养箱和粮堆，利用微生物呼吸量大、培养容易、生长快的特点，辅助低水分粮、陈粮及成品粮降低粮堆氧气浓度。微生物培养箱通常采用金属或木质、竹框架，外部包裹塑料薄膜等气密材料，内装培养的微生物及培养料。微生物培养箱可安放在包装粮堆帐幕的一侧，也可安放在散装粮的堆面，在培养箱与粮堆之间设通气管，用来连通微生物培养箱与粮堆，保证气体的畅通。当培养料投放进培养箱后，管道接口应立即密封，防止漏气，在通气管道的弯曲下端，可安装接水器皿，盛接微生物培养过程中放出的水。通气管应设两根，以使粮堆与培养箱的气体构成回路，保证气体的交换效率。

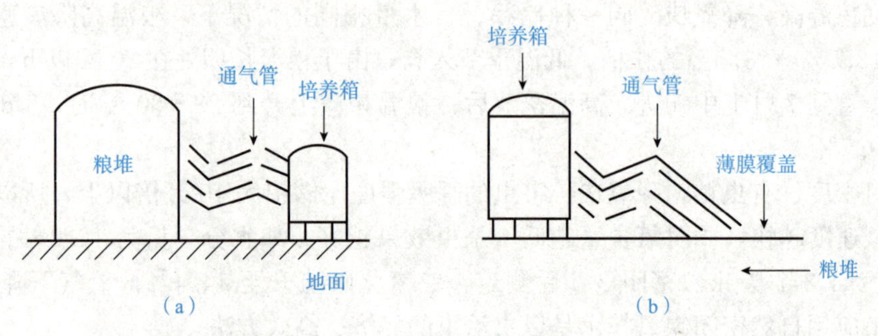

图 3-3　粮堆脱氧装置

(4)粮堆降氧效果的判断。当粮温在 25～30 ℃时，一周内可将粮堆中的氧浓度降至 1%～1.5%，脱氧完毕，可拆除培养箱，密封好粮堆，保持缺氧状态。如果培养箱在第一次投料后 5～8 d，氧浓度下降甚微，可进行换料以增加降氧速度，直至达到低氧要求为止。采用微生物降氧与其他生物降氧法相比，突出的优点是降氧速度快，所以特别适合自然降氧能力差的粮种，如面粉自然降氧能力很差，水分含量为 12.5%的面粉采用自然缺氧，经 7 d 含氧量仍为 20.7%，采用微生物降氧一周，氧含量降为 1.2%。

子任务　生物降氧技术认知

工作任务

生物降氧技术的认知工作任务单

分小组完成以下任务： 1. 查阅生物降氧技术相关内容。 2. 填写查询报告。

任务实施

查询资料→小组讨论→小组汇报→教师点评→总结提升→填写报告。

1. 查询资料

生物降氧技术相关内容。

2. 小组讨论

(1)生物降氧技术的定义及分类。

(2)自然密闭缺氧技术的原理。

(3)自然密闭缺氧储藏应用及实施。

(4)影响自然降氧效果的因素。

(5)微生物降氧技术的原理及特点。

(6)微生物降氧的常见菌种类型。

(7)粮堆降氧效果的判断方法。

3. 小组汇报

小组就讨论结果进行汇报，形式自定。

4. 教师点评

教师根据每个小组的汇报情况进行点评。

5. 总结提升

汇总每个小组的结论，总结生物降氧技术的相关内容。

6. 填写报告

将结果填入表 3-10 中。

表 3-10　生物降氧技术的内涵

生物降氧技术的定义及分类	
自然密闭缺氧储粮的原理	
自然密闭缺氧储藏应用及实施	
影响自然降氧效果的因素	
微生物降氧技术的原理及特点	
微生物降氧的常见菌种类型	
粮堆降氧效果的判断方法	

任务评价

按照表 3-11 评价学生工作任务完成情况。

表 3-11　任务考核评价指标

序号	工作任务	评价指标	分值比例	得分
1	查询资料	(1)能够准确查询资料； (2)对资料内容分析整理	20%	
2	小组讨论	根据要求将查询内容进行分类，归纳总结	20%	
3	小组汇报	(1)小组合作完成； (2)汇报时表述清晰，语言流畅； (3)正确写出生物降氧技术的相关知识点	30%	
4	点评修改	根据教师点评意见进行合理修改	10%	
5	总结提升	总结本组的结论，能够灵活运用	10%	
6	综合素养	(1)会查阅资料并能分析出有效信息，具有信息处理能力； (2)小组分工合作，责任心强，能够完成自己的任务	10%	
合计			100%	

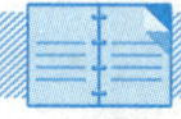

巩固与练习

1. 自然密闭缺氧技术是在密封的粮堆中，利用粮粒、微生物和害虫等生物体的(　　)，逐渐消耗粮堆中的氧气，增加二氧化碳浓度，使粮堆达到缺氧气调环境。

A. 光合作用　　B. 呼吸作用

C. 萌发作用　　D. 后熟作用

2. 自然密闭降氧储藏是在密封的粮堆中，利用粮粒、微生物和害虫等生物体的呼吸作用，逐渐消耗粮堆中的氧气，增加二氧化碳浓度，使粮堆达到(　　)。

A. 缺氧气调环境　　B. 真空环境

C. 潮湿环境　　D. 干燥环境

3. 自然缺氧储藏是在密封的粮堆中，利用(　　)等生物体的呼吸作用，逐渐消耗粮堆中的氧气，增加二氧化碳浓度，使粮堆达到缺氧气调环境。

A. 粮粒　　B. 粮粒和害虫

C. 微生物和害虫　　D. 粮粒、微生物和害虫

4. 自然降氧的特点是(　　)，除密封材料外，不需要其他脱氧设备，只要掌握好技术要点，便可取得良好的效果。

A. 方法复杂，没有污染，费用较低　　B. 方法简便，污染不大，费用较低

C. 方法简便，没有污染，费用较低　　D. 方法简便，没有污染，费用较高

任务四　二氧化碳及氮气气调储粮技术

情境描述

气调储粮是公认的绿色储粮技术，既能保证储粮品质、延缓储粮品质劣变、抑制虫霉孳生、减少化学药剂污染，还能大大提高企业经济效益和社会效益，是符合我国国情的绿色储粮技术之一。

学习目标

知识目标

1. 掌握充二氧化碳(CO_2)气调的原理。

2. 掌握充氮气(N_2)气调的方法及原理。

能力目标

1. 能够使用充 CO_2 和 N_2 的方法进行气调储粮。

2. 能够判断气体的安全环境并进行安全生产。

素质目标

1. 养成自觉遵守职业道德规范和职业守则的习惯。
2. 具有节粮减损意识。
3. 具有环保意识。

任务分解

子任务	CO_2 及 N_2 气调储粮技术认知

任务计划

通过查阅资料、小提示等获取知识的途径，获取 CO_2、N_2 气调储粮技术相关知识。

任务资讯

知识点一　充 CO_2 气调技术

视频：二氧化碳气调储粮技术

1. 充 CO_2 气调的原理

CO_2 气调储粮是在气密性良好的粮仓内充入 CO_2 气体，改变粮堆内气体组成成分，以达到防治储粮害虫、抑制储粮微生物和储粮呼吸、延缓储粮品质下降目的的储粮技术。

向粮堆中充入 CO_2 有两种作用，一种是充 CO_2 排 O_2，把空气中的 O_2 置换出来达到降氧目的；另一种是在能承受相当压力的气调库，先抽出密封粮堆中的空气，然后再充气的方法(要结合具体条件确定充气方式)。将 CO_2 含量维持在40%以上就不强调低 O_2，因高浓度的 CO_2 对有害生物具有毒害作用，粮堆在高 CO_2 和低 O_2 时对抑制虫、霉和储粮生理活动可收到双重效果。

CO_2 气体比空气重，连接装置充气时将充气管路布置在粮堆下部，在密封帐幕顶面预先留出排气孔，充气时先将顶部的排气孔全部打开，直接从下部管口连接 CO_2 钢瓶，由于 CO_2 气体相对密度比空气大，当从粮堆下部充入 CO_2 时，下层空气也自下而上逐渐从顶部排气孔排走。每10 000 kg散装储粮可充入10 kgCO_2，包装粮根据粮堆孔隙度的不同应酌增40%左右。

2. 充 CO_2 气调的使用范围

CO_2 气调适用于安全水分储粮的长期储藏、杀虫、抑菌防霉。15%～16%水分的储粮，在温度为15～35 ℃、浓度为60%的 CO_2 中，可以有效地防霉4个月左右，但储粮品质有所下降。CO_2 不宜用于高水分粮在常温下的长期储藏。

储粮设施中充入35%～75%浓度的 CO_2 密闭处理15 d以上，对玉米象、谷蠹和赤拟谷盗等主要储粮害虫的磷化氢敏感品系和抗性品系都具有良好的杀虫效果；粮食带菌量无明显变化；安全水分、质量良好的籼稻谷进行 CO_2 气调储藏 10 个月后，品质优于常规储藏的粮食，启封后品质稳定。

3. 充 CO_2 气调的方法

(1)整仓充 CO_2 气调。当代先进的 CO_2 气调储粮技术是在密封的混凝土仓或焊接钢板仓(立式或卧式)中进行的整仓大规模气调。

仓房要达到气调仓各项技术指标要求，仓房的气密性能至关重要。气密性良好的仓房，更容易达到 CO_2 气调所需的工艺浓度，减少用气量，降低成本，充分体现气调储粮的优越性。仓房的气密性应符合《二氧化碳气调储粮技术规程》(LS/T 1213—2022)的要求，达不到该要求的可参照《粮油储藏 平房仓气密性要求》(GB/T 25229—2010)进行气密性改造。

整仓充 CO_2 气调是用仓外大型供配气系统、仓房循环智能通风控制系统、配套粮仓 CO_2 自动检测系统、仓房压力调节装置，将 CO_2 气体集中输入密闭性能良好的气调仓房，强制循环系统使仓内 CO_2 气体浓度均匀达到工艺浓度。

(2)密封粮堆充气法。密封粮堆充气法常利用二氧化碳气体比氧气重的物理特性，采用置换充气法向密封粮堆充入二氧化碳。采用置换充气法的塑料帐幕在上表面设置有排气孔，充气口位于粮堆的下部。首先将顶部的排气孔全部打开，直接从下部管口连接二氧化碳钢瓶，由于二氧化碳气体比空气重，当粮堆下部充入二氧化碳时，粮堆原有空气便会自下而上逐渐被挤向上方，从帐幕表面的排气孔排走。

密封粮堆充气法也可采取先抽真空再充二氧化碳的真空充气法，不必在粮堆密封帐幕顶部留排气孔，先将真空泵与密封粮堆连接，直接抽真空至 5 000 Pa 以上，如无泄漏现象，即可卸下真空泵，立即连接二氧化碳钢瓶，打开阀门，使气流均匀扩散，直至表面薄膜膨起即可停止充气，立即密封粮堆。

(3)燃烧脱氧气调。我国曾经使用一种燃烧循环脱氧设备进行气调储粮，该设备是以各种形态的燃料和大气为原料进行高温完全燃烧，由燃烧炉出来的高温气体，在冷却塔中经水冷后，使水蒸气冷凝成水，生成气冷却到常温并通入粮堆进行气调储藏。这种气调方法也可用于果蔬的气调储藏。

燃烧脱氧气调储藏注意事项如下。

①燃料燃烧需完全，氧化彻底，生成气体进仓时的温度低于粮温。

②加强粮堆气体交换的有效性和气体分布的均衡性，防止粮堆死角含氧量过高。

③整机及过程的操作安全。

(4)二氧化碳小包装气调。

二氧化碳小包装也称胶实包装储藏，又称“冬眠”密封包装储藏，当塑料密封口袋装粮后，充入二氧化碳，在 24～32 h 内能形成袋内负压状态，粮粒胶着成硬块状，这是由于粮粒吸附袋内二氧化碳，造成负压所致。充入的气体成分为二氧化碳 97%、氮气 1.45、氢气 0.1%、氧气 0.6%。

二氧化碳气调小包装时注意以下几项。

①选用气密性更高、强度好的复合薄膜，充分保证包装袋的密封性，不漏气且耐负压，如聚酯/聚乙烯复合膜。

②充入二氧化碳的量要适中，如二氧化碳太多，储粮吸附不完则达不到胶实状态，如

果充入量太少，也达不到气调效果。

4. 低氧、高 CO_2 与人身安全

气调储粮要求粮堆达到低氧高氮或低氧高二氧化碳状态，而这种缺氧环境对人身健康和生命安全是十分有害的。因此，控制气体成分的储藏要特别注意人身安全，以防止事故发生。人体对不同缺氧空气的反应见表 3-12。

从表 3-12 中可看出，O_2 浓度低于 10%就有生命危险，而要达到控制气体成分储粮的效果，仓房或粮堆中的 O_2 浓度一般均低于 10%。另外，CO_2 是一种有毒物质，在正常大气中的浓度为 0.03%，在空气中的容许浓度为 500 mL/m^3，超过一定数值会引起神经中毒，严重时造成死亡。人体在高 CO_2 的环境中也会发生明显的生理反应，见表 3-13。

表 3-12　人体对不同缺氧空气的反应

O_2 浓度/%	症状与现象
12～16	呼吸与脉搏增加，肌肉协调轻微障碍
10～14	清醒，情绪和呼吸失常，行动感到异常疲劳
6～10	恶心呕吐，不能自由行动，将失去知觉，虚脱，虽能感知情况异常，但不能行动或喊叫
<6	痉挛性行动，喘息性呼吸，呼吸停止几分钟后心脏停止跳动

表 3-13　人体对高 CO_2 空气的反应

CO_2 含量/%	症状与现象
2～5	呼吸次数增加
5～10	呼吸费力
10	可以忍耐数分钟
12～15	引起昏迷
>25	数小时内可导致死亡

视频：氮气气调储粮技术

知识点二　充 N_2 气调技术

1. 充 N_2 气调的方法及原理

(1)充液化氮。液氮是经过液化的 N_2，通过空气分离设备以深度冷冻后将空气压缩、冷却、液化和精馏而成。充液化氮的设备主要由液氮储槽、蒸发器、抽气泵(真空泵)组成。

充氮气调也称为真空充氮。控制 N_2 的储粮技术要求密封空间的 N_2 浓度很高，采用置换法无法达到满足安全储粮要求的 N_2 浓度，因此，要求利用抽气泵将密封空间的空气基本抽净，然后向空间中填充 N_2。开泵抽气时，真空度达到 80 kPa 以上时，即可充入 N_2。

N_2 用量：每 10 t 散装大米粮堆可充入 $N_2$5～6 m^3，包装粮堆用氮量要增加 40%左右，充氮浓度应达 95%以上，粮堆 O_2 尚余 5%。随着储藏期的延长，粮堆内生物体的呼吸消耗，O_2 浓度逐步降低，CO_2 相应增加。

(2)分子筛富氮脱氧。分子筛是一类能筛分分子的物质，在制氮领域使用较多的是碳分子筛。碳分子筛是一种兼具活性炭和分子筛某些特性的碳基吸附剂。碳分子筛具有很多微孔，孔径分布在0.3～1 nm。较小直径的气体(O_2)扩散较快，较多进入分子筛固相，这样，气相中就可以得到氮的富集成分。利用碳分子筛对 N_2 和 O_2 的选择吸附性差异，导致短时间内 O_2 在吸附相富集，N_2 在气体相富集，如此氧氮分离。一段时间后，分子筛对 O_2 的吸附达到平衡，根据碳分子筛在不同压力下对吸附气体的吸附量不同的特性，降低压力使碳分子筛解除对 O_2 的吸附，这一过程称为再生。

(3)膜分离富氮脱氧。由于各种气体组分在高分子膜上的溶解扩散速率不同，当两种或两种以上的气体混合物通过高分子膜时，就会出现不同气体在膜中相对渗透率不同的现象。当混合气体在膜两侧压差的作用下，渗透速率相对较快的气体如 O_2 会迅速渗透纤维壁，以接近大气压的低压，自膜件侧面的排气口排出。而渗透速度相对慢的气体如 N_2 在流动状态下不会迅速渗透过纤维壁，而是流向纤维束的另一端，进入膜件端头的产品集气管内，从而实现空气中的氮氧分离。

2. 氮气气调储粮的作用及浓度要求

(1)气调杀虫。虫口密度达到一般虫粮及其以上等级时，应及时充气杀虫，达到防治目的后，可根据情况，确定是否补气。气调杀虫应维持氮气浓度98%不少于28 d。

(2)气调防虫。基本无虫粮，上层平均粮温超过20 ℃时开始充气防虫，氮气浓度低于工艺浓度时，应及时补气。气调防虫应维持氮气浓度95%。

(3)气调储藏。无虫粮，上层平均粮温超过25 ℃时开始充气储藏，氮气浓度低于工艺浓度时，应及时补气。气调储藏应维持氮气浓度90%～95%。

(4)对新入仓局部水分偏高的储粮，宜在水分平衡、粮情稳定后充气。

3. 控制气体成分储粮的安全防护措施

(1)对于控制气体成分的仓房，在人员进仓前一定要保证仓内气体对人的呼吸是安全的，因此，要使用相应的检测仪器检测安全后才可进仓。否则，应配置正压式空气呼吸器才可进仓。此时过滤式防毒面具不具备防护功能。

(2)使用 CO_2 气调时，在自由空间一般不会达到危险浓度，但与气调设施连通的地下室或低洼处 CO_2 可能会达到危险浓度，应特别注意。

(3)装 CO_2 或 N_2 的钢瓶、罐和输气管道，在充气时温度非常低，接触皮肤会导致“冷灼伤”，所以接触冷源时要佩戴手套。

(4)CO_2 气调结束放气后，由于储粮的解吸作用，在一段时间内，仓内 CO_2 浓度一直较高，应引起注意，避免发生意外。

(5)控制气体成分的作业中，必须多人完成，不可单人操作。

(6)发生突发事件时应立即切断气源，手边应有应对突发事件的用具、装置，并有与消防、医生、救护车等联系的方式、方法。

知识点三　化学脱氧

视频：化学降氧储粮技术

化学脱氧储藏是通过与包装袋或器皿中内容物同时密封的脱氧剂与氧气快速化学反应，除去包装或容器中的游离氧或溶存氧，使储藏物处于无氧环境中，达到抑制好气微生物和虫害危害、防止品质氧化劣变，安全储藏的目的，是气调储藏的一种技术。

脱氧剂也称游离氧吸收剂、游离氧去除剂、除氧剂或去氧剂等，它是一种能够吸收 O_2 的物质，与包装内容物同时密封，通过脱氧剂与 O_2 快速发生化学反应，除去包装袋内或容器中的游离 O_2 或溶存 O_2，使储藏物处于无氧环境中，抑制好氧性微生物和害虫危害，防止品质氧化劣变，达到安全储藏的目的。

脱氧剂的种类主要有以铁粉组成的脱氧剂；铜粉和氯化铵组成的脱氧剂；活性炭和锌、铝、铁组成的脱氧剂；葡萄糖和葡萄糖氧化酶组成的脱氧剂；以连二亚硫酸钠为基体的各种脱氧剂。

1. 铁系列脱氧剂

铁粉经处理生成活性氧化铁，与 O_2 进行一系列反应，因而能除掉 O_2。1 g 活性铁与 O_2 反应生成氢氧化铁要消耗 0.43 g O_2，相当于 1 500 mL 空气中的 O_2，效果极为显著，吸收 O_2 速率也快。一般密封储粮包装中投放脱氧剂 68 h 后的残氧量为 2%以下，以 1 g 铁粉可处理 1 500 mL 空气中的 O_2 计算，每立方米空气需要 2.4 kg(剂量为 2.4 kg/m^3)特制铁粉脱氧剂，含氧量可降为零。

铁系列脱氧剂的主要成分如下。

(1)铸铁粉。熔融成细条状，切削成铁粉，粒度在 300 μm 以下，吸附比表面积在 0.5 m^2/g 以上。

(2)金属卤化物。为提高脱氧剂反应速度，加入碱金属或碱土金属类，如各种金属氯化物、溴化物及碘化物均可。

(3)充填剂。脱氧剂中加入充填剂，不仅能控制吸氧的速度，同时能提高组成物的通透性，从而提高脱氧效果。充填剂要求不与原料发生化学反应，如二氧化硅、高岭土、酸性白土、活性炭、硅藻土、泡沸石、珍珠陶土、聚酰胺粉末、苯乙烯粉末等或它们的混合物均可。

(4)辅助剂。对置换型的脱氧剂还须加入碳酸氢盐，如 $NaHCO_3$、$KHCO_3$、NH_4HCO_3 等，或加入含结晶水的碳酸盐。

2. 连二亚硫酸钠脱氧剂

连二亚硫酸钠脱氧剂在催化剂、水的作用下，与 O_2 反应生成硫酸钠。1 g 连二亚硫酸钠消耗 0.184 g O_2，相当于 650 mL 空气中的 O_2(剂量为 5.5 kg/m^3)。如果需要在除去 O_2 的同时产生 CO_2 来保持储藏物的品质，可以加入碳酸氢钠作辅助剂。

3. 脱氧剂的特点及应用

脱氧剂具有制作工艺简单、成本低、脱氧速度快、脱氧能力强、无毒、无残留、无污染等优点，1980 年国际食品卫生法公布铁系列脱氧剂可在食品中无限量应用。例如，在采用塑料薄膜密封粮堆时，可在密封粮堆表面的薄膜上预留若干窗口，从窗口放入脱氧剂后迅速密封预留窗口，粮堆即可迅速降氧。

脱氧剂的使用剂量与其种类、规格有关，如储粮用的铁粉脱氧剂使用剂量约为 0.2%，即 1 t 储粮约需 2 kg 铁粉脱氧剂。

脱氧剂所采用的密封材料，选用在储粮气调中常用的聚氯乙烯即可，如果采用聚酯/聚乙烯复合薄膜效果更好。

在密闭条件下，只要投入适量的脱氧剂，最短的两天时间内，能使粮堆氧气降到 1%左右或绝氧状态，以利于储粮。对一些不易降氧的储粮，如油料等尤为有效。

子任务　CO_2 及 N_2 气调储粮技术认知

工作任务

CO_2 及 N_2 气调储粮技术认知工作任务单

分小组完成以下任务： 1. 查阅充 CO_2、N_2 气调技术相关内容。 2. 填写查询报告。

任务实施

查询资料→小组讨论→小组汇报→教师点评→总结提升→填写报告。

1. 查询资料

充 CO_2、N2 气调技术相关内容。

2. 小组讨论

(1)充 CO_2 气调原理。

(2)充 N_2 气调方法及原理。

(3)N_2 气调浓度要求。

(4)低氧高 CO_2 对人体的影响。

(5)控制气体成分储粮的安全防护措施。

(6)化学脱氧储藏技术。

(7)粮堆降氧效果的判断方法。

3. 小组汇报

小组就讨论结果进行汇报，形式自定。

4. 教师点评

教师根据每个小组的汇报情况进行点评。

5. 总结提升

汇总每个小组的结论，总结生物降氧技术的相关内容。

6. 填写报告

将结果填入表 3-14 中。

表 3-14　充 CO_2、N_2 气调技术的认知

充 CO_2 气调原理	
充 N_2 气调方法及原理	
N_2 气调浓度要求	
低氧高 CO_2 对人体的影响	
控制气体成分储粮的安全防护措施	
化学脱氧储藏技术	

任务评价

按照表 3-15 评价学生工作任务完成情况。

表 3-15　任务考核评价指标

序号	工作任务	评价指标	分值比例	得分
1	查询资料	(1)能够准确查询资料； (2)对资料内容分析整理	20%	
2	小组讨论	根据要求将查询内容进行分类，归纳总结	20%	
3	小组汇报	(1)小组合作完成； (2)汇报时表述清晰，语言流畅； (3)正确写出 CO_2、N_2 气调技术相关知识点	30%	
4	点评修改	根据教师点评意见进行合理修改	10%	
5	总结提升	总结本组的结论，能够灵活运用	10%	
6	综合素养	(1)会查阅资料并能分析出有效信息，具有信息处理能力； (2)小组分工合作，责任心强，能够完成自己的任务	10%	
合计			100%	

巩固与练习

1. 气调库内充二氧化碳开始时的浓度一般为 70%，以后的浓度应维持在(　　)%以上。
   A. 55　　B. 45
   C. 35　　D. 25
2. 氮气气调防虫一般需要(　　)%以上的氮气浓度。
   A. 65　　B. 75
   C. 85　　D. 95
3. 氮气气调杀虫一般需要(　　)%以上的氮气浓度。
   A. 67　　B. 77
   C. 87　　D. 97
4. 气调杀虫所需的时间与温度有关，一般规律是温度越高，(　　)。
   A. 所需的时间越短　　B. 所需的时间越长
   C. 所需的时间有时长有时短　　D. 以上说法都不正确

视频：家国情怀
社会担当

项目四　控制储粮害虫

学习导入

储粮害虫是指发生于储粮、储粮包装及其相应粮食储存场所的害虫，包括储粮及储粮制品、油料、储粮食品、相应包装物中发生的害虫等，这些害虫种类也常会出现在其他储藏物品及场所中。储粮害虫防治通常是以仓库储粮为主进行的，主要包括设施条件防虫、隔离防护防虫、清洁卫生清除和防虫、检查监测害虫、温度、湿度控制防虫、高温杀虫、冷冻杀虫、化学药剂防虫、惰性或生物物质防虫、熏蒸杀虫、气调杀虫等。

任务一　储粮害虫综合治理认知

情境描述

原粮及成品粮的安全储藏是整个粮油安全体系的根基。粮油在储藏期间极易受到大谷盗、赤拟谷盗、麦蛾、谷蠹和玉米象等害虫的危害，同时，在储粮出入库时，库区内常常尘杂飞扬，为害虫的传播和蔓延提供了便利，加重储粮品质下降。每年由储粮害虫造成的储粮损失约占总储粮量的10%，损失金额高达20亿元。因此，在储粮储藏期内使用合适的防治技术对保持储粮品质和数量具有重要的意义。

学习目标

知识目标

1. 掌握储粮害虫综合治理策略。
2. 掌握保粮方针和储粮害虫防治原则。
3. 掌握储粮仓房隔离防虫措施。

能力目标

1. 能够利用储粮害虫综合治理策略防治储粮害虫。
2. 能够正确安装防虫网。

素质目标

1. 养成自觉遵守职业道德规范和职业守则的习惯。
2. 具有劳动安全意识。
3. 具有工匠精神。
4. 具有科研素养。

任务分解

子任务一	储粮害虫综合治理策略认知
子任务二	储粮害虫预防措施认知

任务计划

通过查阅资料、小提示等获取知识的途径，获取储粮害虫的预防措施。

任务资讯

视频：储粮害虫综合治理策略

知识点一　储粮害虫综合治理策略

1. 害虫综合治理的含义

害虫防治经历了上千年的发展历史，逐渐由依赖人工合成的化学杀虫剂向综合各种技术防治害虫的方向发展，发展的主要驱动力是早期人类发明的化学药剂大量使用出现了“3R”问题，即害虫抗性(Resistance)、药剂残毒(Residue)和再增猖獗(Resurgence)，迫使人类开始重新审视害虫防治策略。在20世纪60年代末，国际上根据生态学原理提出了“害虫综合治理”(Integrated Pest Management，IPM)的概念和策略。

所谓害虫综合治理，是根据生态学的原理和经济学的原则，选取最优化的技术组配方案，把害虫的种群数量较长时间地控制在经济损害水平以下，以获取最佳的经济效益、生态效益和社会效益。

害虫综合治理不仅要考虑防治的经济效益，还要考虑生态效益(生态平衡)及社会效益；综合治理将害虫作为生态系统中的一个因素，通过调节及控制生态系统中各个因素来达到控制害虫种群数量的目的；综合治理允许不造成经济危害的少量害虫个体存在，当达到一定的害虫密度时才采取杀虫措施；综合治理是各种防治技术的协调配合，不单独依赖某一种技术，而各种防治技术又必须与自然控制因素相协调。

储粮害虫的综合治理(Integrated Pest Management of Stored Grain Insects，IPMSGI)

是以生态学为依据的害虫防治策略，它重视自然死亡因素，如天敌和环境条件，并寻求对自然因素的调控防治害虫。储粮害虫的综合治理也使用化学杀虫剂，只有经过对害虫虫口和自然防治因素的系统考察，证明确实需要时才会使用。它将一切现存的害虫防治技术(包括不进行防治)都考虑在内，并评价各种防治技术、储藏技术、环境条件、天敌和储粮、成本与效益之间的相互关系。尽可能协调地运用各种技术和方法，在长时间内，把储粮害虫种群数量控制在造成经济损害水平之下。

应用生态学原则来防治储粮害虫，应用系统分析法来确定经济阈值并做出相应的决策。但在防治时要尽量做到使害虫的种群灭绝，减少危害，取得最佳的经济效益、社会效益和生态效益。

2. 储粮害虫的治理方针与原则

储粮害虫防治应遵循“以防为主，综合防治”的方针，防治措施应符合“安全、卫生、经济、有效”的原则。

(1)害虫治理方针。“以防为主，综合防治”，就是通过因地制宜地综合采用各种防治和管理措施控制害虫的发生、传播和危害。

在防治的过程中，首先应着重于防的各种措施，在害虫发生后则根据情况采用适当的综合方法进行防治。防治的目的是控制害虫种群数量，使之不能造成危害，必须防止害虫的传入和蔓延(包括植物检疫)；在造成危害前及时歼灭；创造不利于害虫生长、有利于安全储粮的条件，如选择各种非化学控制技术，改进储藏管理技术等控制住虫害，使之无法危害储粮。

坚持“以防为主，综合防治”，就要突出防重于治的原则，强化综合治理的原则。防是主动的、积极的，无虫时防感染；有虫时防扩散。即在无虫时，尽早采取措施、预防害虫发生。对于发现有少量害虫的储粮，应根据情况防止扩散，使它不会大量繁殖危害。因此，隔断虫源、杜绝害虫的传播途径，应注意采取防虫措施，防止害虫侵入储粮繁殖为害，是储粮害虫防治的根本。

“防”的目的是使储粮免受害虫的危害，这是一项经常性的工作，是控制、消灭储粮害虫的基础，要求防早、防好、防全面。要落实清洁卫生制度，清洁卫生是安全储粮和害虫防治工作的基础与根本。“治”是指控制储粮害虫的发展或除治储粮害虫，是防的补充，要求治早、治好、治彻底。在粮油生产、流通的各个环节，应分析各种措施的优点、缺点，尽量发挥各种措施的作用，将多种行之有效的防治技术措施有机结合起来，取长补短，在综合措施的作用下，把害虫的危害控制住。

所谓综合防治，就是不能单独依赖某一种防治方法，应考虑储粮生态系统的各个因素采取各种防治技术的最佳组配方案，取得最佳的经济效益、社会效益和生态效益。这是有害生物综合治理所要达到的目标，表达了它的生态学、经济学和社会学三条原则。它们相互联系、相互渗透，构成了有害生物综合治理的基本决策思想。

防和治是统一的整体。防是经常性的工作；治是突击性手段，只有因地制宜地采取综合防治措施，才能取得较好的防治效果。

(2)害虫治理原则。我国现行的储粮害虫防治原则是“安全、卫生、经济、有效”。

①“安全”是前提。首先是对人员的安全，防治措施的实施过程中必须对人身是安全的，即不会对人类健康产生有害的影响。如采用化学药剂防治，在施药过程中必须有可采用的、

有效的安全防护措施。另外，防治措施必须对储粮也是安全的，即不会影响储粮的品质。最后，防治措施对环境也必须是安全的，不能造成环境污染或破坏生态平衡。

②"卫生"是要求。特别是使用化学药剂防治时，应采用高效、低毒、低残留的药剂，避免对粮油产生有害的药剂残留，影响粮油的卫生安全。

③"经济"是目的。防治害虫最主要的目的是挽回因害虫危害而造成的经济损失。一般情况下，任何代价昂贵的防治技术都是难以推广应用的。在保证安全、有效的前提下应采用最为经济的防治措施。这里的经济包含两层意思，一是防治技术的成本要尽可能低；二是操作尽可能简便。从而在储粮害虫防治实践中实现"经济"原则。

④"有效"是关键。害虫防治成败的关键在效果，特别是在开发一种新的防治技术时，首先考虑的是防治效果，如果没有效果或效果很差，安全和经济都无从谈起。

知识点二　储粮害虫预防措施

害虫的预防措施中做好储藏物管理和清洁卫生工作是很重要的，是贯彻"以防为主，综合防治"保粮方针的一项十分重要的措施，是各项防治工作的基础。

视频：储粮害虫的预防

1. 仓储管理防治

仓储管理防治(也称为清洁卫生防治)是防治工作的基本措施，是根据生态学原理，通过各种可能采取的措施，改善、创造对储粮有利、对害虫不利的生态环境，达到控制、消灭害虫发生、发展目的的防治措施。

预防储粮害虫传播是仓储管理防治的技术基础。害虫是防治的对象，在防治中需要了解害虫的种类、栖息部位、生活习性、生理状态及害虫的抗药性等，以便确定合适的防治技术。其中，防止害虫的传播和感染储粮可以起到事半功倍的效果，实际意义重大。

视频：空仓及器材杀虫

(1)储粮入库前的管理。储粮入库前准备是储粮入库工作的第一个环节，要做好仓房和货位的清理、检查、整修、空仓杀虫等工作。一般地，每次储粮出仓后都应该把剩余的零星储粮和尘杂从仓房中清扫干净。如平房仓的地面、墙壁、仓顶、墙角、窗台、仓门、出粮口、通风口、通风道等；立筒仓的底部、仓壁、进出粮管道、输送带槽内残留的粮食、尘杂等都要进行认真清理，清除隐藏其中的害虫，防止对后期来粮的感染。清理后，再按照储粮入仓要求，做好储粮环境的空仓杀虫工作。

(2)储粮接收入库期间的管理。严格检验是把握储粮入库质量的关键。因此，必须组织有关部门和检验人员严格按照国家规定的储粮检验标准及规程，对接收入库的储粮质量进行认真检查验质，验质时可采用感官检验与食品检验相结合的办法进行。实践证明，破碎、虫蚀、杂质和尘埃含量低的储粮，仓库害虫就不易侵入粮粒，加之水分含量低，其粮堆生态系统不利于害虫生长发育系繁殖，有利于预防储藏期间害虫的发生和发展。对质量差的粮源，入库前应进行相应处理(如过筛除杂、降水等)，达到标准后再入仓储存。原则上应做到无虫粮入仓，对于有虫粮要分别处理，及时杀虫。

(3)储粮储藏期间的管理。

①防止害虫感染。通过门窗隔离防止外界害虫感染到仓内，一般要采用防虫网防止飞

虫入仓，通过防虫线防止爬虫入仓，减少进仓次数和门窗打开时间，避免和减少外界高温影响和虫害感染，采用防护剂拌粮防虫等。

②控制环境条件。利用季节温差在不同时期采取和制订不同的防范措施。冬、春季以通风降温为主，抓住低温干燥、外界虫源少的时机，及时降低粮温；夏、秋季节应以关闭、保温为主，有效保持粮堆低温。

③及时检查。检查害虫范围一般应包括储粮、仓房、加工车间、仓储器材及储粮环境等。由于虫粮和季节不同，导致了它们生活习性和活动规律不同，在粮堆中的分布也不同。因此，设点取样部位不采取定点与易发生害虫部位相结合的办法灵活掌握。在储藏过程也可以通过检查储粮温度间接检查和反映害虫发生情况。

④适时杀虫。当储粮中害虫发生到一定水平，如不杀除会影响储粮安全和造成明显储粮损失时，要适时进行杀虫处理。

2. 储粮场所的清洁卫生

储粮场所是粮油收获、脱粒、整晒、堆放的场所。储粮场所清洁卫生是储粮害虫防治工作的重要环节，要求做到平整、坚实、干燥、清洁。储粮仓库必须建立清洁卫生制度，各种仓房和一切储粮场所，都要求做到“仓内面面光，仓外三不留(杂草、垃圾、污水)”，经常保持仓房及环境的清洁卫生。对使用过的空仓，要彻底清扫，必要时要用化学药剂进行杀虫，然后密闭备用。对于加工厂主要是经常维持厂房、机具的清洁，使害虫不适于生存。在机器检修时，应清除积存在各个部位的原粮、成品、副产品和尘杂、害虫等，必要时可使用药剂杀虫。对于仓储器材、装具和仓房机械，必须保持清洁无虫。

搞好储粮环境清理工作是根据生态学原理来贯彻“以防为主，综合防治”保粮方针的重要措施之一。储粮害虫不但喜欢潮湿、温暖、肮脏的环境，而且更喜欢在孔洞、缝隙、垃圾、经常不动的物资、器械中繁衍。因此，保持仓房周围的环境卫生，消除一切可以隐藏或潜伏害虫的场所，创造不利于储粮害虫生长发育的生态环境，使它既无藏身之处，又无适宜的生存条件，使害虫难以生存而死亡。

3. 改善仓房条件

我国粮库目前还有一批储粮条件较差的老仓，仓房改造工作是保证储粮安全的一个重要措施。要求做到上不漏、下不潮，既能通风，又能密闭，保持仓内低温、干燥、清洁，不利于害虫生长繁殖，并消灭一切洞、孔、缝隙，使害虫和鼠类无藏身、栖息之处。包括地坪、仓墙、仓顶等方面的改造，使之在仓房隔热保温、熏蒸气密、害虫防治等方面的功能得到加强和提升。

4. 隔离保护

储粮场所为了防止虫、鼠危害，巩固防治效果，还必须做好隔离保护工作。

做到储粮“六分开”：有虫粮与无虫粮分开、有虫器材与无虫器材分开、潮粮与干粮分开、新粮与陈粮分开、原粮与成品粮及副产品分开、好粮与次粮分开。

仓房(囤、垛)四周要定期喷布防虫线，门窗、通风口和进出粮洞口要安装防鼠板、防雀帘或防雀网等。

检查粮情时，应先检查无虫粮，再检查有虫粮；出入仓要随手关门，并严防害虫随人身、工具传播感染。

5. 储粮仓房隔离防虫措施

(1)防虫线。防虫线防虫就是为了预防储粮害虫从仓房(堆垛)的周围、门窗或其他明显的孔洞进入仓房，在上述部位喷洒(撒)一些杀虫剂的方法。

(2)防虫网。防虫网防虫是一种物理防治方法，是通过构建人工隔离屏障，将害虫“拒之门外”。设置防虫网的目的主要是防止储粮害虫经过粮仓的门窗和孔洞爬入仓内，进入粮堆危害储粮。

子任务一　储粮害虫综合治理策略认知

工作任务

储粮害虫综合治理策略认知工作任务单

分小组完成以下任务： 1. 查阅储粮害虫综合治理策略、储粮害虫的治理方针与原则内容。 2. 填写查询报告。

任务实施

查询资料→小组讨论→小组汇报→教师点评→总结提升→填写报告。

1. 查询资料

(1)储粮害虫综合治理策略包含的内容。

(2)储粮害虫的治理方针与原则。

2. 小组讨论

(1)储粮害虫综合治理策略含义。

(2)我国储粮害虫的治理方针与原则。

3. 小组汇报

小组就讨论结果进行汇报，形式自定。

4. 教师点评

教师根据每个小组的汇报情况进行点评。

5. 总结提升

汇总每个小组的结论，总结常见储粮害虫的预防措施。

6. 填写报告

将结果填入表 4-1 中。

表 4-1　储粮害虫综合治理策略的内涵

阐述储粮害虫综合治理策略的含义	
写出储粮害虫治理方针	
写出储粮害虫治理原则	

任务评价

按照表 4-2 评价学生工作任务完成情况。

表 4-2　任务考核评价指标

序号	工作任务	评价指标	分值比例	得分
1	查询资料	(1)能够准确查询资料； (2)对资料内容分析整理	20%	
2	小组讨论	根据要求将查询内容进行分类，归纳总结	20%	
3	小组汇报	(1)小组合作完成； (2)汇报时表述清晰，语言流畅； (3)正确把握储粮害虫综合治理策略的内涵； (4)准确阐述储粮害虫的治理方针及治理原则	30%	
4	点评修改	根据教师点评意见进行合理修改	10%	
5	总结提升	总结本组的结论，能够灵活运用	10%	
6	综合素养	(1)会查阅资料并能分析出有效信息，具有信息处理能力； (2)小组分工合作，责任心强，能够完成自己的任务	10%	
合计			100%	

子任务二　储粮害虫预防措施认知

工作任务

储粮害虫预防措施认知工作任务单

分小组完成以下任务：
1. 查阅储粮害虫预防措施相关内容。
2. 填写查询报告。

任务实施

查询资料→小组讨论→小组汇报→教师点评→总结提升→填写报告。

1. 查询资料

储粮害虫预防措施相关内容。

2. 小组讨论

(1)仓储管理防治的措施。

(2)储藏场所清洁卫生要求。

(3)改善仓房条件的措施。

(4)隔离保护的措施。

3. 小组汇报

小组就讨论结果进行汇报，形式自定。

4. 教师点评

教师根据每个小组的汇报情况进行点评。

5. 总结提升

汇总每个小组的结论，总结常见储粮害虫的预防措施。

6. 填写报告

将结果填入表 4-3 中。

表 4-3　常见储粮害虫的预防措施

类别	具体措施
仓储管理防治的措施	
储藏场所清洁卫生要求	
改善仓房条件的措施	
隔离保护的措施	
储粮仓房隔离防虫措施	

任务评价

按照表 4-4 评价学生工作任务完成情况。

表 4-4　任务考核评价指标

序号	工作任务	评价指标	分值比例	得分
1	查询资料	(1)能够准确查询资料； (2)对资料内容分析整理	20%	
2	小组讨论	根据要求将查询内容进行分类，归纳总结	20%	
3	小组汇报	(1)小组合作完成； (2)汇报时表述清晰，语言流畅； (3)正确列举常见储粮害虫的预防措施	30%	
4	点评修改	根据教师点评意见进行合理修改	10%	
5	总结提升	总结本组的结论，能够灵活运用	10%	
6	综合素养	(1)会查阅资料并能分析出有效信息，具有信息处理能力； (2)小组分工合作，责任心强，能够完成自己的任务	10%	
合计			100%	

巩固与练习

1. 储粮害虫防治应遵循(　　)的方针。

A. 综合防治，彻底消灭　　B. 综合防治，节约成本

C. 以防为主，综合防治　　D. 以防为主，效益为先

2. 关于害虫综合治理的叙述，下列错误的是(　　)。

A. 害虫综合治理不仅考虑防治的经济效益，还要考虑生态效益(生态平衡)及社会效益

B. 综合治理把害虫作为生态系统中的一个因素，通过调节及控制生态系统中各个因素来达到控制害虫种群数量的目的

C. 综合治理不允许任何害虫个体存在，只要出现害虫就必须采取杀虫措施

D. 综合治理是各种防治技术的协调配合，不单独依赖某一种技术，而各种防治技术又必须与自然控制因素相协调

3. 我国现行的储粮害虫防治原则是(　　)。

A. 安全、实用、有效　　B. 安全、经济、有效

C. 安全、卫生、经济　　D. 安全、卫生、经济、有效

任务二　储粮害虫物理防治

情境描述

目前，防治储粮害虫主要还是采用化学防治，其中储粮熏蒸剂以高毒药剂磷化氢为主，储粮防护剂则以高毒药剂防虫磷为主。而长期单一地使用化学农药产生了许多严重的后果，害虫的抗药性越来越大，用药量逐渐增大，农药残留逐渐增大，污染环境和储粮。物理防治方法具有环保、易操作、不易产生生理抗性等特性，是储粮害虫防治中十分重要的方法。

学习目标

知识目标

1. 掌握储粮害虫物理防治的定义。
2. 掌握常见储粮害虫物理防治的方法。

能力目标

1. 能够正确选择物理方法防治害虫。
2. 能够正确安装防虫网。

素质目标

1. 养成自觉遵守职业道德规范的习惯。
2. 具有工匠精神。

任务分解

子任务一	储粮害虫物理防治认知
子任务二	安装防虫网

任务计划

通过查阅资料、小提示等获取知识的途径，获取物理方法防治储粮害虫的方法。

任务资讯

视频：储粮害虫的物理防治技术

物理防治是采用物理的方法消灭害虫或改变其物理环境，创造一种对害虫有害或阻隔其侵入的方法。

物理防治的理论基础是依据于充分掌握害虫对环境条件中的各种物理因素的反应和要求，如温度、湿度、光、电、声、色等。很多研究结果和生产实践证明，各种害虫对温、湿、光、电、声、色等物理因素很敏感，人们可以利用这些特点诱集和杀死害虫。物理防治的范围很广，包括温控防治、气调防治、器械防治、辐射防治等。

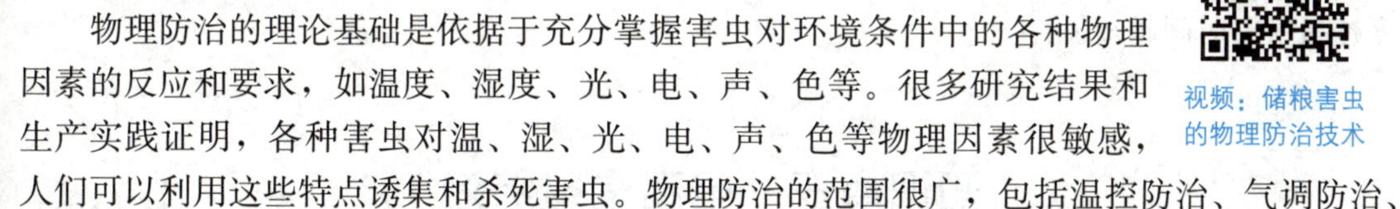

知识点一　温控防治

温度是影响害虫生命活动的最主要物理环境因素。温度的变化不仅影响其生长发育，有时甚至能引起死亡。温控防治方法包括高、低温杀虫和低温防虫。

(1)高温杀虫法。高温杀虫法包括日光暴晒和烘干杀虫。日光暴晒虽然可节约能源，但出粮入粮需要花费大量的人力和机械设备，而且杀虫也不一定彻底。因此，此方法主要适用于小规模的储粮，不适合用于处理大宗粮。烘干法杀虫即用烘干机结合降水进行杀虫，储粮害虫在此高温下会立刻死亡。但采用此法只能处理原粮，不能处理成品粮，处理种子粮时也要慎重。

(2)低温防虫和低温杀虫。该方法是根据低温对储粮害虫的影响进行防虫和杀虫的。一般来说，储粮的温度在 15 ℃以下时，储粮害虫都基本上处于不活动状态，即使仓内有少量害虫也不会造成危害；粮温在 15～20 ℃，害虫的发育、生长和繁殖速度都很慢，其危害程度也较低。

冷冻杀虫时粮堆温度、储粮水分和害虫致死时间的关系见表 4-5。冷冻时应采取隔离措施，防止粮堆内害虫潜出越冬。花生仁不能使用冷冻方法杀虫。

表 4-5　冷冻杀虫时害虫致死时间　　d

储粮水分/%	温度		
	0 ℃	−5 ℃	−10 ℃
11	32	20	10
14	60	33	15
18	110	75	32

知识点二　气调防治

气调防治可归纳为两大类：第一类为自然气调，即利用储粮中生物群落的呼吸作用，改变仓内的气体成分，达到杀虫或控制害虫的目的；第二类是人工气调，如向仓内充入二氧化碳或氮气的方法改变仓内气体组分。

氮气气调是目前应用较多的气调杀虫技术。氮气气调防虫一般需要95%以上的氮气浓度，气调杀虫则需要97%以上的氮气浓度。气调杀虫所需时间与温度有关，一般规律是温度越高所需时间越短。

知识点三　电离辐射防治

电离辐射防治是利用高能射线或加速器产生的粒子束流照射储粮，通过射线与物质的相互作用，达到使储粮得以保鲜和杀死其中害虫的目的。

电离辐射防治害虫可采用的辐射能有X射线、γ射线和电子束。其中，X射线主要用于隐蔽性害虫的检测，杀虫处理一般采用γ射线或电子束。近年来，利用电子加速器产生电子束防治储粮害虫的技术在国外也得到了一定的研究和应用。近年来，我国已经开展一些利用电子束防治储粮害虫的技术研究，并已有实仓应用。

储粮害虫不同的虫种和虫期对电离辐射的敏感性存在一定的差异。通常，蛾类比甲虫的抵抗能力更强；同一虫种中蛹和成虫的抵抗力要比卵和幼虫强。

2001年，我国对绿豆、豌豆、蚕豆、大豆等豆类产品和包装大米、面粉、小米等谷类产品的辐照杀虫已制定了《豆类辐照杀虫工艺》(GB/T 18525.1—2001)等国家标准。

知识点四　器械防治

1. 风扬和风车除虫

风扬和风车都是利用气流的作用，使害虫与粮粒分离的除虫技术。由于许多害虫与粮食籽粒在相对密度与形状上存在差异，在风力的作用下，轻于粮粒的害虫和杂质被气流吹落到远处，而较重的粮粒则落在近处，从而达到分离除去害虫的目的。

2. 过筛除虫

过筛除虫是利用害虫与粮粒大小的差别及害虫本身对刺激的反应特性(如假死性)通过合适的筛孔将储粮与虫、杂分离。

过筛除虫是利用害虫与粮粒大小的差别及害虫本身对刺激的反应特性(如假死性)，通过合适的筛孔将储粮与虫、杂分离。

一般在储粮入库前，都要过筛清除储粮中的虫、杂，以利于安全储粮。筛子的种类很多，如圆吊筛、双人抬平筛、多层溜筛和电力振动筛等。无论采用何种形式的筛子，选择

合适大小和形状的筛孔是达到除虫效果的关键。筛子的筛孔形状通常有圆形、正方形、长方形和三角形四种，都是根据害虫个体与粮粒的形状及大小而设计的。清除大于粮粒的害虫，选用便于粮粒通过的筛眼，使害虫留在筛面上；清除小于粮粒的害虫，选用便于害虫通过的筛眼，使粮粒留在筛面上；清除圆形或与粮粒宽度不同的害虫，选用圆形或三角形筛眼。长方形筛眼适用于分离与粮粒厚度、宽度都不相同的害虫，见表 4-6。如果储粮中既有大于粮粒的害虫，又有小于粮粒的害虫，则应采用双层或多层筛，以弥补单层筛的不足。

采用任何一种筛子(吊筛、手筛、振动平筛及溜筛等)都必须利用人力和动力，使筛理物在筛面上做连续不断的运动，达到分离害虫的目的。筛理物在圆吊筛、圆手筛中，通常做旋转式运动；在振动平筛中，常做往复式运动。筛面上的粮层过厚，会影响筛除效果。筛子摆动幅度越大，储粮在筛面上运动距离越长，粮粒与害虫碰撞机会越多，除虫效果越好。在这种情况下，谷蠹等假死性不太明显的害虫也能被筛除。

在处理过程中应随时注意收集虫、杂及废品，工作结束后应彻底清理现场，把清除出来的害虫及杂质深埋或烧掉。对尚有价值的残品应集中做杀虫处理。

表 4-6 筛除不同储粮中常见储粮害虫的筛孔(孔数/2.54 cm)

虫种	虫期	蚕豆	玉米	大豆	大麦	籼稻	小麦	大米	面粉
大谷盗	幼虫		(4)					(8)	12～14
	成虫		(5)					(8)	12～14
蚕豆象	成虫	5～5.5							
拟谷盗	幼虫		5.5～6		(10～12)	(10～12)	(10～14)	(10～14)	(24～28)
	蛹		5.5～6		14	14	14	(14～19)	22
	成虫		5.5～6		12	12	(10～14)	(12～16)	22
玉米象	成虫		5.5～12		12	12	(12)	(12～16)	22
谷蠹	成虫	3.5～12	5.5～12	8～12	12～14	12～14	14～16	(12～16)	24
扁谷盗	幼虫				14～20	12～20	16～20	(20～22)	(24)
	蛹				14～24	12～24	16～24	24	(28)
	成虫				14～16	12～16	16	(16～22)	(28)
锯谷盗	幼虫				14～20	12～20	16～20	(20～22)	(28)
	成虫				14～18	12～18	16～18	(18)	(24～28)

注：有括号者表示适宜于虫体与粮粒不能完全分开时采用的筛孔；无括号者表示适宜于虫体与粮粒能完全分开时采用的筛孔

3. 撞击杀虫

撞击机是一种有效撞击杀虫的设备。物料中的害虫通过与销柱和机壳的高速撞击，会导致触角和足的折断与身体其他部位的损伤，使其立即致死或经一段时间后死亡，机械防治一般杀虫效率较低，通常难以达到 100%的杀虫效果。

子任务一 储粮害虫物理防治认知

工作任务

储粮害虫物理防治认知工作任务单

分小组完成以下任务： 1. 查阅储粮害虫物理防治相关内容。 2. 填写报告。

任务实施

查询资料→小组讨论→小组汇报→教师点评→总结提升→填写报告。

1. 查询资料

(1)储粮害虫物理防治的定义。

(2)储粮害虫物理防治的方法。

2. 小组讨论

(1)储粮害虫物理防治的方法。

(2)温控防治的原理及分类。

(3)气调防治的原理。

(4)电离辐射防治的原理。

(5)器械防治的常见方法。

3. 小组汇报

小组就讨论结果进行汇报，形式自定。

4. 教师点评

教师根据每个小组的汇报情况进行点评。

5. 总结提升

汇总每个小组的结论，总结常见储粮害虫物理防治的方法。

6. 填写报告

将结果填入表 4-7 中。

表 4-7 储粮害虫物理防治相关知识

列举温控防治的原理及分类	
阐述气调防治的原理	
列举电离辐射防治的辐射能形式及应用	
列举器械防治的方法	

任务评价

按照表 4-8 评价学生工作任务完成情况。

表 4-8　任务考核评价指标

序号	工作任务	评价指标	分值比例	得分
1	查询资料	(1)能够准确查询资料； (2)对资料内容分析整理	20%	
2	小组讨论	根据要求将查询内容进行分类，归纳总结	20%	
3	小组汇报	(1)小组合作完成； (2)汇报时表述清晰，语言流畅； (3)正确表述储粮害虫物理防治的内涵，并列举常见的储粮害虫物理防治的方法	30%	
4	点评修改	根据教师点评意见进行合理修改	10%	
5	总结提升	总结本组的结论，能够灵活运用	10%	
6	综合素养	(1)会查阅资料并能分析出有效信息，具有信息处理能力； (2)小组分工合作，责任心强，能够完成自己的任务	10%	
合计			100%	

子任务二　安装防虫网

工作任务

安装防虫网。

任务实施

1. 任务分析

防虫网安装需要明确以下问题：

(1)防虫网材料的选择。

(2)防虫网安装的具体步骤。

2. 器材准备

防虫网、卷尺、剪刀、粘胶带等。

3. 操作步骤

(1)选择材料。防虫网是一种 60 目以上的尼龙或聚酯的筛绢网。由于储粮害虫的个体大小不同，可钻过的空隙大小也就不同。仓房门窗加装的防虫网孔尺寸要选择合适，不能大于阻止害虫穿过的尺寸(表 4-9)。

表 4-9　预防不同储粮害虫成虫防虫网网孔尺寸参考表

害虫种类	纱网网孔尺寸/mm	
	100%阻止	100%穿过
锈赤扁谷盗	0.25	0.71
锯谷盗	0.53	0.93
谷蠹	0.53	1.20

续表

害虫种类	纱网网孔尺寸/mm	
	100%阻止	100%穿过
米象	0.71	1.35
药材甲	0.71	1.40
玉米象	0.93	1.70
赤拟谷盗和杂拟谷盗	1.05	1.40
烟草甲	1.05	1.70
黑毛皮蠹	1.35	2.25
黑粉虫和黄粉虫	2.00	2.25

(2)测量仓门窗的尺寸。用卷尺测量所需安装防虫网的仓门窗尺寸，裁剪适合尺寸的筛绢网。

(3)固定筛绢。在防虫门窗框上安装上塑料槽管，用橡胶管将筛绢固定在槽管内。

(4)检查安装效果。关闭防虫门窗后，检查边缘有无缝隙，有缝隙可用黏胶带密封。

注意事项如下。

(1)防虫网必须在整个储藏期间具有防虫作用。

(2)防虫网平时要保持关闭状态，人员进出仓作业时要及时关闭防虫门。

(3)防虫网有破损应及时更换。

任务评价

安装防虫网任务评价见表 4-10。

表 4-10　安装防虫网任务评价表

班级：　　　　姓名：　　　　学号：　　　　成绩：

试题名称		安装防虫网			考核时间：20 min	
序号	考核内容	考核要点	配分	评分标准	扣分	得分
1	准备工作	穿戴工作服	10	未穿戴整齐扣 10 分		
2	操作前提	材料选择	15	材料选择错误扣 15 分		
3	操作过程	门窗尺寸测量	10	门窗尺寸测量不正确扣 10 分		
		筛绢剪裁尺寸	20	剪裁尺寸不合格扣 20 分		
		固定筛绢	20	固定筛绢固定方式不正确扣 20 分		
4	操作结果	检查防虫网安装结果	20	边缘存在缝隙未密封扣 20 分		
5	使用工具	熟练规范使用工具	2	工具使用不熟练扣 2 分		
		工具使用维护	3	操作结束后工具未归位扣 3 分		
合计			100	总得分		

巩固与练习

1. 物理防治的范围很广，包括(　　)等。
   A. 温控防治　　B. 气调防治　　C. 器械防治　　D. 辐射防治
2. 关于害虫综合治理的叙述，下列正确的是(　　)。
   A. 储粮的温度在 15 ℃以下时，储粮害虫都基本上处于不活动状态，即使仓内有少量害虫也不会造成明显的危害
   B. 粮温在 15～20 ℃，害虫的发育、生长和繁殖速度都很慢，其危害程度也较低
   C. 电离辐射防治害虫可采用的辐射能有 X 射线、γ 射线和电子束
   D. 机械防治一般杀虫效率较低，通常难以达到 100%的杀虫效果
3. 下列说法错误的是(　　)。
   A. 风扬和风车都是利用气流的作用，使害虫与粮粒分离的除虫技术
   B. 过筛除虫是利用害虫与粮粒大小的差别及害虫本身对刺激的反应特性(如假死性)通过合适的筛孔将储粮与虫、杂分离
   C. 风扬或风车除虫一定要在远离储粮的地方进行，以防止害虫传播
   D. 高频加热和微波加热同属于电磁场加热，加热对象都是电解质。一般介质含水量越小，害虫死亡越快

任务三　储粮害虫生物防治

情境描述

随着人们环境意识的增强和对绿色食物的需求，生物防治越来越受到社会的重视。根据国内外的实践证明，使用生物农药防治病、虫、杂草，有益于保护自然界生物多样性和生态农业的持续发展，这不仅具有显著的经济效益，而且还有明显的社会效益，能减轻环境污染，维持生态平衡，有利于人类身体健康。生物防治将是 21 世纪主要的防治方法，也是储粮害虫防治工作的开展方向。

学习目标

知识目标

1. 掌握生物防治的定义。
2. 掌握广义的生物防治的定义。

能力目标

1. 能够准确阐述生物防治的常见方法。

2. 能够正确选择生物防治方法。

素质目标

1. 养成自觉遵守职业守则的习惯。
2. 具有劳动安全意识。

任务分解

子任务	储粮害虫生物防治认知

任务计划

通过查阅资料、小提示等获取知识的途径，获取储粮害虫生物防治的方法。

任务资讯

从食物链的概念出发，自然界中没有一种生物可幸免被捕食或被寄生，而其本身又可能是捕食者或寄生物，昆虫也是这样。一种昆虫的捕食者或寄生物，称为这种昆虫的天敌。在害虫与其天敌之间的矛盾斗争过程中，天敌经常抑制害虫的发生。根据这个道理，人们利用害虫的天敌防治害虫，这种方法称为生物防治。另外，利用昆虫信息素、昆虫生长调节剂和植物源杀虫剂防治害虫也称为广义的生物防治。

视频：储粮害虫的生物防治技术

知识点一　生物防治的特点

1. 生物防治的优点

(1)生物防治的安全性是明显的，因为许多天敌的寄生和捕食的专化特性只对其赖以生存的少数关系密切的害虫种类起作用。一般来说，非目标种类(包括其他天敌)是不会受到影响的，而且其安全性还明显表现在对人畜和环境的意义上，它不存在残毒和对环境的污染问题。

(2)生物防治的有效性比较持久。有效天敌只要不受特殊因素的干扰，通常对一些害虫的发生有长期的抑制作用。天敌属于密度制约因素，它们对害虫的抑制作用随害虫密度的增加而增加。

(3)生物防治比较经济。因为害虫天敌种类多、分布广，是一种用之不竭的自然资源，在利用过程中可以采取因地制宜、就地取材、综合利用等方法获得，其经济效益很高。

(4)储粮环境支持生物防治，环境条件通常适合天敌，储藏设施可防止天敌离开，为在储粮环境中采用生物防治技术提供了有利的条件。

总之，作为害虫综合治理的重要组成部分，生物防治具有不污染环境、有效控制害虫、改善生态系统、降低防治费用等多种优点，具有广阔的应用前景。

2. 生物防治的缺点

(1)天敌作为生态系统中的一个生态因素，它对害虫的控制作用是有条件的，有时不能达到理想的效果。

(2)天敌的专化性强。一种天敌只能解决某一种或一类害虫问题，要在较大范围的生态系统中同时控制多种害虫是很困难的。

(3)天敌与害虫的生活史不同步。捕食性和寄生性天敌的生活史，常不能与害虫和生活史(危害期)相匹配，即不能同步，使天敌昆虫因缺乏食物或寄主而种群下降，起不到控制害虫的效果。

(4)见效慢。一方面，由于天敌与害虫之间的跟随关系，有的天敌对害虫的控制作用没有农药那样有效、迅速；另一方面，因为病菌(毒)都有潜伏期，微生物中除杆状菌毒素外，一般都缺少速效性，一旦虫害暴发，还需要借助化学防治。

(5)生物防治所需产生难。有效天敌的筛选很困难，同时生物制剂不及化学农药那样易于成批生产(生产病毒需用活的宿主虫体才能增殖，因此不容易扩大生产)，产品质量也不及化学农药那样容易控制，使用上不及化学农药简便。

天敌昆虫和病原微生物对害虫的控制效果受外界环境的影响较大。一般来说，凡能影响害虫生物学的因子均能或多或少地影响天敌昆虫的活性。

知识点二　常见的生物防治方法

1. 利用粮油本身的抗虫性

选育抗虫性、耐储性好的粮油品种进行储藏，可明显减少储藏期间储粮害虫的危害。目前，抗虫粮油品种的选育主要是针对农业害虫的，但粮油的品种之间对储粮害虫的抗虫性也存在着差异。

2. 以虫治虫

利用天敌昆虫或其他无脊椎动物控制有害的昆虫，它包括捕食性昆虫和寄生性昆虫两大类。储粮昆虫中常见的捕食性昆虫有蠼螋、猎蝽、花蝽、窗虻的幼虫等。另外，还有蜘蛛、捕食性螨、拟蝎等。常见的寄生性昆虫有米象小蜂、麦蛾茧蜂等。例如，米象小蜂可寄生于象虫属储粮害虫的卵；麦蛾茧蜂可寄生麦蛾、印度谷蛾、粉斑螟、一点谷蛾等多种蛾类害虫的幼虫或卵，对蛾类害虫的种群有显著的抑制作用。

3. 利用微生物防治害虫

在储粮中较为成功的是利用苏云金芽孢杆菌(即 Bt)防治蛾类害虫。Bt 防治鳞翅目幼虫效果很显著，其防治对象主要是印度谷蛾、粉斑螟和烟草螟等鳞翅目幼虫，但对鞘翅目幼虫效果较差。还有一类细菌，如丁香假单胞菌可显著提高昆虫的体液冰点，使害虫更容易被冻死。这类细菌又称为冰核活性细菌，目前其在储粮害虫防治中还处于研究阶段。

4. 利用信息素防治害虫

昆虫信息素是昆虫分泌到体外传递个体间信息的微量化学物质，人工合成的具有信息素类似效果的化学物质称为引诱剂。利用信息素或引诱剂可以很灵敏地监测环境中的害虫，也可以将其诱杀。利用信息素还可以鉴定昆虫的种类，或用于防治储粮害虫，如利用信息素引诱同种异性个体或其他个体，用迷向法干扰储粮害虫的正常交配，减少害虫子代的数量等。但信息素具有种的专一性，对其他种类的害虫无效。

5. 利用昆虫生长调节剂防治害虫

昆虫生长调节剂是人工合成的一类与昆虫激素作用相似的化学物质。利用昆虫生长调节剂可以干扰害虫的正常发育过程，达到对害虫控制的目的。常用的昆虫生长调节剂包括保幼激素类似物和几丁合成抑制剂。具有代表性的保幼激素类似物有蒙 512(ZR—512)、蒙 515(ZR—515)和双氧威等。几丁合成抑制剂可以抑制几丁合成酶的活性，因而使昆虫形成表皮的几丁质合成减少或无法合成，破坏昆虫的蜕皮过程，最后导致幼虫的死亡。因为它们主要对昆虫的幼虫期发挥作用，故名灭幼脲类。

6. 利用植物源杀虫剂防虫杀虫

利用植物次生代谢产物开发环境和谐杀虫剂已成为当今研究的热点。植物次生代谢产物是植物长期与昆虫协同进化过程中抵御昆虫植食行为而产生的化学物质，这些物质可以经过加工成为植物性杀虫剂，对害虫具有多种生物活性。植物杀虫剂一般具有对人畜低毒、在环境中容易降解等特点，符合新世纪对农药的要求。

子任务　储粮害虫生物防治认知

工作任务

储粮害虫生物防治认知工作任务单

分小组完成以下任务： 1. 查阅储粮害虫生物防治相关内容。 2. 填写报告。

任务实施

查询资料→小组讨论→小组汇报→教师点评→总结提升→填写报告。

1. 查询资料

(1)储粮害虫生物防治的定义。

(2)储粮害虫生物防治的特点。

(3)储粮害虫生物防治的方法。

2. 小组讨论

(1)储粮害虫生物防治的方法。

(2)生物防治的原理及分类。

3. 小组汇报

小组就讨论结果进行汇报，形式自定。

4. 教师点评

教师根据每个小组的汇报情况进行点评。

5. 总结提升

汇总每个小组的结论，总结常见储粮害虫生物防治的方法。

6. 填写报告

将结果填入表 4-11 中。

表 4-11　储粮害虫生物防治相关知识

阐述生物防治的含义	
阐述生物防治的特点	

任务评价

按照表 4-12 评价学生工作任务完成情况。

表 4-12　任务考核评价指标

序号	工作任务	评价指标	分值比例	得分
1	查询资料	(1)能够准确查询资料； (2)对资料内容分析整理	20%	
2	小组讨论	根据要求将查询内容进行分类，归纳总结	20%	
3	小组汇报	(1)小组合作完成； (2)汇报时表述清晰，语言流畅； (3)正确阐述储粮害虫生物防治的特点，以及常见的储粮害虫生物防治方法	30%	
4	点评修改	根据教师点评意见进行合理修改	10%	
5	总结提升	总结本组的结论，能够灵活运用	10%	
6	综合素养	(1)会查阅资料并能分析出有效信息，具有信息处理能力； (2)小组分工合作，责任心强，能够完成自己的任务	10%	
合计			100%	

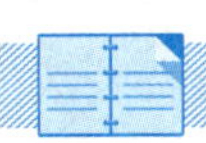

巩固与练习

1. 利用害虫的天敌去防治害虫，其方法称为(　　)等。
   A. 物理防治　　　　B. 化学防治
   C. 生物防治　　　　D. 法规防治
2. 下列说法正确的是(　　)。
   A. 生物防治的安全性明显。许多天敌的寄生和捕食的专化特性只对其赖以生存的少数关系密切的害虫种类起作用，不存在残毒和对环境的污染问题
   B. 生物防治的有效性比较持久。有效天敌只要不受到特殊因素的干扰，通常对一些害虫的发生有长期的抑制作用
   C. 昆虫信息素是昆虫分泌到体外传递个体间信息的微量化学物质，人工合成的具有信息素类似效果的化学物质称为引诱剂

D. 利用信息素或引诱剂可以很灵敏地监测环境中的害虫，也可以诱杀害虫

3. 常用的昆虫生长调节剂包括(　　)。

A. 保幼激素类似物　　B. 乙烯

C. 几丁合成抑制剂　　D. 类脂物

任务四　储粮防护剂防治害虫

情境描述

马拉硫磷是世界上第一个作为储粮保护剂在储粮上应用的药剂。由于其具有药效好、持效期长、对人安全、对环境无污染等特点，而受到广泛关注，自1961年开始应用，至今已有50多年的历史。储粮防护剂的应用剂型很多，大体可分为液剂和粉剂两大类(有的是乳油，有的是超低剂量喷雾剂，有的是粉剂或可湿性粉剂)。使用好储粮防护剂，达到用量少、残效期长、残留量低、防护效果好，是用药的根本宗旨。

学习目标

知识目标

1. 掌握化学防治及储粮防护剂的定义。
2. 掌握常见的储粮防护剂类型及特点。
3. 掌握储粮防护剂的使用条件及原则。
4. 掌握储粮防护剂的施药方法。

能力目标

1. 能够正确选择储粮防护剂。
2. 能够利用海绵制作与布置防虫线。

素质目标

1. 具有劳动安全意识。
2. 具有工匠精神。

任务分解

子任务一	储粮防护剂防治害虫认知
子任务二	海绵防虫线的制作与布置

任务计划

通过查阅资料、小提示等获取知识的途径，获取使用储粮防护剂防治害虫的方法。

任务资讯

视频：储粮害虫化学防治

知识点一　化学防治

利用化学杀虫剂防治害虫的方法称为化学防治。化学防治是目前应用最广泛的一种防治方法。

1. 化学防治的优点

(1)杀虫高效。在储粮害虫防治工作中，采用清洁卫生、物理机械、生物等防治措施，虽然具有明显的防治效果，但杀虫不易彻底。使用化学药剂通常都有较高的杀虫效果，目前使用的化学药剂一般都具有广谱性，即对多种害虫都有杀灭效果。

(2)作用迅速。采用化学药剂防治害虫见效快。特别是熏蒸剂处理虫粮，通常可在较短的时间内全部杀死处理环境中的害虫。

(3)操作简便。储粮化学药剂剂型较多，在施药过程中一般操作方法都比较简便，省工省力，特别是熏蒸剂在使用过程中不需要移动储粮即可较好地杀死害虫。

(4)费用低。由于化学药剂多为工业化批量生产，所以药剂价格较低。采用化学药剂处理储粮一般比低温、气调、生物等防治方法的使用成本要低。

2. 化学防治的缺点

(1)对非防治对象也有毒害。由于多数化学杀虫剂也是杀生剂，所以对人、畜、天敌等生物也有一定毒性。在实际应用中要注意人员的安全防护。

(2)药剂残毒。用化学药剂处理过的储粮会带有不同程度的残留药剂，若超过卫生标准，食用后会影响人体健康。所以，使用化学药剂防治害虫要注意药剂在储粮上的残留问题，只有当储粮上的药剂残留达到国家规定的残留限量以下时，储粮才能出仓使用。

(3)害虫易产生抗药性。害虫对杀虫剂产生抗药性是一种自然的适应现象。长期使用单一的药剂容易诱发害虫的抗药性，害虫抗药性发展到一定程度会导致防治失败。

由于化学防治具有其他防治技术难以替代的一些特点，目前仍然是防治储粮害虫的重要手段。只要能够按照相关规程科学使用，就可以扬长避短，充分发挥其优势，将其副作用降至最低。

3. 储粮化学药剂的分类

根据杀虫剂对害虫的作用方式可将其分为熏蒸剂、触杀剂、胃毒剂和驱避剂。习惯上把用于储粮害虫防治的化学药剂分为熏蒸剂、防护剂和空仓杀虫剂。

(1)熏蒸剂。熏蒸剂是以气体状态经害虫的呼吸系统进入虫体发挥药效的杀虫剂；触杀剂是通过昆虫身体接触经体壁进入虫体发挥药效的杀虫剂；胃毒剂是通过害虫取食经消化系统进入虫体发挥药效的杀虫剂；驱避剂是可使害虫躲避的药剂，这种药剂本身可能无毒杀害虫的作用，但由于其具有某种特殊的气味，能使害虫忌避，达到驱散害虫的目的。

(2)防护剂。防护剂是一类持效期较长，通过触杀、胃毒、忌避等方式防治储粮有害生物的高效低毒的化学药剂，也称储粮保护剂、谷物保护剂。防护剂可于原粮拌和使用，或作为空仓、器材杀虫、打防虫线等，但不得用于成品粮。

(3)空仓杀虫剂。国家允许用于储粮的所有熏蒸剂和防护剂都可作为空仓杀虫剂使用。由于空仓处理不接触粮油，所以其他一些杀虫剂(如敌百虫、辛硫磷等)也可作为空仓杀虫剂使用。

知识点二　储粮害虫对杀虫剂的敏感性

1. 不同虫种对同一药剂的敏感性

储粮害虫种类较多，但由于它们的形态特征、生活习性、生理机能、接受药剂的方式和程度等方面各不相同，对药剂的反应也大不相同。一般情况下，玉米象对磷化氢较为敏感，而赤拟谷盗、谷蠹、锈赤扁谷盗等则耐受力较强。

视频：储粮害虫对杀虫剂的敏感性

2. 不同虫态和生理状况对药剂的敏感性

对同一虫种来说，一般卵、蛹期对熏蒸剂的耐药力比成虫和幼虫要强得多。害虫处于不同的生理状态，对药剂的敏感程度常有差异。如害虫在越冬期间呈休眠状态，其呼吸率和新陈代谢率都较低，耐药力较强，而夏季耐药力较差。再如害虫处于饥饿状态时，体内营养物质已大量消耗掉，对药剂的抵抗力就相应下降。通常，保护剂对防治害虫的卵、蛹和隐蔽性害虫潜伏粮粒内虫态的效果最差。

3. 储粮害虫的抗药性

抗药性是指害虫首次接触某种杀虫剂表现出来的忍耐能力，也称为天然抗性。由于生物不同，或同一虫种在不同发育阶段、不同生理状态、所处环境条件的变化，或由于具有特殊的行为，而对药剂产生不同的耐力。

抗药性由于在同一地区连续使用同一药剂而引起昆虫对药剂的抵抗力不断提高，使害虫种群发展成为新的种群，后者对该杀虫剂的忍受能力超过杀死正常种群大多数个体的药剂剂量，最终导致防治失败。防治失败的原因不是因为药剂的品质及使用方法不当，而是由于害虫对杀虫剂的敏感性发生了遗传性的改变，这就是抗药性。

知识点三　储粮防护剂的使用

储粮防护剂又称为储粮保护剂、谷物保护剂，其是一类持效期较长，通过触杀、胃毒、忌避等方式防治储粮有害生物的高效低毒的化学药剂从药剂对害虫的作用方式来说，主要是触杀作用和胃毒作用。

视频：储粮防护剂的使用条件及原则

1. 常用储粮防护剂种类及特性

(1)马拉硫磷。马拉硫磷的化学名称是O，O-二甲基-S-[1，2-双(乙氧羰

基)乙基]二硫代硫酸酯。

视频：储粮防护剂－马拉硫磷、杀螟硫磷、甲基嘧啶磷

为了避免将纯度较低的农用马拉硫磷误用于储粮，特将原药纯度达到97%(化学分析法)以上的优质马拉硫磷作为储粮防护剂，商品名称为“防虫磷”。原药纯度97%的马拉硫磷对大白鼠的急性口投LD50为5 696 mg/kg，属低毒。

马拉硫磷是一种高效、低毒、广谱性杀虫剂，对昆虫具有较强的杀虫活性，作用途径主要是触杀和胃毒，也有微弱的熏蒸作用。由于杀虫剂主要附着在粮粒表面，故其对潜伏在粮粒内部的钻蛀性害虫的卵、幼虫和蛹均无杀伤作用。

马拉硫磷是世界上第一个作为储粮防护剂在储粮上应用的药剂。自1961年开始应用，至今已有近60多年的历史。我国自20世纪80年代开始，在国库和农村推广使用防虫磷(优质马拉硫磷)等储粮害虫防护剂，至今已有40多年的应用历史。由于长期的使用，害虫抗药性增加明显，防虫效果下降，一些国家已经停止使用。

视频：储粮防护剂－溴氰菊酯、惰性粉、保粮安、保粮磷

我国将马拉硫磷在原粮中的残留标准定为8 mg/kg。

(2)杀螟硫磷。杀螟硫磷又名杀螟松、杀虫松、苏米松、苏米硫磷。杀螟硫磷的化学名称是O，O-二甲基-O-(3-甲基-4-硝基苯基)硫代磷酸酯。作为储粮防护剂使用的是原药纯度93%以上杀螟硫磷。杀螟硫磷对大白鼠的急性口投LD50为501～584 mg/kg，属低毒。

杀螟硫磷也是一种有机磷杀虫剂，具有触杀和胃毒作用。杀虫松的药效优于马拉硫磷，杀虫松防治玉米象的药效是防虫磷的两倍以上。杀虫松对其他储粮害虫的击倒力也比防虫磷高。杀虫松对谷象、锯谷盗、锈赤扁谷盗的防治效果最好；对米象和赤拟谷盗的效果较好；而对谷蠹的效果较差。

杀螟硫磷在储粮中的降解也比较快，但比马拉硫磷稍稳定。我国将杀螟硫磷在原粮上的残留标准定为5 mg/kg。

(3)甲基嘧啶磷。甲基嘧啶磷又称甲基嘧啶硫磷、甲嘧硫磷，俗称虫螨磷。甲基嘧啶磷的化学名称为O-2，二乙氨基-6-甲基嘧啶-4-基-O，O-二甲基硫代磷酸酯。甲基嘧啶磷对大白鼠的急性口投LD50为2 050 mg/kg，属低毒。

甲基嘧啶磷是一种有机磷杀虫剂，具有触杀、胃毒和一定的熏蒸作用，是一种广谱性杀虫剂。甲基嘧啶磷对甲虫和蛾类都有较好的防治效果，对螨类的防治效果更好，故名“虫螨磷”。甲基嘧啶磷用于防治谷象和锈赤扁谷盗的最低使用剂量与杀虫松一样，但用于防治其他储粮害虫的最低剂量比杀螟硫磷低。所以，甲基嘧啶磷的杀虫效果明显优于马拉硫磷和杀螟硫磷。

甲基嘧啶磷国产主要剂型为55%乳油和2%粉剂。储粮水分的高低对甲基嘧啶磷的药效有一定的影响，其影响规律也与其他有机磷一样，储粮水分增高时其降解速度较快，但与防虫磷相比影响较小。环境温度对甲基嘧啶磷的稳定性影响较小。我国将甲基嘧啶磷在原粮上的残留标准定为5 mg/kg。

(4)溴氰菊酯。溴氰菊酯的化学名称是(S)-α-氰基-3-苯氧基苄基-(1R，3R)-3-(2，2-二溴乙烯基)2，2-二甲基环丙烷羧酸酯。作为储粮防护剂的溴氰菊酯剂型为凯安保，有效杀虫成分是溴氰菊酯，凯安保乳油的主要成分及含量是溴氰菊酯2.5%、氧化胡椒基丁醚(增效醚)25%，其余为乳化剂和溶剂。纯品溴氰菊酯对雌雄大白鼠的急性口投LD50分别为138.7 mg/kg和128.5 mg/kg，属于中等毒性。溴氰菊酯对眼睛和皮肤等有轻微至中度刺激作用。

溴氰菊酯属于拟除虫菊酯类杀虫剂。溴氰菊酯加入一定量的增效醚对害虫的防治具有明显的增效作用。溴氰菊酯对谷蠹的防治有特效，试验表明，保持 8～12 个月无虫水平所需要的用药量谷蠹只需要 0.1 mg/kg 的剂量，但玉米象需要用 1 mg/kg 的剂量，米象、赤拟谷盗、谷斑皮蠹需要 0.9 mg/kg 的剂量，杂拟谷盗成虫需要 1.5 mg/kg 的剂量。

溴氰菊酯在储粮中较为稳定，分解较慢。我国将凯安保在原粮上的残留标准定为溴氰菊酯 0.5 mg/kg，增效醚 10 mg/kg。

(5)惰性粉。最常用的惰性粉防护剂是硅藻土。硅藻土是新生代生活的藻类植物沉积的化石，其主要成分是无定型的二氧化硅。硅藻土由于化学性质稳定，在储粮中不会分解。通常作为储粮防护剂使用。硅藻土是食品级的，对人无毒。

硅藻土对害虫的致死机理，一般认为是黏附在害虫表皮上的硅藻土可吸收害虫上表皮层的类脂，或靠粉粒的摩擦损伤表皮，导致害虫表皮的保水结构遭到破坏，害虫失水死亡。

硅藻土对常见储粮害虫(如锈赤扁谷盗、赤拟谷盗、烟草甲、药材甲、谷蠹、锯谷盗、玉米象、米象等种类)都有一定的触杀作用。通过近年来国内使用硅藻土的试验结果来看，对书虱的防治效果不太理想。

硅藻土既能够用于储粮防护剂，也能用于空仓杀虫、仓储器材和设施的杀虫。惰性粉尤其是硅藻土添加到谷物中，不会改变储粮的水分。而且，硅藻土也可以配合通风、熏蒸使用。

硅藻土也存在一些缺陷。其主要包括以下几项：

①降低储粮的散落性；

②降低储粮的堆积密度；

③产生粉状环境；

④粮粒表面粘有惰性粉颗粒；

⑤在加工厂清理时，对除尘设施产生不利影响，会在厂区产生粉尘环境。

(6)防护剂的其他剂型。目前国内使用的防护剂混配剂型主要是保粮磷。保粮磷是 1.01% 保粮磷微胶囊粉剂，其中杀虫松 1%、溴氰菊酯 0.01%。杀虫松和溴氰菊酯经微胶囊化处理后与填充剂混合而成，制成微胶囊粉剂，除具有杀虫松与溴氰菊酯两种杀虫谱外，还能延长残效期。保粮磷是粉剂，除国库使用外，还方便用于农户储粮。

2. 储粮防护剂的使用

视频：储粮防护剂的施药方法

(1)储粮防护剂的用药剂量与安全间隔期。

①储粮防护剂的用药剂量是指单位质量储粮所用防护剂有效成分的量。例如，马拉硫磷的用药剂量为 10～20 mg/kg，即每千克储粮用马拉硫磷有效成分为 10～20 mg，折算成 70%的乳油用量为 14.3～28.6 mg。

②安全间隔期：是指防护剂最后一次使用后至其在储粮中的残留量降至卫生标准要求的最大限量以下所经历的时间。由于防护剂的挥发性很低，靠通风等方式是无法快速清除的，只有等待其自身在储粮上逐渐降解。防护剂的用量大多都高于国家卫生标准限定的含量，因此，防护剂使用后必须经过一定的时间等待其慢慢分解，在储粮中的含量降至国家残留标准以下后，这批储粮才可出仓使用。

使用粉剂或载体法药剂时，由于防护剂原药与储粮接触少，在储粮上的残留很少，可以不考虑安全间隔期问题。

粮油储藏上常用的防护剂的推荐用药剂量、残留标准及安全间隔期等见表 4-13。

表 4-13 常用防护剂用药剂量、残留标准及安全间隔期

药剂名称	中文通用名	有效成分含量及常用剂型	粮堆应用剂量/(mg·kg⁻¹)	残留标准/(mg·kg⁻¹)	安全间隔期
防虫磷	马拉硫磷	70%乳油	10～20，最高 30	8	用药量 10～15 mg/kg，≥3 个月；用药量 15～20 mg/kg，≥8 个月；用药量 20～30 mg/kg，≥10 个月
杀虫松	杀螟硫磷	65%乳油	5～15，最高 20	5	用药量 10 mg/kg 以下，≥8 个月；用药量 10～15 mg/kg，≥15 个月；用药量 15～20 mg/kg，≥18 个月
甲基嘧啶磷	甲基嘧啶磷	55%乳油	5～10，最高 15	5	用药量 8 mg/kg 以下，≥8 个月；用药量 10～15 mg/kg，≥12 个月
凯安保	溴氰菊酯＋增效醚	溴氰菊酯 2.5%乳油	0.4～0.75，最高 1	溴氰菊酯 0.5；增效醚 10	用药量 0.75 mg/kg 以下，≥4 个月；用药量 0.75～1 mg/kg，≥10 个月
保粮磷	杀螟硫磷＋溴氰菊酯	杀虫松 1%＋溴氰菊酯 0.01%的微胶囊型粉剂	粉剂：原粮＝1∶2 500	参见杀螟硫磷、凯安保	—
惰性粉杀虫剂	硅藻土	符合食品添加剂标准	100～500	—	—

(2)储粮防护剂的使用条件。

①所有储粮防护剂只能用于原粮，不得在成品粮中使用。

②储粮防护剂适用于需要长期储存的安全水分粮。由于防护剂有安全间隔期问题，所以短期存放的储粮不宜使用储粮防护剂，同时必须是安全水分粮。

③使用储粮防护剂的储粮应属于基本无虫粮。储粮防护剂的主要作用是预防外部害虫感染储粮和抑制粮堆内的害虫发展。所以，当粮堆中害虫大量发生时使用储粮防护剂效果不佳。

④储粮防护剂适用于不具备熏蒸条件的储粮。如长途运输的储粮、不具备熏蒸条件仓房存放的储粮，可在基本无虫时使用储粮防护剂。

⑤储粮防护剂适用于熏蒸后，防止再次感染害虫的粮油。熏蒸结合防护剂可有效延长熏蒸后的无虫期。

⑥储粮防护剂除可用于储粮外，也可用作空仓、器材杀虫或打防虫线。

各种防护剂推荐剂量的选用原则是南方地区选高限，北方地区选低限；长期储藏的储粮选高限，短期储藏的储粮选低限；储粮水分较高的选高限；水分较低的选低限；储粮条件差的(如农户)选高限，储粮条件好的选低限。

(3)储粮防护剂的使用方法。

①机械喷雾整仓拌合法。具有机械化入仓装置的仓房，防护剂乳油加水稀释后采用专用的电动喷雾机喷雾。喷雾机也可安装在输送机上，储粮边入仓边喷施药液，喷施药量应与储粮流量相匹配。喷药量控制在加水稀释后药液总量不超过储粮质量的 0.1%。喷头设在背风处，贴近粮流，尽量减少药液的损失。

②超低容量喷雾粮面拌和法。超低容量喷雾法是使用专门的超低容量喷雾器，喷出的雾滴细小，有利于均匀分布。所喷防护剂的乳油不加水或少加水，有利于储粮的稳定。

③载体法。载体法将计算好的药液均匀喷洒在合适的载体上，再将载体拌入粮堆。常用方法是砻糠载体法。选用干燥、洁净的砻糠，按储粮质量0.1%的比例，用超低容量喷雾器将总药量(乳油可不加水)均匀地喷洒到砻糠上，阴干后备用。使用时，将药糠与储粮均匀拌和。载体法可以整仓拌和施药，也可以粮堆表层施药。粮油加工前，需清除药糠。

④粉剂拌和法。粉剂拌粮法是用药液加粉状填充料，可配制成不同含量的粉剂。储粮可在晒场上拌药，也可边入库边拌药。仓内表层拌和可采用喷粉机在粮面喷药，待粉剂全部降落到粮面后再拌和。

⑤包装粮的施药方法。将稀释后的药液喷布在包装堆垛表面。如正在堆垛时，可每堆一层粮包，喷一层药；堆垛完成后，再在粮垛的四周及顶部喷一次药。必要时隔一段时间再喷一次。

子任务一　储粮防护剂防治害虫认知

工作任务

储粮防护剂防治害虫认知工作任务单

分小组完成以下任务： 1. 查阅化学防治的特点、储粮害虫对杀虫剂的敏感性、储粮防护剂及应用相关内容。 2. 填写查询报告。

任务实施

查询资料→小组讨论→小组汇报→教师点评→总结提升→填写报告。

1. 查询资料

(1)化学防治的定义。

(2)储粮害虫对杀虫剂的敏感性。

(3)储粮防护剂的特点及应用。

2. 小组讨论

(1)不同虫种、不同虫态和生理状况对药剂的敏感性差异。

(2)常见的储粮防护剂类型及应用特点。

(3)常见储粮防护剂的使用条件及方法。

3. 小组汇报

小组就讨论结果进行汇报，形式自定。

4. 教师点评

教师根据每个小组的汇报情况进行点评。

5. 总结提升

汇总每个小组的结论，总结常见储粮防护剂类型、特点及应用。

6. 填写报告

将结果填入表 4-14 中。

表 4-14　储粮防护剂防治害虫相关知识

阐述不同虫种、虫态、生理状况对同一药剂的敏感性差异	
列举常见的储粮防护剂类型	
阐述常见储粮防护剂的使用条件及方法	

任务评价

按照表 4-15 评价学生工作任务完成情况。

表 4-15　任务考核评价指标

序号	工作任务	评价指标	分值比例	得分
1	查询资料	(1)能够准确查询资料； (2)对资料内容分析整理	20%	
2	小组讨论	根据要求将查询内容进行分类，归纳总结	20%	
3	小组汇报	(1)小组合作完成； (2)汇报时表述清晰，语言流畅； (3)正确把握不同虫种、虫态和生理状况对同一药剂的敏感性差； (4)列举常见的储粮防护剂类型； (5)常见储粮防护剂的使用条件及方法	30%	
4	点评修改	根据教师点评意见进行合理修改	10%	
5	总结提升	总结本组的结论，能够灵活运用	10%	
6	综合素养	(1)会查阅资料并能分析出有效信息，具有信息处理能力； (2)小组分工合作，责任心强，能够完成自己的任务	10%	
合计			100%	

子任务二　海绵防虫线的制作与布置

工作任务

海绵防虫线的制作和布置，包括药剂的选择、配制 500 mL 药液、海绵条的制作与布置、药剂喷洒等。

任务实施

1. 任务分析

海绵防虫线制作需要明确以下问题：

(1)用于制作海绵防虫线的储粮防护剂的用药剂量选择。

(2)海绵防虫线制作的具体步骤。

2. 器材准备

器材准备见表 4-16。

表 4-16 器材准备

序号	名称	规格	数量	备注
1	仓房	廒间	1 间	可用模拟仓门替代
2	喷雾器或喷壶		1 台	
3	储粮防护剂、敌敌畏	乳剂	1 kg	可用水替代，药瓶外贴药剂名称标签
4	海绵	厚度 10～30 mm	2 条	长度 2 m 以上/条
5	量筒	50 mL/500 mL	各 1 个	或带刻度的容器
6	尺子	测量长度大于 3 m	1 把	
7	剪刀		1 把	
8	胶粘剂		适量	
9	防毒口罩		1 个	
10	乳胶手套		1 双	
11	肥皂、洗脸盆		适量	
12	用于海绵防虫线的储粮防护剂的用药剂量表		1 张	

3. 操作步骤

(1)裁制海绵条。取厚度为 10～30 mm 的海绵在桌面上铺平。按各交合缝所需宽度划成线，然后用刀片切割成宽度为 100～200 mm 的条状备用。

(2)在仓房门窗等处粘放海绵条。测量需布置防虫线位置的长度。粘放时，先将胶粘剂刷在交合缝的任一面上。随即贴上海绵条，边贴边稍稍用力拉一拉，使其保持笔直。

(3)向海绵条上喷杀虫剂。选择杀虫剂，确定用药量。稀释药剂后，采用喷雾器或喷壶将杀虫剂喷洒到海绵上。

(4)海绵防虫线日常管理。海绵防虫线的有效期为半个月到 1 个月，在需要防虫线的季节，每半个月到 1 个月应再在表面喷洒 1 次药液，以巩固药效。海绵老化时应及时更换。

注意事项如下。

(1)稀释药剂喷施到海绵上，以吸附后不流出液体为宜。

(2)用作防虫线的杀虫剂应选择防护剂或其他挥发性较低的药剂，敌敌畏等熏蒸剂不宜作为防虫线药剂使用。

(3)操作过程中穿戴工作服，正确佩戴防护用具。

(4)所有操作结束后要洗净手、脸。

任务评价

任务评价见表 4-17。

表 4-17　海绵防虫线的制作与布置评价表

班级：　　　　　姓名：　　　　　学号：　　　　　成绩：

<table>
<tr><td colspan="2">试题名称</td><td colspan="3">海绵防虫线的制作与布置</td><td colspan="2">考核时间：20 min</td></tr>
<tr><td>序号</td><td>考核内容</td><td>考核要点</td><td>配分</td><td>评分标准</td><td>扣分</td><td>得分</td></tr>
<tr><td rowspan="2">1</td><td rowspan="2">准备工作</td><td>穿戴工作服</td><td>3</td><td>未穿戴整齐扣 3 分</td><td></td><td></td></tr>
<tr><td>穿戴防护用品</td><td>10</td><td>防毒口罩佩戴不正确扣 5 分
乳胶手套佩戴不正确扣 5 分</td><td></td><td></td></tr>
<tr><td>2</td><td>操作前提</td><td>药剂选择</td><td>12</td><td>药剂选择错误扣 12 分</td><td></td><td></td></tr>
<tr><td rowspan="6">3</td><td rowspan="6">操作过程</td><td>裁剪海绵条</td><td>10</td><td>未裁剪海绵条扣 10 分
海绵条制作尺寸不符合要求扣 5 分</td><td></td><td></td></tr>
<tr><td>测量布置防虫线位置的长度</td><td>10</td><td>未测量防虫线位置的长度扣 10 分</td><td></td><td></td></tr>
<tr><td>粘贴海绵条</td><td>10</td><td>海绵条未粘贴在仓门口扣 10 分</td><td></td><td></td></tr>
<tr><td>稀释药剂</td><td>10</td><td>药剂未稀释扣 10 分；
药剂稀释比例不正确扣 5 分</td><td></td><td></td></tr>
<tr><td rowspan="2">喷洒药剂</td><td rowspan="2">20</td><td>未用喷雾器喷洒药剂扣 10 分</td><td></td><td></td></tr>
<tr><td>海绵条喷药太多或太少扣 10 分</td><td></td><td></td></tr>
<tr><td rowspan="2">4</td><td rowspan="2">操作结果</td><td rowspan="2">防虫线布置结果</td><td rowspan="2">10</td><td>防虫线布置不平直扣 5 分</td><td></td><td></td></tr>
<tr><td>药剂喷洒不均匀扣 5 分</td><td></td><td></td></tr>
<tr><td rowspan="2">5</td><td rowspan="2">使用工具</td><td>熟练规范使用工具</td><td>2</td><td>工具使用不熟练扣 2 分</td><td></td><td></td></tr>
<tr><td>工具使用维护</td><td>3</td><td>操作结束后工具未归位扣 3 分</td><td></td><td></td></tr>
<tr><td colspan="3">合计</td><td>100</td><td>总得分</td><td colspan="2"></td></tr>
</table>

巩固与练习

1. 储粮防护剂可于原粮拌和使用，或作为空仓、器材杀虫、打防虫线等，但不得用于（　　）。

A. 散装粮　　　　B. 包装粮

C. 原粮　　　　D. 成品粮

2. 关于储粮防护剂和空仓杀虫剂的叙述，下列错误的是(　　)。

A. 储粮防护剂是一类持效期较长，通过触杀、胃毒、忌避等方式防治储粮有害生物的高效低毒的化学药剂

B. 储粮防护剂可于原粮拌和使用，或作为空仓、器材杀虫、打防虫线等，也可用于成品粮

C. 国家允许用于储粮的所有熏蒸剂和防护剂都可作为空仓杀虫剂使用

D. 由于空仓处理不接触储粮，所以其他一些杀虫剂如敌百虫、辛硫磷等也可作为空仓杀虫剂使用

3. 马拉硫磷作为储粮防护剂，用药量为15～20 mg/kg，安全间隔期应≥(　　)个月。

A. 4　　B. 6

C. 8　　D. 10

4. 溴氰菊酯+增效醚作为储粮防护剂，用药量在0.75 mg/kg以下，安全间隔期应≥(　　)个月。

A. 1　　B. 2

C. 3　　D. 4

任务五　储粮熏蒸剂防治害虫

情境描述

熏蒸是储粮保管工作中的一项杀虫工作，当储粮的害虫感染达到一定程度时，在密封条件下，在粮堆中投埋一定量的磷化物，使其与储粮中的水分产生化学反应，释放磷化氢剧毒气体，达到杀死储粮堆中各种害虫与虫卵的目的。

学习目标

知识目标

1. 掌握磷化铝的剂型。
2. 了解磷化铝熏蒸工作原理。
3. 掌握影响磷化氢药效的因素。

能力目标

1. 能够正确选择磷化铝常规熏蒸的用药量。
2. 能够进行磷化铝常规熏蒸作业。
3. 能够正确检查磷化氢熏蒸效果。
4. 能够制订磷化铝常规熏蒸方案。

素质目标

1. 具有环保意识。
2. 具有工匠精神。

任务分解

子任务一	储粮熏蒸剂防治害虫认知
子任务二	正压式空气呼吸器的安全使用
子任务三	磷化铝常规熏蒸作业
子任务四	检查磷化氢熏蒸效果——预设虫笼检查法
子任务五	制订磷化铝常规熏蒸方案

任务计划

通过查阅资料、小提示等获取知识的途径，获取使用储粮熏蒸剂防治害虫的方法。

任务资讯

知识点一　磷化铝药剂

视频：储粮熏蒸剂磷化铝及应用

磷化铝的分子式为 AlP，分子量为 58，是由赤磷与铝粉在高温下合成的。磷化铝原粉是一种浅灰绿色粉末，暴露在空气中能吸收空气中的水蒸气，或与水反应分解产生磷化氢气体，其化学反应式如下：

$$AlP+3H_2O \rightarrow Al(OH)_3+PH_8\uparrow$$

磷化铝的剂型主要有粉剂、片剂、丸剂、缓释剂。

1. 粉剂

商品粉剂其实就是磷化铝原粉，磷化铝含量为 85%～90%，其余杂质含量为 10%～15%。有的还含有氨基甲酸铵。氨基甲酸铵有极强的吸湿分解能力，在空气中分解生成二氧化碳和氨气，对产品有稳定作用，可以减缓磷化铝的反应速度，并能防止磷化氢燃爆。

2. 片剂

片剂是把磷化铝原粉加进助剂压制而成，一般直径为 20 mm、厚度为 5 mm 的圆形片。片剂中磷化铝的含量为 56%～57%，杂质(氧化铝等)为 8.5%～9.5%。助剂有氨基甲酸铵 28%、石蜡 4%、硬脂酸镁 2.5%三种。氨基甲酸铵的作用同在粉剂中一样；石蜡和硬脂酸镁是胶粘剂，便于压片成型。片剂每片质量约为 3 g，即含磷化铝 1.68 g，完全反应可释放磷化氢约 1 g。

3. 丸剂

丸剂的组成成分同片剂，只是每丸质量为 0.6 g。

4. 缓释剂

缓释剂的种类可分为薄膜缓释剂、铝箔袋缓释剂、延时释放缓释剂和蜡丸缓释剂等。

常见的薄膜缓释剂是将磷化铝片剂装入用聚乙烯薄膜制成的包装袋中，利用聚乙烯薄膜对磷化氢气体和水汽的阻隔与通透性控制磷化铝的分解速度，使磷化氢气体缓慢释放出来。可以根据储粮水分、空气相对湿度、环境温度等情况选择所用聚乙烯薄膜的厚度和产品种类，以使密闭环境中的磷化氢浓度在所要求的时间内保持有效。

知识点二　磷化铝熏蒸工作原理

磷化氢是目前世界上防治仓库害虫的一种高效熏蒸剂。所谓熏蒸剂，是指以气体状态经害虫的呼吸系统进入虫体发挥药效的杀虫剂。磷化氢被称为当代“王牌”熏蒸剂，也是我国储粮仓房目前常用的主要杀虫剂之一。磷化氢是由磷化铝、磷化钙或磷化锌经过不同的化学反应途径产生的。磷化铝和磷化钙吸收空气中的水蒸气产生磷化氢，而磷化锌与酸或碱溶液反应产生磷化氢。由于磷化铝产生磷化氢的方法具有施药安全简便，杀虫广谱药效高，残留量极低，用药量少，生产成本低，所以，在我国的使用范围最广。

常规熏蒸杀虫是使用最普遍的熏蒸方法，即使用选用的熏蒸药剂，按规定的施药剂量，在已经密封好的储粮设施内，进行投药操作。投药完毕，磷化铝吸收空气中的水分自然潮解，释放出磷化氢气体，按要求密闭熏蒸一定的时间。当害虫彻底杀灭后，进行通风散气。

磷化氢以气体状态经害虫呼吸系统进入虫体后，与虫体内细胞色素C氧化酶反应，抑制细胞色素C氧化酶的活性，导致呼吸链中断，使生物氧化过程不能正常进行，从而使虫体死亡。磷化氢还可以抑制虫体细胞内过氧化氢酶的活性，使细胞内过氧化物积累，导致害虫死亡。

知识点三　磷化铝常规熏蒸的用药量

视频：磷化铝常规熏蒸的施药技术

单位体积的储粮所用磷化铝药剂的量称为用药剂量或单位用药量，通常用“g/m^3”表示。常规熏蒸的用药剂量可参照表4-18。

表4-18　磷化物熏蒸用药量与密闭、放气时间

药剂名称	有效成分含量/%	常规用药剂量/($g \cdot m^{-3}$)			施药后密闭时间/d	最少散气时间/d
		空间	粮堆	加工厂器材		
磷化铝（片剂、丸剂）	56	3～6	6～9	3～6	≥14	1～10
磷化铝（粉剂）	85～90	2～4	4～6	3～5	≥14	1～10

常规熏蒸的总用药量可用下列公式计算：

$$总用药量(g)=空间体积(m^3)\times空间用药剂量(g/m^3)+粮堆体积(m^3)\times粮堆用药剂量(g/m^3)$$

磷化铝可以熏蒸除粉类以外的各种原粮和成品粮，但熏蒸种子粮时水分不得超过以下标准：粳稻14%，大麦、玉米13.5%，大豆13%，籼稻、小麦、高粱、荞麦、绿豆12.5%，棉籽11%，花生仁9%，油菜籽8%，芝麻7.5%。磷化铝也可熏蒸器材、空仓和加工厂。

知识点四　磷化氢药效的影响因素

一般来说，磷化氢熏蒸效果的好坏，与粮堆的孔隙度、仓房的密闭程度、密闭时间、储粮水分、储粮温度、湿度及虫种、虫期、害虫抗药性等都有关。

视频：影响磷化氢药效的因素

1. 粮堆孔隙度

粮堆孔隙度的存在决定了粮堆气体交换的可能性。进行药剂熏蒸和化学保管时，孔隙度大，药剂就易于渗透，熏蒸杀虫的效果就好；孔隙度小，毒气渗透困难，有时就会影响熏蒸杀虫的效果。

2. 密闭程度

密闭是熏蒸杀虫的必要条件。因为在熏蒸期间，毒气分子扩散运动的结果总要占据最大的空间，如果仓房密闭不严，存在微小缝隙，毒气分子就能通过这些缝隙外逸，使仓内毒气浓度降低，影响杀虫效果。实际上，目前大多数的仓房密闭性能达不到要求，墙体、门窗、仓顶存在漏气现象。在风力作用下，仓房迎风面和背风面存在着气压差，使毒气从背风面向外渗漏，风力越大，密闭性能越差，渗漏越严重。风力的影响是造成毒气损失和导致熏蒸失败的主要原因之一。因此，提高仓房或粮堆的密闭性能，避免在大风天气熏蒸，有利于保持毒气有的效浓度，提高熏蒸杀虫效果。

粮堆内的微气流也影响着熏蒸的效果。合理熏蒸应将投药点设在粮堆气流的起始部位，以便在粮堆内形成最长的载毒气流路线和最大的毒气分布面，避免熏蒸粮堆中的毒气空白点。如热核心粮熏蒸时，投药点应设在包装粮堆下部四周或散装粮中、上层四周；而冷核粮心则应从粮堆上部中间投药，使毒气在气流的运载下，向整个粮堆均匀地扩散和渗透。在熏蒸杀虫时，还应尽量避免动力对流造成的有害影响，如尽量提高熏蒸环境的密闭性。对于密闭性能差的仓房，遇到大风天气则不宜熏蒸，应选择在无风天气进行。

熏蒸施药后，密闭环境中毒气浓度的变化可分为三个阶段，如图 4-1 所示。第一阶段为产生毒气阶段(即气体浓度发生阶段)，一般在投药后的几分钟到几小时以至数天；第二阶段为毒气衰减阶段(即浓度衰减阶段)，一般为几小时或数天以至数十天；第三阶段为放气阶段(即散气阶段)，一般为几小时或数天。各阶段持续时间的长短主要取决于熏蒸剂的种类、仓房密闭程度及施药方法等。

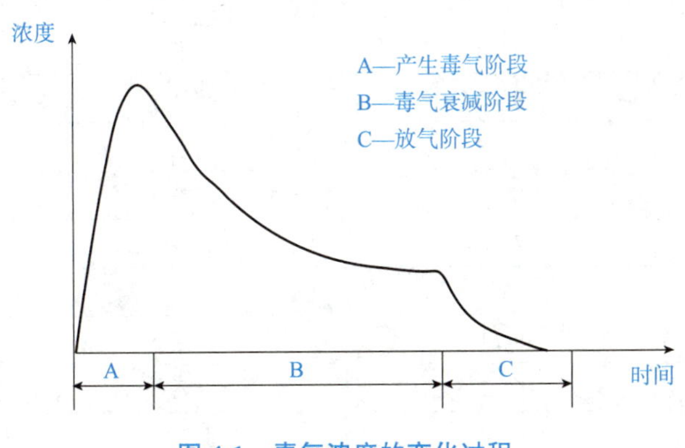

图 4-1　毒气浓度的变化过程

3. 密闭时间

熏蒸杀虫效果与密闭时间有着密切的关系，而密闭时间的长短又与毒气浓度的高低有关。在一定的浓度范围内，杀死某种害虫所需的密闭时间与毒气浓度之间成反比关系，两者的乘积是一个常数。这个常数称为 CT 积，即 $CT=K$，其中 C 为熏蒸剂浓度，T 为密闭时间，K 为常数。

磷化氢并不完全符合 CT 积规律，而是符合 $CnT=K$ 的规律，其中 n 为毒力指数。通常 $\leqslant 1$，随着浓度 C 的升高，n 值减小。也就是说单纯提高浓度并不能增加 CT 值，所以磷化氢熏蒸应达到适当的浓度，维持较长的时间。即磷化氢熏蒸杀虫时延长浓度保持的时间比提高浓度更重要。

4. 储粮对磷化氢的吸附性

储粮对磷化氢的吸附可分为物理吸附和化学吸附。物理吸附是指磷化氢气体分子吸附在粮粒表面，通常可以通过通风散气去除；化学吸附是磷化氢与储粮发生的化学反应而产生的吸附，化学吸附不能通过通风散气去除。但磷化氢在储粮中形成的化学残留为低氧磷酸盐，对人体无害。所以，一般认为磷化氢是一种基本无残毒的熏蒸剂。

无论是物理吸附还是化学吸附，都会减少粮堆空隙间磷化氢的浓度，从而影响熏蒸杀虫效果。

(1)温度对吸附性的影响。温度与物理吸附成反比，在环境温度较低时，储粮对磷化氢分子的吸附量增大，分布到粮堆内的毒气浓度就降低，熏蒸效果也就较差；反之，环境温度高，熏蒸效果则较好。故在温度较低时，应适当增大用药剂量。

(2)储粮含水量对吸附性的影响。对储粮而言，储粮对毒气的吸附还与粮种及其含水量的高低有关。储粮的含水量越大，对毒气的吸附率也就越大。而且高水分粮对毒气吸附后还不易解吸，甚至一些水溶性熏蒸剂还能渗入粮粒造成药害。因此，在熏蒸时，应注意不同粮种的含水量对吸附性的影响。

(3)储粮种类对吸附性的影响。储粮的种类不同，其形状大小、表面状态、内部结构也不同，对毒气的吸附能力差异很大。例如，在一定条件下，稻谷吸附磷化氢的数量比小麦大1 倍，见表 4-19。因此，在储粮熏蒸时，应充分考虑不同粮种的吸附性，选择适当的用药量，确保粮堆内有足够的毒气浓度。

表 4-19　各种储粮对磷化氢的吸附量

储粮种类	磷化氢的吸附量/%	储粮种类	磷化氢的吸附量/%
高粱	89.0	小米	33.8
花生	85.1	豌豆	31.2
籼稻	82.8	大米	28.2
芸豆	80.7	面粉	28.6
糯稻	79.3	油菜籽	25.8
芝麻	68.4	红豆	19.2
谷子	65.1	黄豆	13.8
玉米	50.1	绿豆	12.1
小麦	41.4	蚕豆	11.0

（4）储粮杂质对吸附性的影响。储粮中的杂质含量大时，不仅会阻碍毒气在粮堆中的扩散和穿透，而且会增大粮堆对磷化氢的额外吸附。尤其是尘土杂质对毒气的吸附量也很大。据试验，储粮杂质含量超过6%，磷化氢熏蒸米象的死亡率明显下降，这是粮堆内杂质集中区害虫难以彻底杀死的主要原因。

（5）储粮堆高对吸附性的影响。储粮粮堆过高时，在粮堆表面施药后，毒气首先被上层储粮所吸附，粮堆下层的浓度较低，影响杀虫效果。因此，采用探管施药或埋藏施药有助于增大粮堆下层的毒气浓度，在相同条件下，还能增大熏蒸的CT积，提高杀虫效果。

（6）此外，有些熏蒸剂与储粮之间易发生化学反应，从而形成化学吸附，这种吸附类型虽然对有效浓度影响不大，但易造成持久残留，使储粮受到污染。

5. 温度和湿度

（1）在环境各因子中，温度是影响药效的最重要因素。一般来说，温度高有利于提高熏蒸杀虫效果。因为环境温度较高时，一方面能改善熏蒸剂的理化性质，也能减少储粮对毒气分子的物理吸附量；另一方面还可以加速害虫的生理代谢活动，增大害虫的呼吸率，使其吸入的毒气增多，达到致死剂量。

（2）湿度对熏蒸杀虫效果的影响有两个方面，一方面，在相对湿度较大时，害虫的生长、发育等生理活动旺盛，呼吸率较高，吸入毒气量增加，中毒死亡的速度较快，这对发挥药效是有利的；另一方面，当相对湿度较大时毒气易被储藏物品吸附，影响毒气的扩散和渗透，从而降低药效，同时，相对湿度大，还容易促使一些药剂分解，甚至造成药害。如磷化铝在高湿下快速分解产生自燃等。因此，在熏蒸杀虫时，应根据各种药剂的性能全面考虑，一般情况下，对高水分储粮、阴雨天及相对湿度较大时，不宜进行熏蒸杀虫。

6. 害虫种类及发育状况

在储粮害虫防治中，往往因为害虫的虫种、虫态和生理状况的差异，导致在同样的条件下防治效果出现不一致。因此，了解害虫对药剂的反应，对于正确选用杀虫剂，确定使用剂量及掌握防治时机是十分必要的。

（1）害虫的种类与药效的关系。储粮害虫的种类较多，但由于它们的形态特征、生活习性、生理机能、接受药剂的方式和程度等方面各不相同，对药剂的反应也大不相同。一般情况下，玉米象对磷化氢较为敏感，而赤拟谷盗、谷蠹、锈赤扁谷盗等则耐受力较强。

（2）不同的虫期与药效的关系。同一种害虫在不同的发育阶段，由于具有不同的生命活动特征，对杀虫剂的忍耐力也有很大差别。一般卵的耐药力最强，其次是蛹，幼虫和成虫的耐药力较差，如图4-2所示。害虫的不同虫态对杀虫剂耐药力的这种差异对于熏蒸剂来说，主要表现在不同发育阶段的呼吸率的大小上。

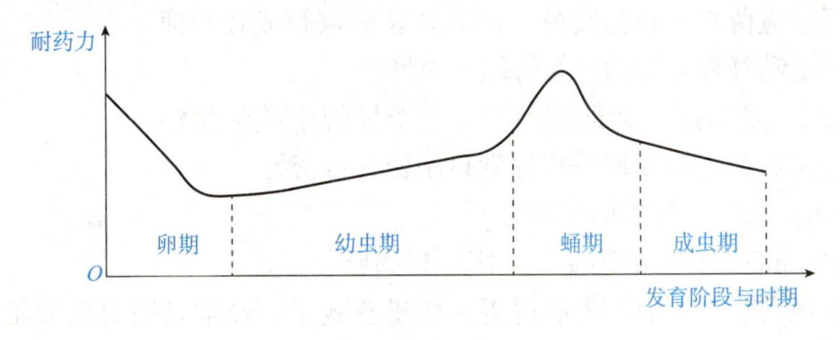

图4-2　不同虫态的耐药力

在储粮害虫防治中，施药剂量应以能够杀死耐药力最强的虫种、虫期为准，也可以针对耐药力较弱的虫期和虫龄，选择适当时机或施药方法开展防治。

知识点五　其他粮面施药方式

1. 埋藏施药

埋藏施药采用透气的小棉布袋作为施药袋盛放磷化铝，主要用于粮堆高度较高的储粮熏蒸。

(1)确定粮堆埋藏施药点。方法同粮面施药。

(2)磷化铝装入布袋。在仓房外分药装小布袋。选晴朗干燥的天气，装药人员站在上风方向，佩戴防护器具和乳胶手套，将磷化铝片剂和粉剂装入小布袋。每袋装入的片剂或丸剂不超过 30 g，粉剂不超过 20 g。施药袋要捆扎完好以防止药剂抛撒污染粮面，并有小绳连接以便清理。

(3)小布袋埋藏施药。埋藏施药采用透气的棉布袋作为施药袋来盛放磷化铝，每点片剂或丸剂不超过 30 g，粉剂不超过 20 g。施药袋要扎牢，以防止药剂抛撒到粮面中，并设小绳连接以便清理。熏蒸散装粮时，根据事先选定的施药点，可用钩杆将施药袋埋入粮面表层内，施药袋埋入粮堆的深度为 500～800 mm，以利于磷化氢气体向粮堆中运动。药袋埋入时袋口绳头应露出粮面，以便熏蒸后取出药袋。

(4)施药后人员撤出。要求同粮面施药。

(5)设立安全隔离线和警示标志。要求同粮面施药。

2. 探管施药

在磷化铝熏蒸中使用探管可以提高磷化氢的钻透和扩散范围及速度，提高磷化氢利用率。探管施药法主要用于靠磷化氢自然扩散难以穿透的粮堆熏蒸。探管施药法可以与粮面施药法结合，同时使用。施药使用的探管是侧壁开有小孔、底部可盛装磷化铝药剂的塑料管或金属管，如图 4-3 所示。

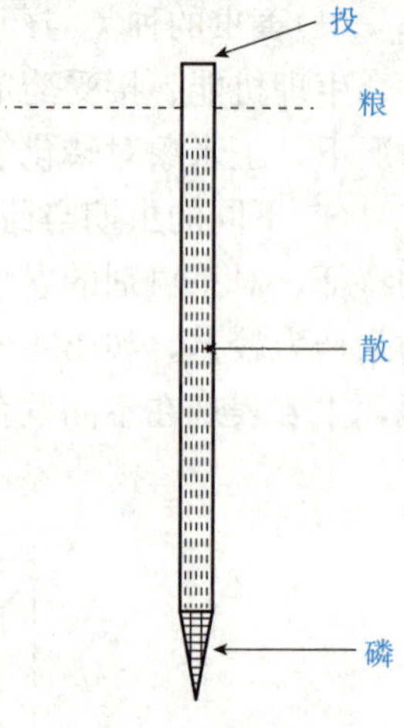

(1)探管埋入点的确定。施药探管的间距可等同粮堆高度，以此在粮堆表面确定探管埋入点。根据仓房实际情况，在熏蒸中可能存在的死角处增设探管埋入点。

(2)探管埋入。在设定的埋入点，操作人员可以用力将探管插入粮堆，将探管的装药口留在粮面以上 50～100 mm，插入膜下粮堆的探管开口应留在密封薄膜外。插入较长的探管或较难插入粮堆时，可用电动扦样器辅助将探管埋入粮堆。

(3)探管施药。采用探管辅助施药时，每个探管中的磷化铝片剂或丸剂量不超过 25 g，投放后将探管口用密封盖密封。

(4)施药后人员撤出。要求同粮面施药。

(5)设置安全隔离线和警示标志。要求同粮面施药。

投

粮

散

磷

图 4-3　探管施药示意

在实际的常规熏蒸作业中，为取得更好的熏蒸效果，经常是同时采取粮面施药和粮堆内施药结合的方法。选用小布袋埋藏施药时就不选用探管施药；反之，选用探管施药就不

选用小布袋埋藏施药。因此，施药前需要计算好粮面、小布袋或探管施药所需的用药量，一般是将 2/3 的药量施于粮面，1/3 的药量通过小布袋或探管施药埋入粮堆。

3. 缓释施药

通常采用 0.04～0.08 mm 厚度的聚乙烯塑料薄膜袋分装磷化铝片剂或丸剂，每袋装磷化铝 18～20 g，然后将药袋埋入粮堆，埋入深度为 0.2～0.3 m。施药点距离为散装粮间隔 1.5～2.5 m，包装粮间距为 4～5 m。

所选用聚乙烯薄膜的厚度可根据粮面的水分和储粮的保管时期等而定。粮面水分高或保管时间长时应选厚一些的薄膜，粮面水分低或保管时间短时可用薄一些的薄膜，如稻谷水分 13.5%以上时用厚度 0.06～0.08 mm 的薄膜；水分在 13.5%以下时可用厚度为 0.04 mm 或 0.02 mm 的薄膜。

知识点六 检查磷化氢熏蒸效果

熏蒸散气结束后，应对熏蒸效果进行评价，以利于总结经验，为以后更科学的熏蒸提供参考。

视频：磷化铝熏蒸散气与效果评价

1. 取样检查法

在熏蒸散气后，按照规定的取样方法，在熏蒸前生虫部位随机取样 3～6 个 1 kg 的粮食样品。筛选后，检查筛下物中有无活虫及活虫的数量。根据有无活虫及活虫的数量评价熏蒸杀虫效果。

取样检查法只能判定粮粒外活动的害虫是否被杀死，若没有发现活虫，可认为害虫的活动虫态被杀死。但还不能说明害虫的不活动虫期(卵和蛹)或粮粒内部的害虫是否被杀死。最终杀虫效果的评价还需要结合其他检查方法判定。

2. 预设虫笼检查法

在熏蒸前粮堆内代表部位预埋试虫虫笼，熏蒸结束后取出检查试虫的死亡情况。

虫笼采用透气且防止害虫逃出的牢固容器，如两端用筛绢封口的塑料管、布袋、开有小孔的金属虫笼等。

视频：预设虫笼检查法检查磷化氢熏蒸效果

虫笼中的试虫应选取活动正常的个体，最好是包括害虫发育的各个虫期，这样才能判定害虫的种群灭绝效果。试虫可以从生虫的粮堆中筛取，有条件的可以在实验室预先培养。每个虫笼中试虫的数量不少于 30 只，内置适当的饲料。

熏蒸散气后取出虫笼检查，根据虫笼中试虫的死亡情况评价熏蒸杀虫效果。

3. 取样培养检查法

在熏蒸散气后，按照规定的取样方法，在熏蒸前生虫部位随机取样 3～6 个 1 kg 的储粮样品。将储粮样品分别放入培养瓶中，瓶口用透气且能防止害虫逃逸的材料(如棉布、滤纸等)封严。将培养瓶放置在温度 25～30 ℃、相对湿度 75%左右和防止外来害虫感染的条件下 30 d 以上，检查培养瓶中有无活虫出现。

在样品培养 30 d 以后，如果储粮中的虫卵、内部害虫或虫蛹没有被杀死，就会出现幼虫或成虫。因此，取样培养检查法可以判定储粮中不活动虫态或粮粒内部的害虫是否被杀死。

另外，在实际工作中，还可以采用无虫间隔期评价法评判熏蒸杀虫效果。熏蒸处理后，储粮保持无害虫水平所持续的时间称为无虫间隔期。无虫间隔期评价实际上就是用熏蒸前后储粮害虫密度的对比来进行评价。对储粮害虫而言，无虫间隔期应超过一般害虫完成一个世代时间的 2 倍，一般在 60 d 以上，即可认为熏蒸是成功的。

知识点七　熏蒸安全的要求

1. 熏蒸操作人员安全要求

(1)人员必须经过培训。熏蒸工作必须经单位负责人批准，由技术熟练、有组织能力的技术人员负责指挥。由经过训练、了解药剂性能、掌握熏蒸技术和呼吸防护用品使用方法的人员参加操作。大型熏蒸前，应通知当地卫生、消防部门。

(2)最基本的健康要求。经常参加熏蒸的人员，身体健康并状况良好，每年应定期进行健康检查。有心脏病、肝炎、肺病、贫血、精神不正常、神经过敏、高血压、皮肤病、皮肤破伤患者、怀孕期、哺乳期、月经期的妇女，以及戴上呼吸防护用品不能工作和经医生诊断认为不适合接触毒气工作的人，均不得参加施药或接触毒气工作。

(3)最基本的年龄要求。未满 18 周岁人员均不应参加作业。

(4)熏蒸人员在分药投药放气和处理残渣等过程中，都必须佩戴呼吸防护器具，穿工作服，戴乳胶手套。

(5)熏蒸过程中接触毒气的时间，每次不得超过 30 min，每人每天累计一般不超过 1 h。工作结束后应适当休息。

(6)施药时，必须有专人负责清点进仓人数，要确实查明进仓人员已全部出仓后，方可封门。

(7)分药、施药、检查、处理残渣和开仓散气等与药剂接触工作，均严禁一人操作。

(8)仓房(囤、垛)熏蒸密闭后到充分散气前，无特殊情况，不允许人员进入。人员必须进入时，一定要采取必要的防护措施，防止发生中毒或缺氧窒息事故。

(9)接触毒气人员在工作完毕后洗澡、更换衣服、鞋袜。换下污染衣物应送到空旷无人的地方，待毒气散发后，方可携入室内。

(10)发生人员中毒时，应立即请医生参照卫生部门规定的有关药剂中毒诊断及治疗方案进行抢救，并及时上报。

2. 熏蒸仓房与设备器材要求

(1)对仓房要求。实施磷化氢熏蒸杀虫的仓房可参照《粮油储藏 平房仓气密性要求》(GB/T 25229—2010)中附录 C 规定的方法检测仓房气密性，并判断是否达到规定的气密性标准，达不到标准时应采取粮膜单面密闭、五面密闭或六面密闭补充密封措施。

(2)对设备器材要求。磷化氢能与某些金属起化学反应。库内的红外探头、摄像头、蓄电池、充电器、叉车、除湿机等熏蒸前必须移走；移不走的开关、插座、接线盒、控制系统线路板盒、行程开关要用石蜡、黄油密封或用塑料薄膜密封(整仓熏蒸情况下)。库内最好不使用铜线，接线处挂锡处理，线路板器件挂漆。

3. 熏蒸药剂收发存放要求

(1)严禁在粮库内制造熏蒸药剂。

(2)储存药剂要有符合要求的专用库房，专人看管。

(3)领用熏蒸药剂，必须有批准手续；用剩的熏蒸剂应退回，严禁随处乱放。

(4)装卸运输时，按照要求专人专车运输。

(5)在收发、运输、储存、使用药剂时，如发生了事故，要迅速组织抢救。

4. 熏蒸药剂施用相关要求

(1)熏蒸人员在分药、投药、散气和处理残渣的每个环节，应佩戴呼吸防护器具；都必须穿工作服，戴乳胶手套，并对工作过程等进行记录。

(2)每次作业后应立即彻底清理，防止药剂对人体、工作场所的污染。

(3)施药后及时清点剩余药剂，未使用完的熏蒸药剂及时退回药品库妥善保管。

(4)施用熏蒸剂或高毒储粮农药药剂的区域，应设置“禁止入内”“有毒”等警示标识。采用磷化氢熏蒸时，警戒线距离熏蒸仓房至少 20 m；并设立明显警示标志，阻止非操作人员及畜禽靠近；在投药后 24 h 内应有 2 人值班，检查施药仓房有无漏气、冒烟、燃爆等现象。

(5)当环境中的磷化氢浓度超过 0.22 mL/m^3 时，工作人员应佩戴呼吸防护器具。

(6)熏蒸放气后，应将残渣进行无害化处理。

5. 熏蒸意外或紧急情况的处理

粮油储藏企业应根据本单位使用储粮化学药剂的情况，如药品库存情况、使用种类、仓房条件、人员条件等实际情况，分析可能存在的危险性，结合国家安全生产监督管理局规定，编制本单位的危险化学品事故应急救援预案。

危险化学品事故应急救援预案应包括单位的基本情况；危险目标及其危险特性、对周围的影响；危险目标周围可利用的安全、消防、个体防护的设备、器材及其分布；应急救援组织机构、组成人员和职责划分；报警、通信联络方式；人员紧急疏散、撤离；危险区的隔离；检测、抢险、救援及控制措施；受伤人员现场救护、救治与医院救治等内容。

当发生磷化铝燃爆事故时，要掌握熏蒸剂磷化铝的化学特性，如在进行处理磷化铝燃爆事故时，应采用干砂覆盖灭火，或用干粉灭火器灭火，严禁用水浇。同时，应立即通知当地公安、消防等相关部门，采取一切必要措施进行处理。

知识点八　正压式空气呼吸器的使用

1. 正压式空气呼吸器的构造

正压式空气呼吸器也称自给式空气呼吸器，主要由气瓶背架、气瓶和呼吸面罩等部分组成。为了方便对气瓶充气，还应配置空气压缩机，如图 4-4 所示。

视频：佩戴正压式空气呼吸器入仓工作

(1)气瓶背架。气瓶背架上一般固定有减压器及接口、高压软管及压力表、中压软管及供气阀、报警哨、气瓶固定带、背架及背带等。

①减压器及接口。减压器有一接口连接气瓶，减压器可将气瓶压力降到大约 0.7 MPa。减压器上还装有安全泄放阀，当减压器减压后压力超过 1.1 MPa 时，它会自动泄压，防止高压空气进入中压系统。

②高压软管及压力表。高压软管一端与减压器连接，另一端接有压力表，用于检查钢瓶压力和系统压力。

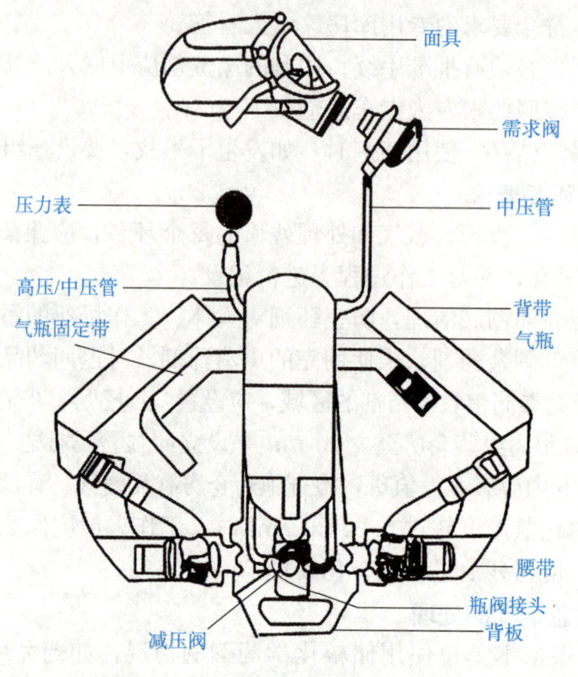

图 4-4　正压式空气呼吸器结构图

动画：正压式空气呼吸器的工作原理

动画：正压式空气呼吸器的结构

③中压软管及供气阀。中压软管一端与减压器连接，另一端连接有供气阀，用于连接呼吸面罩供气。供气阀根据使用者的呼吸要求，能提供大于 200 L/min 的空气。

④报警哨。通常，减压器上还设计有报警哨，当气瓶压力下降到报警压力[一般为(5.5±0.5)MPa，压力表上通常用红色区域标出]时会发出报警声，提醒使用者撤离。

⑤气瓶固定带。气瓶固定带用于固定气瓶。

⑥背架及背带。背架上有两个把手，用于取放背架和佩戴背架；另外，还有肩带、腰带(有些还有胸带)，用于人员背负和固定。

(2)气瓶。目前，使用的气瓶一般是全缠绕式碳纤维复合气瓶，内胆采用铝合金材料，外缠绕碳纤维材料和环氧树脂。气瓶的工作压力为 30 MPa，气瓶容量通常有 3 L、4.7 L、6.8 L、9 L 等规格，可根据需要选配。如 6.8 L 的气瓶充满气后，可以正常使用大约 45 min。

气瓶阀上安装有安全爆破膜片，当气瓶压力超过正常工作压力的 20%～50%时，膜片会自动破裂，释放空气和压力，对气瓶起到保护作用。

气瓶阀上有一接口，用于连接背架上的减压器。

(3)呼吸面罩。呼吸面罩是一种进气和出气互为独立的单向双通道呼吸面罩。呼吸面罩由特殊橡胶制成，面罩内还配有口鼻罩，以降低面罩内呼出的二氧化碳含量。

呼吸面罩内有呼气阀、吸气阀，并通过快速连接口与供气阀连接。面罩配有宽视野面屏透镜，下部、中部和顶部可松紧的头带用于佩戴呼吸面罩。

(4)空气压缩机。空气压缩机是为气瓶充气的设备，也称充气泵。为气瓶充气的空气压缩机可分为固定式和移动式。其中，移动式体积小、移动方便，是目前粮库普遍使用的一种空气压缩机。

空气压缩机一般由电动机、气缸、冷却器、油水分离器、空气过滤器、充气管道及阀门和底座等组成。

2. 正压式空气呼吸器工作原理

正压式空气呼吸器是以压缩空气为气源的携气式呼吸防护用品。当打开气瓶阀时，储存在气瓶中的高压空气通过气瓶阀进入减压器组件，通过高压软管上连接的压力表显示当前气瓶空气压力。同时，高压空气被减压为中压，中压空气经中压软管上的供气阀进入面罩，并在面罩内保持高于环境大气的压力。当使用者吸气时，吸气阀膜片根据使用者的吸气而移动，使阀门开启，提供气流；当使用者呼气时，吸气阀膜片向上移动，使阀门关闭，呼出的气体经面罩上的呼气阀排出；当使用者停止呼气时，呼气阀关闭，准备下一次吸气。这样就完成了一个呼吸循环过程，如图 4-5 所示。

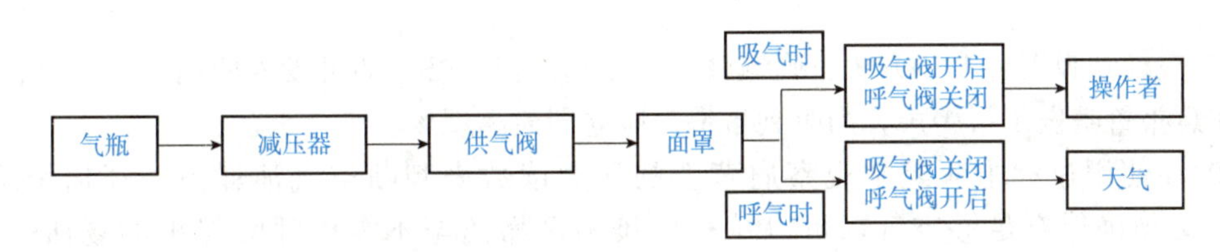

图 4-5 正压式空气呼吸器工作流程图

3. 空气呼吸器使用前检查方法

(1)检查背架。取出气瓶背架组件，检查气瓶背架组件的完整性，管道连接及背带等是否牢固。

(2)检查气瓶固定装置。确认瓶箍组件将气瓶牢牢固定。

(3)检查和清洁面罩。检查面罩的镜片、系带、密封圈、呼气阀、吸气阀等部件是否完好；清洁镜片和面罩内与面部接触的部位，镜片擦拭干净。

(4)检查气瓶。检查气瓶外观是否完好，使用、检验年限是否符合规定；使供气阀处于关闭状态，打开气瓶阀至少两圈，读取压力表数值，确定工作压力不小于 27 MPa。

(5)检查供气管路气密性。气瓶工作压力检查结束后关闭气瓶阀，观察压力表，1 min 内压力下降不超过 1～2 MPa，表明系统气密性良好。否则需检查系统泄漏原因，经修复后方可使用。

(6)检查报警哨报警功能。顺时针旋转气瓶阀手轮，将气瓶阀关闭，按下供气阀上的按钮，略微堵住供气阀出口，将系统中的气体缓慢排出，当压力降到(5.5±0.5)MPa 压力时，报警器开始报警，直到压力小于 1 MPa 时报警器停止报警。如果报警哨没有发出报警声，说明报警功能不正常，须修复后方可使用。

4. 空气呼吸器的佩戴方法

(1)佩戴气瓶背架。气瓶底朝自己，身体朝前倾斜，拿出并展开肩带，分别置于气瓶两边。两手同时抓住背架体两侧，把呼吸器朝上举过头，两肘朝内收并保持贴近身体，肩带顺着手臂滑入肩膀上的位置，站直身体双手下拉调节肩带，使气瓶背架的位置紧贴自己的身体后背。

(2)扣好胸带和腰带。将腰带的锁扣扣好，然后将腰带左右两侧的伸出端同时向前方拉紧腰带。如果有胸带，也需将胸带扣好并调整松紧度。

(3)佩戴面罩。检查面罩组件，确定口鼻罩上已装呼吸气阀，口鼻罩正确位于面罩内部，并位于两个传声器的中间。先将面罩的颈带挂在脖子上，调整头带，方向朝外，一只手掀起头带，另一只手将面罩放在脸上。向后方拉紧所有头带。

(4)检查面罩密封性能。用手掌心捂住面罩接口处，通过吸气直至产生负压，检验面罩与脸部密封是否完好，否则再收紧头带或重新佩戴面罩。

(5)打开气瓶阀。打开气瓶阀至少两圈。

(6)安装供气阀。将供气阀出气口平面对准面罩相对应的平面接口，将供气阀出口推入面罩上的进气口，一般会听到"喀嚓"声，表明已锁紧供气阀，供气阀安装完成。

(7)检查供气阀性能。供气阀安装好后，深吸气供气阀启动，吸气过程中将有空气供给，通过几次深呼吸检查供气阀、吸气阀和呼气阀的性能，吸气和呼气都应舒畅，无不适感觉。

(8)空气呼吸器经上述方法正确佩戴并经认真检查合格后即可投入使用。使用过程中要随时注意报警哨发出报警声，当听到报警声应立即撤离现场。

(9)在使用过程中应经常观察肩背上的压力读数来判断空气消耗量。任何情况下，使用者必须确保有足够空气，可以从被污染地区撤离至不需要呼吸保护的场所。如果已用掉气瓶内部分空气再打算进入操作区域，使用者必须确保剩余空气足够维持生命安全。

5. 空气呼吸器的脱卸与清理方法

(1)工作结束后，须离开工作场所，到达安全区域后方可脱卸呼吸器。

(2)按下供气阀上的开关，关闭供气阀(面罩内向外的空气流动应停止)，转动或拉动供气阀脱离面罩。

(3)用手捏住各个头带两侧的带扣环向后推，松开头带，将面罩从脸部由下向上脱下，摘下颈带，放好面罩。

(4)用两手拇指和食指压住腰带插扣两端的滑片，然后向前拉，松开腰带，用右手拇指和食指压住插扣中间的凹口处，轻轻用力压下将插扣分开。

(5)两手握住拉肩带上的扣环，轻轻向上一提即放松肩带，将气瓶背架从背肩上卸下，然后关闭气瓶阀。打开供气阀放掉呼吸器系统管路中剩余空气，等到空气流动停止后，关闭供气阀。

(6)使用后的呼吸面罩按照使用说明书的要求进行清洁和维护保养。如需用中性或弱碱性消毒液清洁的，重点洗涤全面罩的口鼻罩及人的面部、额头接触的部位，擦洗呼气阀片；最后用清水擦洗。洗净后应自然干燥，收好以备下次使用(注：有些面罩具有自清洁功能，无须洗涤)。

(7)气瓶使用后，工作压力将会下降，需充满气后方可下次使用。气瓶充气前需将其从气瓶背架上拆下，充气后再将其安装在背架上。气瓶的拆装和安装方法如下。

①气瓶的拆卸：首先观察压力表，确保系统内无压力。扳起气瓶固定带搭扣，松开气瓶固定带。旋转(一般为顺时针)气瓶与减压器连接的手轮，脱开气瓶与减压器的连接，卸下并取出气瓶。

②气瓶的安装：首先检查背架减压器上的O型密封圈是否存在并完好。将气瓶塞到背架的气瓶固定带中，将气瓶阀出口中心和减压器手轮中心对准，旋转手轮，将减压器和气

瓶连接牢固。调整固定带松紧，按下固定带搭扣并锁紧固定。

6. 空气呼吸器的日常维护和保养

(1)气瓶背架。气瓶背架每次使用前及使用后都要对背带、束带等进行检查，确保牢固、可靠；压力表应每年进行一次校正；每年更换减压器的 O 型密封圈，并对减压器进行全性能检测；不得自行调整减压器的输出中压；减压器清洗时不得浸在水中；每年检查一次供气阀的膜片及泄漏情况；每 3 年更换一次膜片；每次使用后清洗消毒，不得浸泡在水中；一般情况下严禁拆卸供气阀。出现故障维修后，按原样装好，检验合格后方可使用。

(2)气瓶和瓶阀。气瓶避免碰撞、划伤和敲击，应避免高温烘烤和高寒冷冻及阳光下暴晒；气瓶设计使用寿命一般为 15 年，要按气瓶上规定的标记日期使用；每 3 年进行一次法定检验，合格后方可使用；每 3 年更换瓶阀的所有橡胶密封圈；气瓶内的空气不能全部用尽，应留有不小于 0.5 MPa 的剩余压力；瓶阀拆下维修后重新装上空气瓶时，要经过 28～30 MPa 的气密性检验，合格后方可使用。

(3)面罩。每年应对面罩进行外观、功能和密封性测试、吸气阀的膜片检查、泄漏测试；每 3 年更换面罩的呼气阀片和密封圈；每 6 年更换面罩的语言振动膜片。

(4)其他注意事项。空气呼吸器及其零部件应避免阳光直接照射，以免橡胶件老化；空气呼吸器严禁接触油脂；应建立空气呼吸器的保管、维护和使用制度；空气瓶不能充装氧气，以免发生爆炸。

子任务一　储粮熏蒸剂防治害虫认知

工作任务

储粮熏蒸剂防治害虫认知工作任务单

分小组完成以下任务： 1. 查阅储粮熏蒸剂防治害虫相关内容。 2. 填写查询报告。

任务实施

查询资料→小组讨论→小组汇报→教师点评→总结提升→填写报告。

1. 查询资料

(1)磷化铝熏蒸剂。

(2)磷化铝熏蒸工作原理。

(3)磷化铝常规熏蒸的用药量。

(4)影响磷化氢药效的因素。

(5)粮面施药方式。

(6)检查磷化氢熏蒸效果。

(7)熏蒸安全的要求。

(8)正压式空气呼吸器的使用。

2. 小组讨论

(1)磷化铝熏蒸剂的剂型。

(2)磷化铝熏蒸工作原理。

(3)磷化铝常规熏蒸的用药量的计算方法。

(4)影响磷化氢药效的因素。

(5)粮面施药方式。

(6)磷化氢熏蒸效果的检查方法。

(7)熏蒸安全的要求。

(8)正压式空气呼吸器使用方法。

3. 小组汇报

小组就讨论结果进行汇报，形式自定。

4. 教师点评

教师根据每个小组的汇报情况进行点评。

5. 总结提升

汇总每个小组的结论，总结常见磷化铝熏蒸剂的剂型、磷化铝熏蒸工作原理、磷化铝常规熏蒸的用药量的计算方法、影响磷化氢药效的因素、粮面施药方式、磷化氢熏蒸效果的检查方法、熏蒸安全的要求、正压式空气呼吸器使用方法。

6. 填写报告

将结果填入表 4-20 中。

表 4-20　储粮熏蒸剂防治害虫相关知识

列举磷化铝熏蒸剂的剂型	
阐述磷化铝熏蒸工作原理	
描述常规熏蒸的用药量的计算方法	
列举影响磷化氢药效的因素	
写出常见的粮面施药方法	
列举磷化氢熏蒸效果的检查方法	
阐述磷化铝熏蒸的安全要求	
阐述正压式空气呼吸器工作原理	

任务评价

按照表 4-21 评价学生工作任务完成情况。

表 4-21　任务考核评价指标

序号	工作任务	评价指标	分值比例	得分
1	查询资料	(1)能够准确查询资料； (2)对资料内容分析整理	20%	
2	小组讨论	根据要求将查询内容进行分类，归纳总结	20%	

续表

序号	工作任务	评价指标	分值比例	得分
3	小组汇报	(1)小组合作完成； (2)汇报时表述清晰，语言流畅； (3)正确计算常规熏蒸的用药量； (4)准确分析影响磷化氢药效的因素； (5)准确全面阐述磷化铝熏蒸的安全要求	30%	
4	点评修改	根据教师点评意见进行合理修改	10%	
5	总结提升	总结本组的结论，能够灵活运用	10%	
6	综合素养	(1)会查阅资料并能分析出有效信息，具有信息处理能力； (2)小组分工合作，责任心强，能够完成自己的任务	10%	
合计			100%	

子任务二 正压式空气呼吸器的安全使用

工作任务

正压式空气呼吸器佩戴全过程包括面罩检查与清洁、钢瓶检查、背架检查、佩戴、脱卸、面罩清洁和复位等。

任务实施

1. 任务分析

正压式空气呼吸器的安全使用需要明确以下问题：

(1)正压式空气呼吸器的构造及工作原理。

(2)正压式空气呼吸器使用前检查方法、正压式空气呼吸器的佩戴方法、正压式空气呼吸器的脱卸与清理方法及日常维护和保养。

2. 器材准备

器材准备见表4-22。

表4-22 器材准备

序号	名称	规格	数量	备注
1	正压式空气呼吸器		1套	包括背架、气瓶和面罩等
2	毛巾		1条	

3. 操作步骤

(1)使用前应按照设备使用说明书的要求对其进行清洁、消毒，并对整套系统进行全面检查，确保安全、有效。

(2)按照使用说明书的要求正确佩戴。

(3)佩戴正压式空气呼吸器进入工作场所。

(4)正压式空气呼吸器的脱卸与清理。

注意事项如下。

(1)在使用过程中，如果报警声响起，说明气瓶压力已降至 5.5 MPa，使用者应立即离开工作场所，撤离到安全区域。

(2)气流阻塞和系统空气供给突然完全停止一般不太可能发生，一旦发生将导致呼吸保护的损失，不可挽回，应立即离开受污染地区。

(3)发现异常立即向安全员汇报，安全员负责安排处理；气瓶压力低于 27 MPa 时应充气。

任务评价

正压式空气呼吸器的安全使用任务评价见表 4-23。

表 4-23 正压式空气呼吸器的安全使用任务评价表

班级： 姓名： 学号： 成绩：

试题名称		正压式空气呼吸器的安全使用			考核时间：15 min	
序号	考核内容	考核要点	配分	评分标准	扣分	得分
1	准备工作	穿戴工作服	3	未穿戴整齐扣 3 分		
2	操作前提	检查正压式空气呼吸器	12	未检查气瓶外观完好性扣 3 分		
				未检查背架完好性扣 3 分		
				未检查面罩完好性扣 3 分		
				未清洁面罩扣 3 分		
3	操作过程	检查并报告气瓶内压缩空气的压力	9	未打开钢瓶阀门扣 3 分		
				未观察压力表扣 3 分		
				未报告压力数值扣 3 分		
		检查管路气密性	9	未关闭钢瓶阀门扣 3 分		
				未观察压力表下降速度扣 3 分		
				未报告结果扣 3 分		
		检查呼吸器报警功能	12	未打开强制供气阀，缓慢释放管路内气体扣 4 分		
				报警哨未响扣 8 分		
		佩戴背架和气瓶	6	佩戴后未拉紧肩带扣 3 分		
				佩戴后未扣好腰带扣 3 分		
		佩戴面罩和气密性检查	9	未挂好颈带扣 3 分		
				未拉紧头带扣 3 分		
				未检查面罩气密性扣 3 分		
		供气阀与面罩连接	15	未打开钢瓶阀门扣 3 分		
				供气阀与面罩连接不熟练扣 5 分		
				连接后有漏气现象扣 7 分		
		脱卸正压式空气呼吸器	9	未脱开供气阀扣 3 分		
				未关闭钢瓶阀门扣 3 分		
				未放空管路空气扣 3 分		

续表

试题名称		正压式空气呼吸器的安全使用			考核时间：15 min	
序号	考核内容	考核要点	配分	评分标准	扣分	得分
4	操作结果	佩戴后，正压式呼吸器工作正常	10	佩戴后，正压式呼吸器工作不正常扣 10 分		
5	使用工具	仪器复位	6	未清洁面罩扣 3 分		
				呼吸器未装箱复位扣 3 分		
合计			100	总得分		

子任务三　磷化铝常规熏蒸作业

工作任务

在确定施药量的前提下，进行磷化铝常规熏蒸——粮面施药操作，每一施药盘内投磷化铝片剂不得超过 50 片，投粉剂不超过 100 g；要求操作步骤正确，布置位置正确，操作遵守安全规定。

任务实施

1. 任务分析

磷化铝常规熏蒸作业需要明确以下问题。

(1)确定施药盘摆放位置。

(2)粮面施药操作。

(3)门窗的密封。

(4)警示标志的摆放。

2. 器材准备

器材准备见表 4-24。

表 4-24　器材准备

序号	名称	规格	数量	备注
1	模拟仓房	3.5 m×7.0 m	1 栋	划定区域
2	磷化铝药剂	1 kg/桶	1 桶	模拟药片
3	开罐器		1 个	
4	施药盘	方盘大于等于：300 mm×300 mm 长方盘大于等于：300 mm×200 mm 圆盘大于等于：ϕ120 mm	10 个	不锈钢盘或搪瓷盘
5	空气呼吸器		1 套	含面罩、背架和充好气的钢瓶等
6	毛巾		1 条	
7	乳胶手套		1 双	

续表

序号	名称	规格	数量	备注
8	警戒线或栏杆		2件	
9	熏蒸警示标志		1个	

3. 操作步骤

(1)施药盘摆放。根据确定好的粮面施药点，采用行列式或梅花状的方式将施药盘摆放在粮面上。

(2)粮面施药。在熏蒸负责人的统一指挥下，施药人员佩戴正压式空气呼吸器和乳胶手套进仓，将磷化铝药剂施在粮堆表面的施药盘中，每施药盘放片剂或丸剂不超过150 g，粉剂不超过100 g。片剂或丸剂不得重叠；粉剂薄摊均匀，厚度不超过5 mm，如图4-6所示。

图4-6 磷化铝粮面施药

(3)出仓密闭门窗。施药结束后，施药人员应平稳快速走出仓房，指挥人员清点出仓操作人员数量，确定所有的操作人员均出仓后，关闭并密封仓门。

(4)放置警示标志。在熏蒸仓房外，距离20 m以上范围设立熏蒸安全隔离线，并在隔离区的显著位置放置熏蒸警示标志。

注意事项如下。

(1)药剂要放在不可燃的器皿内，如不锈钢盘、铝盘或搪瓷盘等。

(2)施药器皿间距一般不小于1.3 m，可适当考虑气流特性，对施药器皿间距进行调整。

(3)熏蒸包装粮时，可将总药量的70%施于垛顶，30%施于过道。

(4)装药药罐(瓶)倒空后，应放置在施药盘附近，不得带出仓。

(5)在施药过程中不得跑动，佩戴防护器具不能讲话。

任务评价

磷化铝常规熏蒸作业——粮面施药操作任务评价见表4-25。

表4-25 磷化铝常规熏蒸作业—粮面施药操作任务评价表

班级：　　　　姓名：　　　　学号：　　　　成绩：

试题名称		磷化铝常规熏蒸作业——粮面施药操作			考核时间：15 min	
序号	考核内容	考核要点	配分	评分标准	扣分	得分
1	准备工作	穿戴工作服	2	未穿戴整齐扣2分		
2	操作前提	检查正压式空气呼吸器	10	未检查空气呼吸器扣6分；检查不全面扣2分		
				未检查和清洁面罩扣2分		

续表

试题名称		磷化铝常规熏蒸作业——粮面施药操作			考核时间：15 min	
序号	考核内容	考核要点	配分	评分标准	扣分	得分
3	操作过程	摆放施药盘	10	施药盘摆放不均匀扣 5 分		
				施药盘间距小于 1.3 m 扣 5 分		
		施药操作	45	佩戴空气呼吸器不规范扣 5 分		
				未佩戴乳胶手套扣 5 分		
				未按由内向外顺序投药扣 5 分		
				各施药盘投药不均匀扣 5 分		
				药片散落施药盘外扣 5 分		
				药片有重叠扣 5 分		
				药罐内药剂未投完扣 5 分		
				投药过程中有跑动现象扣 5 分		
				空药罐带出仓外扣 5 分		
		施药结束	15	施药结束未及时关闭密封仓门扣 6 分		
				未设置警戒线扣 2 分		
				未摆放熏蒸警示牌扣 2 分		
				脱卸空气呼吸器不规范扣 5 分		
4	使用工具	熟练规范使用工具	5	空气呼吸器佩戴不熟练扣 5 分		
		工具使用维护	3	空气呼吸器及其他工具未复位扣 3 分		
5	安全及其他	按国家法规或企业规定	10	在全部施药操作结束前脱卸呼吸器扣 10 分		
合计			100	总得分		

子任务四　检查磷化氢熏蒸效果——预设虫笼检查法

工作任务

口述试虫笼的准备，检查各虫笼样品中的试虫死亡情况，计算死亡率，用死亡率来判断杀虫效果，计算结果保留整数位。

任务实施

1. 任务分析

磷化铝常规熏蒸作业需要明确以下问题：

(1)虫笼的准备。

(2)检查虫笼试虫死亡情况的操作。

(3)熏蒸效果的判断方法。

2. 器材准备

器材准备见表 4-26。

表 4-26　器材准备

序号	名称	规格	数量	备注
1	虫笼	50 mm×100 mm	3 个	布袋或害虫无法逃逸的透气容器
2	试虫	死虫及活虫	30 只/虫笼	死虫占多数，少量活虫
3	饲料	全麦粉或碎谷物	20 g/虫笼	
4	手持放大镜	5～20 倍	1 个	
5	小镊子		1 把	
6	白瓷盘	200 mm×300 mm	1 个	
7	毛笔		1 支	
8	广口瓶		1 个	

3. 操作步骤

(1)准备试虫。

(2)准备虫笼。

(3)埋设虫笼。

(4)熏蒸散气后取出虫笼检查试虫死亡情况。

(5)根据虫笼中试虫的死亡情况评价熏蒸杀虫效果。

注意事项如下。

(1)分析杀虫效果的取样部位要与熏蒸前取样发现害虫的部位一致。

(2)放入虫笼中的试虫要选取活动正常的个体，最好是包括害虫发育的各个虫期。

任务评价

检查磷化氢熏蒸效果——预设虫笼检查法任务评价见表 4-27。

表 4-27　检查磷化氢熏蒸效果——预设虫笼检查法任务评价表

班级：　　　　姓名：　　　　学号：　　　　成绩：

试题名称		检查磷化氢熏蒸效果——预设虫笼检查法			考核时间：15 min	
序号	考核内容	考核要点	配分	评分标准	扣分	得分
1	准备工作	穿戴工作服	3	未穿戴整齐扣 3 分		
2	操作前提	虫笼准备	15	口述试虫准备的要求，错误扣 5 分		
				口述虫笼的要求，错误扣 5 分		
				口述饲料的要求，错误扣 5 分		
3	操作过程	检查虫笼试虫死亡情况	9	将虫笼中的试虫和饲料倒入白瓷盘，每少倒入一个扣 3 分		
			20	判断各虫笼活虫数，每错判一只扣 2 分，扣完为止		
			20	判断各虫笼死虫数，每错判一只扣 1 分，扣完为止		
			12	计算各虫笼死亡率，每错一个扣 4 分		

续表

试题名称		检查磷化氢熏蒸效果——预设虫笼检查法			考核时间：15 min	
序号	考核内容	考核要点	配分	评分标准	扣分	得分
4	操作结果	判断熏蒸效果	15	熏蒸效果判断错误扣 15 分		
5	使用工具	清理试虫及饲料	3	未将检查后的试虫和饲料倒入广口瓶中扣 3 分		
		工具使用维护	3	工具未复位扣 3 分		
合计			100	总得分		

子任务五　制订磷化铝常规熏蒸方案

工作任务

根据储粮基本情况(表 4-28)制订磷化铝常规熏蒸方案，包括储粮情况调查、害虫情况调查、熏蒸药剂准备、仓房情况调查与处理、施药方法确定、熏蒸施药人员组织、熏蒸期间密闭时间和浓度监测方法、熏蒸结束后的散气操作方法、残渣收集与处理方法、熏蒸效果的检查方法、熏蒸过程中的安全防护工作等。

表 4-28　储粮基本情况表

仓房及储粮基本情况	仓房类型	高大平房仓	堆装形式	散装，堆高 5.5 m
	粮面密封情况	未密封	仓房气密性	未知
	储粮品种	小麦	储粮质量/t	6 000
	生产年度	2019	储存时间	1 年
	粮堆体积/m^3	7 500	空间体积/m^3	2 000
	气温/℃	31	仓温/℃	28
	平均粮温/℃	19	最高粮温/℃	27
	水分/%	12.2	杂质/%	0.7
害虫情况	虫害种类	玉米象、赤拟谷盗、书虱		
	虫害密度/(头·kg^{-1})	玉米象(5)、赤拟谷盗(10)、书虱(50)		
其他				

任务实施

1. 任务分析

制订磷化铝常规熏蒸方案需要明确以下问题：

(1)熏蒸前基本粮情的调查、熏蒸仓房(或粮堆)的准备、熏蒸人员准备、熏蒸设施器材准备、熏蒸药剂准备、安全防护准备。

(2)制订磷化铝常规熏蒸方案的具体步骤。

2. 器材准备

器材准备见表 4-29。

表 4-29 器材准备

仓房及储粮基本情况	仓房类型	高大平房仓	堆装形式	散装，堆高 5.5 m
	粮面密封情况	未密封	仓房气密性	未知
	储粮品种	小麦	储粮质量/t	6 000
	生产年度	2019	储存时间	1 年
	粮堆体积/m^3	7 500	空间体积/m^3	2 000
	气温/℃	31	仓温/℃	28
	平均粮温/℃	19	最高粮温/℃	27
	水分/%	12.2	杂质/%	0.7
害虫情况	虫害种类	玉米象、赤拟谷盗、书虱		
	虫害密度/(头·kg^{-1})	玉米象(5)、赤拟谷盗(10)、书虱(50)		
其他				

3. 操作步骤

(1)储粮情况调查。仓号、体积、仓容、粮种、质量、等级、来源和当前粮情、环境。

(2)害虫情况调查。害虫种类、密度、虫态概况和粮堆的生虫部位等。

(3)熏蒸药剂准备情况。选用药剂种类，确定用药量。

(4)仓房情况调查与处理。密封仓房或粮堆、测定气密性和采取的补漏措施。

(5)施药方法确定。根据上述情况确定施药方法。

(6)熏蒸施药人员组织。

(7)确定熏蒸期间密闭时间和浓度监测方法。

(8)确定熏蒸结束后的散气操作方法。

(9)确定熏蒸后的残渣收集与处理方法。

(10)确定熏蒸效果的检查方法。

(11)确定熏蒸过程中的安全防护工作，如消防、医疗、救护等。

(12)制订磷化铝粮面施药熏蒸方案。

(13)填写磷化氢熏蒸记录卡和熏蒸作业备案表，报单位负责人批准，见表 4-30。

注意事项如下。

(1)按照操作流程，对熏蒸前的粮情、仓房(粮堆)、人员、器材、药剂等细致准备，符合熏蒸条件，方可制订熏蒸方案；否则，必须整改后施行。

表 4-30　磷化铝(磷化氢)熏蒸方案

单位：　　　　　　　　　　　　　　　　　　　　　　　　年　　月　　日

仓号			仓储管理员			
粮情情况	储粮品种		质量	t	产地	
	水分	%	杂质	%	平均粮温	℃
	最高粮温	℃	最低粮温	℃	其他	
	害虫密度	头/kg	生虫时间		发生部位	
	害虫种类					
仓房情况	仓型		结构		气密性	S
	仓房总体积	m^3	粮堆体积	m^3	空间体积	m^3
	粮堆高度	m	储存时间		堆放形式	
	密封方法		曾否熏蒸		上次熏蒸日期	
安全情况	仓房是否漏雨		地坪墙壁是否返潮		仓内有无供电线路	
	四周人、畜密度及活动情况					
	与民房之间最小距离		是否大于安全距离 20 m		防汛排水情况	
	是否符合安全熏蒸条件			是否可以实施熏蒸		
熏蒸安排	熏蒸方式		投药方法		药剂名称	
	总用药量	kg	其中：粉剂____ kg，片剂____ kg			
	设定浓度	ppm①	浓度检测方法		有无虫笼	
	初次投药单位剂量	g/m^3	初次投药量	kg	是否环流	
	环流时间		环流方式		每天环流时间	h
	是否补药		补药方法			
	拟定补药单位剂量	g/m^3	总补药量	kg	密闭天数	天
	散气方式		散气日期		熏蒸人数	
	熏蒸负责人					
	安全员					
	防护人员					
	熏蒸操作人员					
库领导意见						
审批人：		审核人：		申请人：		

①1 ppm=10^{-6}。

(2)方案必须报负责人或上级机关审批后方可执行。

(3)各单位熏蒸方案具体要求会有一些差别或特殊要求，可根据具体要求做适当调整。

任务评价

制订磷化铝常规熏蒸方案任务评价见表 4-31。

表 4-31 制订磷化铝常规熏蒸方案任务评价表

班级： 姓名： 学号： 成绩：

试题名称		制订磷化铝常规熏蒸方案			考核时间：20 min	
序号	考核内容	考核要点	配分	评分标准	扣分	得分
1	准备工作	穿戴工作服	2	未穿戴整齐扣 2 分		
2	操作前提	阅读典型案例表	8	未阅读扣 8 分		
3	制订方案	储粮情况调查	5	未调查储粮情况扣 5 分； 调查不完全扣 2 分		
		害虫情况调查	5	未调害虫粮情况扣 5 分； 调查不完全扣 2 分		
		熏蒸药剂准备	10	未准备药剂扣 10 分； 未计算用药量扣 5 分		
		仓房情况调查与处理	10	未调查仓房情况扣 5 分； 未检测仓房气密性 5 分		
		施药方法确定	5	未确定施药方法扣 5 分； 施药方法不合理扣 2 分		
		熏蒸施药人员组织	5	未组织熏蒸施药人员扣 5 分； 人员未分工扣 2 分		
		和浓度监测方法	10	未确定熏蒸密闭时间扣 5 分； 未确定浓度检测方法扣 5 分		
		熏蒸结束后的散气操作方法	10	未确定散气方法扣 10 分； 散气方法不科学扣 5 分		
		残渣收集与处理方法	5	未确定残渣收集与处理方法扣 5 分		
		熏蒸效果的检查方法	5	未确定熏蒸效果检查方法扣 5 分		
		熏蒸过程中的安全防护工作	10	没有安全防护措施扣 10 分		
4	操作结果	方案的科学性	10	设计的方案缺乏可操作性扣 10 分		
合计			100	总得分		

巩固与练习

1. 磷化铝常规熏蒸，使用片剂、丸剂和粉剂的空间用药剂量为 3～6 g/m³，这种说法（　　）。

A. 正确　　　　B. 错误

2. 磷化铝粉剂有的还含有氨基甲酸铵，氨基甲酸铵有极强的吸湿分解能力，在空气中分解生成(　　)，对产品有稳定作用，可以减缓磷化铝的反应速度，并能防止磷化氢燃爆。

A. 氧气和氨气　　　　B. 氮气和氨气

C. 氢气和氨气　　　　D. 二氧化碳和氨气

3. 磷化铝(片剂或丸剂)常规熏蒸，空间单位用药量为(　　)g/m^3。

A. 1～2　　　　B. 2～4

C. 3～6　　　　D. 6～9

4. 下列药品不能制作防虫线的是(　　)。

A. 辛硫磷　　　　B. 敌敌畏

C. 磷化铝　　　　D. 惰性粉

5. 磷化铝的剂型主要有(　　)。

A. 粉剂　　　　B. 片剂

C. 丸剂　　　　D. 缓释剂

6. 关于磷化铝熏蒸散气后自然通风散气，下列说法正确的是(　　)。

A. 磷化铝熏蒸散气操作人员不低于 2 人

B. 自然通风散气主要适用于没有通风装置的小型仓房

C. 从仓房外部开启门窗，先开启下风方向的门窗，后开启上风方向的门窗

D. 通风散气时间一般为 5～7 d

项目五　控制储粮鼠类

学习导入

鼠类给人类造成的经济损失是巨大的，一般情况下，农田鼠害可使谷物减产5%，收获后的储粮因鼠害损失可达总产量的3%。鼠类还能对食品加工厂、牛乳厂、养鸡场、养猪场、屠宰场等造成严重的危害。鼠类除能造成严重的经济损失外，还能导致疾病流行。由于鼠类经常出入垃圾堆、卫生间、污水沟等处，鼠体上感染、携带有大量的病原体，可污染食物及水源。同时，通过其所携带寄生虫的叮咬、排泄物的污染，以及直接咬人等方式，可把许多疾病传播给人类。鼠类对人类健康的危害远远超过了其他动物。实践证明，灭鼠对于预防多种流行疾病、保护人类的健康有着重要的意义。

任务　储粮鼠类的防治

情境描述

鼠类对仓库货物的危害极其严重，粪便及咬食物品的残渣也会造成食品和储藏环境污染，影响食品卫生，危害人体健康。粮油是鼠类赖以生存的主要食物，因此，做好粮油、食品仓库灭鼠尤为重要。

学习目标

知识目标

1. 了解老鼠的习性。
2. 掌握灭(防)鼠的原则。
3. 掌握灭(防)鼠的方法。
4. 掌握实地调查鼠情的方法。
5. 掌握制订鼠类防治方案的方法。
6. 掌握调查灭鼠效果的方法。

能力目标

1. 能够科学选择适宜的灭(防)鼠方法。
2. 能正确使用胃毒剂灭鼠。
3. 能够科学制订防治鼠类的方案。
4. 能够正确调查灭鼠效果。

素质目标

1. 具有劳动安全意识。
2. 具有清洁卫生意识。

任务分解

子任务一	防治老鼠认知
子任务二	使用胃毒剂灭鼠

任务计划

通过查阅资料、小提示等获取知识的途径，获取使用胃毒剂灭鼠的方法。

任务资讯

视频：老鼠的习性

知识点一　老鼠的习性

老鼠常年居住或经常出入仓房、商店、住宅等建筑物中，为哺乳纲动物，绝大多数属于啮齿类。

老鼠的种类多，习性也较为复杂，但都具有以下的习性。

1. 老鼠的栖息

根据老鼠常住场所的不同，可分为家栖性和野栖性两大类型。其中，家栖性老鼠常年居住或经常出入于建筑物，如商店、仓房、食品车间等；野栖性老鼠生活于建筑物以外的农田、堤坝、草地、荒山、森林、沙漠等处。老鼠对环境的适应能力很强，除比较喜欢居住的场所外，还能根据周围环境条件的不断变化选择不同的栖息场所，以满足自身生存的需要。老鼠一般都具有很强的挖洞本领，挖洞穴居生活。检查鼠情时，可根据洞口的情况判断洞内有无老鼠，凡有老鼠居住的老鼠洞口都比较光滑、整齐，无老鼠居住的洞口多积满灰尘、有蜘蛛网等。

2. 老鼠活动规律

大多数家鼠都以晚间活动为主，尤其在黄昏后和黎明前会出现两个活动的高峰期；老鼠在一天中的活动时间和次数受到环境条件与人类活动的影响；其活动范围因鼠种不同而有大有小，危害食品及储藏物的鼠种多在建筑物内及建筑物的周围活动，如小家鼠、褐家鼠、黄胸鼠等；老鼠的活动能力很强，不少种类不仅奔跑迅速，而且还善于攀缘、游泳；家鼠大多都喜欢沿着一定的路线出入洞穴和寻找食物，很少在空旷的地方活动。

3. 老鼠的食性

生物的不断进化和鼠类所处生活环境的不断变化，致使老鼠的食性也变得越来越复杂。凡是能吃的东西，老鼠都能加以危害；老鼠特别喜欢吃一些带有香味、甜味和咸味的食品，如面包、蛋糕、饼干等；总体来说，老鼠的基本食物还是一些植物性食品，平均每天的摄食量可为自身体质量的1/10～1/2。

4. 老鼠的警觉性与记忆力

老鼠的视觉、听觉、嗅觉和味觉非常灵敏，凭借敏锐的嗅觉和味觉，可以准确地辨别气味，但它们是色盲。老鼠的警觉性较强，如果在它经常出入的地盘内出现一种新的物体，哪怕是一张纸片，甚至是最喜欢吃的食物，它也要长时间地躲避、观察，直到确认没有危险时，才会小心谨慎地与之接触。这就是为什么在老鼠经常活动的区域内放置它喜欢吃的食物，开始一段时间它吃得少，而在以后的时间内才大量取食的主要原因。

老鼠对经常活动范围内的事物记得非常清楚，对一种新的现象能记忆一星期以上，被鼠夹打过的老鼠逃脱以后，在很长时间内甚至终生都会远远地避开鼠夹。鼠药中毒后而没有死亡的老鼠，也会牢牢记住鼠药的气味，很长时间不再取食含有这种鼠药的食物。

5. 老鼠的繁殖

大多数家鼠的繁殖力都是非常强的，但繁殖力的大小，会因鼠种的不同及环境条件的优劣出现较大的差异。

整体而言，家鼠的寿命因鼠种的不同而长短不同，小家鼠的寿命最短，一般为1年左右；褐家鼠的寿命则可长达3～5年。

知识点二　灭(防)鼠原则

1. 加强领导，发动群众灭鼠

老鼠繁殖快，数量多，分布广，适应性强，灭鼠药又对人、畜多有剧毒。因此，灭鼠工作必须加强组织领导，深入宣传教育，充分发动群众，大力开展以除害灭病为中心的爱国卫生运动。灭鼠时，做到专业队伍和群众运动相结合，经常和突击相结合，全面围歼和分片包干相结合，在一定范围内同时进行，就能达到灭鼠的目的。

2. 采取综合措施防鼠灭鼠

鼠类的繁殖受栖息地和食物等条件影响很大。在粮油仓房或其他食品储存库，应建有完善的防鼠建筑结构，防鼠进仓。同时应搞好环境卫生，断绝鼠粮，以利于防鼠和灭鼠，对于偶尔进仓的老鼠，应及时采取措施进行捕杀，使其无定居机会。

3. 摸清鼠情，针对具体情况进行灭鼠

灭鼠前，应掌握鼠种组成及其生活习性和分布、密度等，利用其生活习性的薄弱环节进行灭鼠。

4. 交替使用毒饵和捕鼠器械进行灭鼠

连续使用一种毒饵时，老鼠容易产生拒食性和耐药性；连续使用一种捕鼠器械时，效果也会下降。为增强灭鼠效果，应将两种方法交替使用。

5. 坚持经常灭鼠

老鼠繁殖快，灭鼠不能一劳永逸，必须坚持。每次灭鼠，应给以歼灭性打击，才能有效地控制鼠口密度。每次灭鼠后，还应及时总结经验，不断改进灭鼠方法。

知识点三 灭(防)鼠方法

视频：灭鼠的方法

1. 加固围护结构防止老鼠进入储粮仓房

采取防范措施，防止老鼠进入储粮仓房，其目的并不限于保护储粮仓房本身，主要是保护储粮仓房内的储粮安全。加强储粮仓房围护结构的防鼠性能，就可以避免储粮仓房内出现鼠害问题，能防止老鼠进入储粮仓房的墙基、地面、墙壁、门窗及与仓房相通的管道，必须保证坚实、无裂缝，有良好的封闭措施。

(1)墙基处理。墙基是家鼠进入仓内和挖洞做巢的地方，近年来，建造的仓房已有坚实的墙基，完全可以防止老鼠从此处进入仓内。但一些旧仓房的墙基就不能完全阻止老鼠进入仓内，应使用水泥涂抹墙基内外。

具体做法：水泥涂抹墙基的厚度应大于 1 cm；仓内涂抹的高度应大于 1 m；仓外涂抹时，地面以上的高度应大于 1 m，并涂抹地面下的地基不少于 10 cm。

(2)地面处理。地面处理同墙基类似，但要保持硬化地面完好。

具体做法：厚度大于 5 cm 的水泥地面，如果没有裂缝，完全可以起到防鼠的作用。若使用砖、石铺设非永久性或临时性地坪，砖、石应交接紧密，缝隙要小于 1 cm，并用水泥或碎砂石填缝。填缝时一定要填实，不留空隙，尤其是地面和墙壁连接之处，更是家鼠喜欢掘洞的地方，要特别注意。

(3)墙壁处理。现代的仓房，墙壁牢固性强，只要墙体无裂缝，一般能防止老鼠进入仓内。但一些较落后的仓房，墙体松软，难免老鼠会破坏墙体进入仓内。所以，要保持墙壁完好，对裂缝和孔洞及时填补。

具体做法：用砖、石砌成的墙，用水泥严密抹缝，可以防止老鼠穿透。空心墙或用空心砖砌成的墙，如有破损，就会成为老鼠构巢栖息的场所，应及时修补。

(4)门窗处理。门窗是家鼠进入仓房的主要部位。老鼠进入仓房通常是门窗密封或关闭不严实所造成的。

具体做法：保证门窗能密封和开关；门窗要随开随关；用薄钢板包裹门窗与框的下端时，高度应在 25 cm 以上；在门内安放防鼠板，防鼠板上方应向外倾斜不小于 5°，即 1 m 高的防鼠板，上端向外倾斜不小于 10 cm；在窗内安装防鼠网，网孔内径不大于 0.7 cm。

(5)管道处理。老鼠会利用各种管道(通风孔、环流管、电缆管等)进入仓内。

具体做法：经常检查各种管道的完好情况，检查管道口能否完全密闭。除必要的作业外，应及时做好各种管道的密闭。

2. 清洁卫生防鼠

老鼠在一个区域或仓房内能否生存，并保持一定的数量，其生活环境需具备 3 个条件，即安全的隐蔽处所、足够的食物和最少限度的竞争者。

搞好储粮仓房周边环境及仓内的清洁卫生，清除老鼠的隐藏处所，使老鼠无处藏身；及时清除散落的食物，使老鼠无法得到必需的食物而无法生存。

(1)仓房周围的绿化草地、树木、排水沟、垃圾箱、残留的建筑垃圾都会成为老鼠的藏身处，所以要将仓房周边的区域清扫干净，防止老鼠构巢，才能做好防鼠工作。

(2)仓房内堆放的包装物、设备、器材等，会成为老鼠构巢的场所，要经常检查，及时清理。

(3)清除储粮仓房周边环境及仓内散落的储粮，使老鼠找不到食物，因而无法在仓房周围生存。

老鼠的食物来源比较广泛，不仅包括人的食物，也包括饲料、垃圾，甚至粪便等。食物防鼠应做到对环境彻底清理，不给老鼠留下任何可以食用的物品。对露天储藏的粮食更应采取防鼠措施，经常进行检查，及时处理出现的问题。

做好清洁卫生工作与清除食物和杂物以断绝鼠类的食料来源同样重要，而且一般要比食物防鼠更易做到，家鼠缺少隐藏条件和相应的食物，数量就不会增加。

采取各种措施破坏老鼠的基本生存条件，虽然不能直接杀死老鼠，却可使其数量逐渐下降，维持在更低的水平上。这是因为每个地方可作为老鼠的生存条件都是有限的，因此，该地所能容纳的老鼠数量也有一个极限，老鼠的繁殖若超过这个限度，将会出现生育少、死亡多的局面，种群数量势必下降；如果环境恶化到一定程度，甚至会出现老鼠集体跳崖或投水自杀事件。相反，如果老鼠数量低于这个限度，老鼠的高度繁殖潜力将得以充分发挥，数量就会迅速回升，因此，灭鼠和防鼠工作必须保持经常性。

3. 使用捕鼠器械捕杀老鼠

(1)常用的捕鼠器械及使用方法。使用器械灭鼠的历史比较悠久，具有方法简单易行、效果可靠、对人畜无害、安全等优点。因为使用器械灭鼠时通常要在捕鼠器械内放置食饵，所以器械灭鼠又称为诱捕法灭鼠。

①鼠夹。鼠夹通常用木板和铁板制作而成，是最常用的捕鼠工具，种类很多，但捕鼠原理基本是利用弹簧的强力弹压作用夹住窃食诱饵的老鼠。

使用时，将弹簧夹掰开，用穿上食物的别棍轻轻别在引发部上，注意别在引发部上的别棍不能别得过死，否则老鼠盗食别棍上的食物时，不易引发鼠夹，失去捕鼠效能；同时在安装鼠夹时，要防止鼠夹夹手。

②鼠笼。用鼠笼可以捕到活鼠。常用的鼠笼有两种：一种是用诱饵将鼠诱至笼中，当鼠盗食诱饵时，踩上拉动机关而被关捕，这种鼠笼一次只能捕到 1 只老鼠；另一种是采用倒须或翻扳装置，笼内放诱饵，老鼠只能进不能出，一次可捕到多只老鼠。可根据不同的鼠笼类型进行安装。

鼠笼有矩形捕鼠笼、倒须式捕鼠笼、踏板式鼠笼、鼠洞踏板式捕鼠笼等多种。

③电子捕鼠器。电子捕鼠器又称电猫，是一种触杀灭鼠的先进工具，具有体积小、质量轻、效果好、威力大、无毒无害、经久耐用、携带方便等优点，是一类性能优良的捕鼠器械。我国的电子捕鼠器有多种型号，其原理都是利用高压交流电网把老鼠击昏或击毙。

为防止人触电，电猫采用小电流，并设有安全装置。电猫有报警装置，击中老鼠后即会亮灯或响铃，便于值班人员及时取走老鼠。电猫击中老鼠后会迅速断电，因此老鼠的触电时间短，大多数老鼠只是被击昏，并没有真正死亡，所以，使用电猫时必须有专人值班管理，及时取走被电击昏的老鼠，防止老鼠苏醒后逃走。电猫的缺陷是没有被电死的老鼠不会再上当，一些未曾触及电猫的老鼠也会躲避。

(2)提高捕鼠效果的措施。在实际灭鼠工作中，常常会遇到这些情况：使用同样的捕鼠器械消灭同种鼠时，不同的地区效果不同；同一种捕鼠器，不同使用者，捕鼠效果不同；一种捕鼠器，刚开始使用时效果很好，使用时间长了，就捕不到老鼠等。产生这些现象的原因比较复杂，如老鼠有很强的适应性、各种捕鼠器械和灭鼠方法都有一定的适应范围、人的主观能动性等。应着重掌握以下几个方面，提高捕鼠的效果。

①掌握鼠情。捕鼠前要了解鼠情，做到心中有数，以便选择适当的捕鼠时间、布放地点、诱饵种类和器械等，做到有的放矢。

②捕鼠器械的选择。在摸清鼠种和密度后，根据捕鼠目的、鼠害种类、使用场所和布放位置等选择合适的捕鼠器械。

③断绝鼠粮。除无法做到的场所(如粮库，食品库内)外，在捕鼠前都应搞好环境卫生，收藏好所有老鼠可食的物品，断绝鼠粮，使老鼠饥不择食，被迫上钩。

(3)诱饵的选择。捕鼠用的诱饵对灭鼠效果影响很大，应根据各种不同情况进行选择，其原则如下。

①选择老鼠喜食、布放环境中不易得到的食物。老鼠一般喜食油香、味甜、含水多的食物，可选择这类食物作诱饵。但老鼠经常吃一种食物会产生厌食现象，因此，要经常调换诱饵，如油渣、水果、甘薯、胡萝卜等。

②避免选择老鼠忌避的食物作诱饵。老鼠嗅觉发达，对气味反应敏感，在选择诱饵时，应避免选用有特殊气味、可能使老鼠忌避的食物作诱饵。

③用老鼠视觉差的特点制作诱饵。家鼠的眼睛已经完全适应了夜间生活，它们是色盲，分辨不清颜色，它们眼中只有深浅不同的灰色，在制作诱饵时，用亮黄或亮绿的颜色染毒饵，对老鼠没有影响，但却可减少鸟的取食。在粮库，上色的毒饵易与储粮分开，也是防止污染的有效办法。

④选用质量高的原料作诱饵。灭鼠器械用的诱饵，由于用量较少，所以作诱饵的原料质量要高，如油饼、花生仁、瓜子仁、水果和肉鱼等都能提高灭鼠效果。

(4)布放时间。对家鼠应坚持常年捕杀，在老鼠活动的盛期多使用捕鼠器，效果会更好，如出蛰或出洞盛期、仔鼠分居盛期、秋季储粮盛期、交配盛期等，此时老鼠活动时间长，范围广，是器械灭鼠的好时机。

捕鼠器应在老鼠活动的高峰前布放，例如，家鼠主要在夜间活动，所以捕鼠器应在傍晚布放，黎明收回。

老鼠的记性很好，上过一次当，能够记住几个月，对经常出现的捕鼠器能识别而不再上钩。所以，每种捕鼠器只能连续应用几天，要经常调换工具种类，每种工具连续布放时间一般不宜超过 7 d。

(5)布放地点和方法。按照不同老鼠栖息、活动、觅食地点的不同布放捕鼠器。带诱饵的捕鼠器最好布放在老鼠的寻食场所附近，放在离鼠洞一定距离(约 30 cm 左右)的墙边和屋角较好，放在离鼠道两侧 15 cm 左右的地方比放在鼠道上效果好。不带诱饵的捕鼠器应放在鼠洞口，鼠道上或鼠活动场所等处，如在捕鼠器旁 2～3 cm 处放 1 小木块以加宽阻碍物，使老鼠无法逃过。

根据老鼠具有嗅觉灵敏、习性刁滑、胆小、出洞偷食时常只走一条路线的特性，当找到家鼠的出入路线后，可将捕鼠器放在路旁，最好放在距离墙 9～12 cm 的地方。

为避免老鼠察觉，可在捕鼠器上加以伪装，用纸、垃圾、麸皮等把捕鼠器掩盖起来，只让诱饵露在外面；还可在周围放异物，布疑阵，将鼠诱到捕鼠器上。布放鼠夹时，夹身最好与鼠道垂直，让作用面(有诱饵钩的一头)正对鼠道，这样可以捕到由左、右两个方向来的老鼠。鼠笼宜放在鼠洞附近的鼠道上，笼口朝向鼠洞。

老鼠一般有“新物”反应，即回避新出现的物体。在老鼠活动的地方，放上它喜欢吃的食物，第一个晚上被吃掉的往往比较少，一般在第二或第三个晚上，才达到高峰，因此，用捕鼠器捕鼠时，必须采用先诱后捕的方法，即在选择和布置捕鼠器的地方，先放些诱饵，或在捕鼠器上只放诱饵，不上引发机，任鼠偷吃，使其放松警惕性，2～3 d 后，鼠胆壮大了，也不再有怀疑了，这时放上同样的诱饵，架上引发机，出其不意，将鼠歼灭。

捕鼠器要集中使用，并要经常变换捕鼠器种类和改变安放位置。老鼠狡猾警觉，对其生活场所中的新物体又存有戒心，尤其是经过一次临险逃脱，或看到同类遭到捕杀后，在短时间内见到同类的捕鼠器便会回避逃跑。另外，在夜间打死老鼠之后，人们往往不能及时发觉，直到第二天发现后才取下；在死鼠未取之前，难免有其他老鼠爬到鼠夹上探嗅。由于它只嗅到鼠夹上的鼠尸，却找不到食物，便形成了“条件反射”，以后鼠夹上虽已有食饵，也会被认为是死鼠，而回避逃走，故任何一种捕鼠器，都是第一夜使用效果最好。为了提高灭鼠效果，应把捕鼠器集中使用，先在一个地方或一座仓房里安放足够数量的捕鼠器，同种捕鼠器在一个地点使用 3～5 d 后，应换用另一种捕鼠器，布放捕鼠器的地方，也要经常变化；捕鼠器上的诱饵要经常更换，保持诱饵的新鲜。

(6)捕鼠器的检查和捕鼠后的处理。

①捕鼠器的检查实践证明，对捕鼠器缺乏检查和适当保养，是使诱捕失败的重要原因。因此，捕鼠器放置后要勤检查，如长期捕不到老鼠，就需检查布放地点是否适当，捕鼠器的引发装置是否失灵，如有问题，应及时解决。

②捕鼠后的处理。捕鼠器在捕获鼠后，应立即将死鼠移走，用泥沙、干草擦净，水洗捕鼠器，再暴晒数小时。在疾病流行地区，应用消毒剂处理后再水洗，或用开水浇烫冲洗。捕鼠人员应做好个人保护，避免接触鼠，防止鼠的体外寄生虫上身。捕获的老鼠可就地焚烧、深埋或用其他有效方法处理。

4. 使用灭鼠剂诱杀老鼠

灭鼠剂诱杀老鼠是用有毒的化学药剂直接或间接地防治老鼠的方法，用来灭鼠的化学药剂主要有胃毒灭鼠剂和熏蒸灭鼠剂。

(1)灭鼠方法。

①胃毒灭鼠剂灭鼠。将有毒的化学物质，掺入老鼠的食物中，做成毒饵，老鼠吃下后，中毒死亡，这种方法称为毒饵灭鼠。由于老鼠食用毒饵后是由胃肠道吸收而引起中毒的，所以此类方法又称胃毒灭鼠法。

目前，最常用的胃毒灭鼠剂是抗凝血灭鼠剂，如杀鼠灵、杀鼠醚、溴敌隆等。抗凝血

灭鼠剂属于慢性鼠药，优点是老鼠中毒缓慢，不易引起老鼠的警觉而产生拒食；人畜误食一次不至于严重中毒；而且慢性鼠药一般都有有效的解毒药剂。

选择胃毒灭鼠剂拌和在老鼠爱吃的食物(粮食、水果、黄瓜、胡萝卜、油料等)里，然后布放在老鼠经常出没活动的地方即可。

使用胃毒剂灭鼠时，食物的种类应经常更换，避免食物单一，老鼠厌食；毒饵应经常变换位置，防止老鼠引起警觉；使用剧毒、无色的灭鼠剂配制毒饵时，应加警戒色，以示警戒，避免使人误食中毒，但使用的警戒色不得引起老鼠的拒食，且警戒色的色泽要鲜明，作为警戒色的物质要价廉易得。同时，还要注意诱饵的本色，如用大米作诱饵时，可加少量红墨水或红色染料染成淡红色；而使用高粱、小麦等作诱饵时，因用浅红色不明显，可用2%蓝黑墨水染色。

②熏蒸灭鼠剂灭鼠。熏蒸剂灭鼠是通过物理或化学的方法，使灭鼠某些药剂产生有毒气体，在密闭或比较密闭的场所内，使老鼠吸入有毒气体致死。

能产生有毒气体的药剂通称为熏蒸灭鼠剂。常用的熏蒸灭鼠剂有AlP、氯化苦、敌敌畏等。熏蒸灭鼠所使用的药剂都是剧毒品，一定要严格遵循各种药剂的使用规定。

使用熏蒸灭鼠剂熏杀老鼠时，要有较好的密闭条件。例如，仓房熏蒸、运输工具熏蒸应将仓房或运输工具密闭；鼠洞投药后，应及时用事先准备好的碎砖石和土将鼠洞封死。

常用的熏蒸方法有鼠洞投药、仓房熏蒸、运输工具熏蒸等。

(2)灭鼠剂的安全使用。灭鼠剂在短时间内能杀灭大批老鼠，对减少鼠害造成的经济损失，预防疾病，保证人民健康起着积极作用，但大部分灭鼠剂对人、家畜和家禽都有很强的毒性，使用不当也会造成环境污染，因此，掌握灭鼠剂的安全使用方法是十分必要的。

①严禁使用国家禁用和已经淘汰的急性灭鼠剂，如氟乙酸钠、氟乙酰胺、甘氟(鼠甘氟、伏鼠酸)、毒鼠强和毒鼠硅等。

②挑选合格灭鼠人员。应挑选身体健康，认真负责的青壮年担任灭鼠人员，并经过一定的技术训练。

③灭鼠剂应集中由专人、专库、专柜、分类保管，严禁把灭鼠剂与食品、储粮存放在一起，药库要远离住宅，门窗要牢靠，通风条件要好，库门和柜门都要加锁。灭鼠剂进出仓房应建立登记手续，不准随意存取，对鼠药要现用现领，剩余的交回。

④运输时必须检查包装是否完整，发现有渗漏、破裂的，应用规定的材料重新包装。箱、袋必须坚固不漏，密封后写明“有毒”和“轻拿轻放”才能运输，毒品应由专人专车运输，不要和食品、日用品、爆炸品、易燃品混载、混放，还要防止雨淋、日晒或受潮。

⑤配制毒饵时要佩戴口罩和手套，用工具操作，不能直接接触毒品；应严格按配方投料，不得随意增减；对染毒器具要妥善处理，不能任意放置，以免污染环境，配制毒饵至少同时有两人在场。

⑥大包装的灭鼠剂原粉和熏蒸剂，均需由技术熟练、认真负责的人员分装。分装药剂时的注意事项同配制毒饵、熏蒸操作时的相同。

⑦施药时要遵守操作规程，并有专人负责。施用熏蒸剂和剧毒鼠药时，必须佩戴有效的防毒器具、防毒口罩和手套，穿长袖衣、裤和鞋袜；施药前不准饮酒，操作时不准吸烟、喝水、吃东西；不准用手擦嘴、揉眼、摸皮肤；绝对不准嬉闹。施药后要洗澡，做好自身

的消毒，并要适当休息，增加一定的营养。

⑧对剩余的鼠药和毒饵，应送回专库保管；对不用的毒饵和被鼠吃剩的毒饵，应烧掉或深埋，对配制和保管药剂的地方、运输药剂的车辆，要认真打扫干净，对装过灭鼠药的箱、袋、瓶，要用碱水彻底洗净，或者打碎深埋，即使洗净也不准再装粮油或饲料。毒死的老鼠一律要烧掉或深埋，投毒期间意外死亡的家畜、家禽和野生动物，一律不准食用，以免中毒，工作完毕之后要用碱水或肥皂洗手洗脸，更换衣服。倒污水要远离水源。

(3)中毒急救。

①PH_3 中毒。口服中毒者，应立即进行催吐和洗胃。首先口服0.5%硫酸铜溶液反复洗胃，每次200～300 mL，以使磷转变为无毒的磷化铜沉淀，直至洗出液无磷臭为止。然后，再用过氧化氢溶液(3%溶液10 mL加水100 mL)或0.05%高锰酸钾溶液持续洗胃，直至洗出液澄清时为止。催吐和洗胃后，再口服硫酸钠15～30 g导泻。禁用油类泻剂，忌食鸡蛋、牛奶、动植物油。

PH_3 中毒时，应迅速将中毒者移至空气新鲜处，更换污染衣服，用温水清洗皮肤、保暖、安静，给支气管扩张药，如吸入异丙肾上腺素雾剂，口服可待因等。呼吸困难时，供氧气；胸闷时，服氨茶碱；有休克、急性肾功能衰竭及肺水肿时，应及时进行治疗，给予保护肝脏和心脏的药物。另外，包括适当的护理，对症治疗，纠正水、电解质及酸碱平衡的紊乱。

②抗凝血灭鼠剂中毒。经口中毒者，立即催吐、洗胃，皮肤感染者，脱去污染的衣服，清洗皮肤，溅入眼睛者，用流动清水冲洗。特效解毒剂为维生素K1，每天2次，每次10～20 mg。严重者用量可增加至80～100 mg，用药时间，应到凝血酶原时间恢复正常。对于出血严重者，应及早输新鲜血及含凝血因子Ⅱ、Ⅶ、Ⅸ、Ⅹ的凝血酶原复合物。也可用肾上腺糖皮质激素、大剂量维生素C、云南白药等。

知识点四　制订老鼠防治方案

1. 实地调查鼠情

寻找老鼠的踪迹，对鼠害进行全面的调查，是制订和实施灭鼠计划的基础。调查的主要目的是确定鼠害的全部范围(包括建筑物破坏情况)，可根据老鼠活动留下的痕迹，确定老鼠居住、活动和取食的场所，鉴别老鼠的种类。

视频：灭鼠方案制定

寻找的鼠迹包括明显的鼠害、巢、鼠道，足迹或啃咬过的物体，老鼠在任何接近食物和水源的地点都能营巢，双层墙、顶棚和垃圾池内是它们喜欢居住的地方。褐家鼠善于穴居，黑家鼠喜居建筑物较高处，小家鼠根据营巢的需要穴居或不穴居。老鼠隧道深达1.2～1.6 m，小家鼠洞穴平均直径约为2.5 cm，大鼠洞穴平均直径约为7.5 cm，洞口附近有无散落的东西，这是有鼠与无鼠的标志，家鼠的洞口有土和油迹，洞内有用破布、烂棉絮、碎纸，树叶构建的巢。

老鼠喜欢循着一定的路线奔跑，并在硬的表面上留下黑色油腻污迹，如墙角、楼梯边、粮堆的夹道等处，如果这些地方比较光滑并留有鼠迹、鼠毛等，就说明此处经常有老鼠活

动。若靠墙四周，没有灰尘、蛛网，而是光滑无尘，这种现象就表明可能有小家鼠；若阴沟、水落附近没有生长青苔、杂草，并有鼠迹，就可能有褐家鼠。

啮齿动物有一对凿子般的门牙，咬切力达 260 kg/cm^2，啃咬频率有 90 次/min 之多，啮齿动物的门牙在一生中都会不断地生长，家鼠的门齿如不磨损，一年能长出 13 cm 左右。为了保持门牙的锋利和合适的长度，老鼠饱餐之后，要经常找硬物磨牙，所以老鼠咬坏较硬的门窗、墙壁、包装用具和家具，一是为了磨牙；二是为了开辟通道，除木头外，铅管、电缆和塑料板等，也是它啃咬的对象。可以根据老鼠咬过物体留下的齿痕及损坏情况和程度，判断老鼠的存在和多少。由于老鼠咬东西主要用锋利的双门齿，因此，被咬过的较硬物体都会留下由尖锐隆起线隔开的平行凹痕，且附近会留有碎屑。麻袋或布袋被鼠咬洞后，洞边即被磨损或破碎。纸板箱或类似的容器被鼠咬洞后，洞边常能发现老鼠毛皮摩擦的油质污点，粮袋或面粉袋表面有尿渍时，即会显示出轻度不均匀的褪色现象。用紫外线照射可以初步判断被鼠尿污染的面粉，因为鼠尿干燥后常遗留下一些物质，若将这些物质用紫外线照射，就会出现淡白色或淡绿色的荧光。但有些脂肪、油及其他谷物加工厂的产品也能出现荧光，要注意区别。为了慎重起见，仍须将污染物质进行化学检验。

检查鼠粪是判断有无老鼠活动的有力证据之一。啮齿动物的粪便有黏液状的外层，易与昆虫的排泄物区别。一般来说，鼠粪多沿着墙边、暗角、架子上和天花板格栅上积聚着，新鲜的鼠粪黑而有光，而陈旧的则灰而无光；若经常打扫老鼠的通道，则不难发现有无新鼠侵入。另外，老鼠粪粒的大小，形状也各不相同，可以用此推测鼠种。褐家鼠的粪粒较大，长达 2 cm；黑家鼠的粪粒平均长为 1.3 cm，小家鼠的粪粒最小，只有 0.6 cm。老鼠的粪便常同蟑螂的粪便混淆在一起，只不过蟑螂的粪粒更小，且横切面呈六边形，依此可以分开。

尘土上所留下的足迹是另一个易于识别老鼠活动的记号，在工作繁忙的仓房和加工厂内，经常有散布的灰尘粉末。在成品仓房内，鼠迹却较难寻找，但可在易被老鼠侵入的部位或怀疑有鼠的地方，撒一层滑石粉、细砂或面粉，待 24 h 后查看粉层上的鼠迹，这是十分可靠的方法。小家鼠的觅食范围有限，而且能在袋装面粉的包堆中间生活，在外部难以看到迹象，因此，在包堆周围的地板上应重复撒粉以检查鼠迹。通过查鼠洞、看鼠道、寻鼠迹、找鼠粪等方法，综合各种情况，进行具体分析，可以较为准确地判断有无老鼠活动。当查清某处的鼠害情况，完全掌握了老鼠的活动规律以后，再采取相应的措施，就可收到事半功倍的防治效果。

2. 制订储粮仓房防治老鼠的方案

储存储粮和饲料的仓房，老鼠的食物丰富，断绝鼠粮困难，老鼠容易隐藏，而且灭鼠人员活动不便，使用的灭鼠剂又可能污染储粮，所以在这类场所里一般老鼠的数量较多，损失也较为严重，防治时要仔细调查和分析鼠害情况，才能制订防治鼠害的方案。

仓房的灭鼠工作，首先应从建筑物防鼠做起。新建的仓房能做到彻底防鼠，但使用年限较长的仓房，则需要进行修整改造，达到防鼠要求。此外，应建立门窗开闭制度，防止少数老鼠窜入仓房。

在做到建筑物防鼠的基础上，做好货物进仓前的检查，防止老鼠随货物进入仓内。

如有老鼠进入仓内，要采取灭鼠措施。灭鼠的具体方法要根据仓房货物的种类和堆放方式采用合适的防治方法，如空仓，可采用各种方法驱赶或杀灭；实仓则要考虑储粮的堆放情况，在鼠道上布放捕鼠器械，或用熏蒸的方式杀灭。

在各种仓房门口，可设置超声波驱鼠器，防止老鼠进入仓内。

3. 制订露天储粮防治老鼠的方案

露天储存粮油极易被老鼠危害，老鼠也极易在露天储存粮油囤垛内隐藏，因此，一方面要加强露天储存粮油囤垛的防鼠措施，使老鼠不能轻易进入囤垛内，同时，在露天储存粮油囤垛的周围布放灭鼠器械和毒饵(夜放晨收)，控制老鼠的活动范围；另一方面要加强对露天储存粮油囤垛的鼠情检查，发现老鼠应及时进行密闭熏蒸杀灭(较小的囤垛可采用翻垛灭鼠的方法)。

4. 制订船舶防治老鼠的方案

在交通工具中，大型船舶的灭鼠最为重要，船舶上不仅栖息着数量较多的老鼠，而且危害也很严重。船舶上最常见的老鼠是褐家鼠、黄胸鼠和小家鼠，有时也发现黑家鼠或其他鼠种，货船中鼠数的多少，常与运送货物的种类有关，变动较大。船舶在靠岸时，老鼠可通过缆绳、跳板侵入，也可通过货物或行李带上船舶。

船舶上的防鼠很重要。靠码头时，缆绳上要加防鼠板，跳板进船口处设防鼠坎。夜间尽量不放扶梯、桥板，必须放时须装强光照射。能被鼠利用筑巢和隐蔽的管道、通风口应加防鼠钢丝网。检查上船货物和行李，防止把鼠带上船。利用检修机会破坏鼠的栖息场所，堵塞缝隙，经常打扫卫生，保管好食物，断绝鼠粮。

在船舶上捕鼠时，选用小巧灵敏、简便安装的夹、笼、套、扣等工具。为提高捕鼠效果，工具应经常替换使用。在各管道口、通风口还可以放置粘鼠胶纸粘鼠。

在船舶上，可用不同的灭鼠剂做成诱饵。将制成的毒饵，鼠多的地方每 3～5 m^2 一堆，每堆 2～3 g，夜放晨收。卧舱内一般不放毒饵，而是放在室外通向室内的孔隙附近。还可将毒饵布放在帆缆舱、甲板舱、货舱底、救生艇、甲板面的边角或杂物堆旁，并做好醒目记号，编号登记，以便及时回收和记录。

对鼠患严重的船舶，应用熏蒸灭鼠剂突击灭鼠。熏蒸期间，除值班船员外，其余人员都应离船。熏蒸时应有专业机构依准备、封舱、投药和启封四个步骤进行。具体的操作步骤与粮油仓房的熏蒸基本相同。熏蒸结束后，需要经过彻底通风换气后，再清理药渣和鼠尸，并用检测设备测量，确认无毒后，才能继续使用。

5. 调查灭鼠效果

调查灭鼠效果是评价灭鼠措施是否有效的重要依据，常以灭鼠前后老鼠的密度变化来表示。调查应根据各种鼠的生态学和栖息环境，选用方便、准确的方法进行。调查灭鼠效果，需在灭鼠前、后各进行一次，两次所用方法必须一致，如调查的时间、面积、房间、食饵种类、捕捉方法、工具型号、气象条件等，灭鼠前调查距离开展灭鼠时间越近越好；灭鼠后调查应在灭鼠措施(如药物)充分发挥作用后立即进行，调查的面积与厥间需酌情而定，灭鼠范围小，要全面进行调查；若灭鼠范围大，可选择有代表性的地方抽样调查。

在有条件或必要时，可设对照区，对照区与灭鼠区的环境条件及鼠密度应近似。

家鼠灭鼠效果的调查方法有如下几种。

(1)鼠夹法。鼠夹法简单易行，室内室外均可采用。对于洞口不明显的鼠种特别适合。

具体做法是，在灭鼠区每晚布放鼠夹 100 只以上(室内约 15 m^2 放 1 夹)，灭鼠前后各放 1～2 夜，灭鼠前后的鼠密度、灭鼠率按下式计算：

$$鼠密度=\frac{捕鼠数}{布放鼠夹数}\times 100\%$$

$$灭鼠率=\frac{灭鼠前密度-灭鼠后密度}{灭鼠前密度}\times 100\%$$

(2)食饵消耗法。根据食饵被老鼠盗食的情况，来观察鼠数减少程度，灭鼠前在固定地点投放足够数量的无毒食饵，每堆食饵的质量或块数应相等，计算灭鼠前食饵消耗率，灭鼠后用同样方法投放无毒食饵，计算灭鼠后食饵消耗率。其灭鼠率可按下式计算：

$$灭鼠前(后)食饵消耗率=\frac{布放食饵数-吃剩下的食饵数}{布放食饵数}\times 100\%$$

$$灭鼠率=\frac{灭鼠前食饵消耗率-灭鼠后食饵消耗率}{灭鼠前食饵消耗率}\times 100\%$$

(3)直接观察法。通过实地观察和访问的方式，对比灭鼠前后鼠洞、鼠迹、鼠粪数量，以及老鼠的骚扰、咬啮情况等，作为评价灭鼠效果参考。

子任务一　防治老鼠认知

工作任务

防治老鼠认知工作任务单

分小组完成以下任务： 1. 查阅老鼠的习性、灭鼠的方法、灭鼠方案的制订等内容。 2. 填写查询报告。

任务实施

查询资料→小组讨论→小组汇报→教师点评→总结提升→填写报告。

1. 查询资料

(1)老鼠的习性、灭鼠的方法。

(2)灭鼠方案的制订相关内容。

2. 小组讨论

(1)老鼠的习性、灭鼠的方法。

(2)灭鼠方案制订的步骤。

3. 小组汇报

小组就讨论结果进行汇报，形式自定。

4. 教师点评

教师根据每个小组的汇报情况进行点评。

5. 总结提升

汇总每个小组的结论，总结常见储粮害虫的预防措施。

6. 填写报告

将结果填入表 5-1 中。

表 5-1　防治老鼠认知

阐述老鼠的习性特点	
列举灭鼠的方法	
灭鼠剂中毒后的紧急处理	

任务评价

按照表 5-2 评价学生工作任务完成情况。

表 5-2　任务考核评价指标

序号	工作任务	评价指标	分值比例	得分
1	查询资料	(1)能够准确查询资料； (2)对资料内容分析整理	20%	
2	小组讨论	根据要求将查询内容进行分类，归纳总结	20%	
3	小组汇报	(1)小组合作完成； (2)汇报时表述清晰，语言流畅； (3)正确把握老鼠的习性特点； (4)准确阐述灭鼠的方法及灭鼠方案制订的步骤	30%	
4	点评修改	根据教师点评意见进行合理修改	10%	
5	总结提升	总结本组的结论，能够灵活运用	10%	
6	综合素养	(1)会查阅资料并能分析出有效信息，具有信息处理能力； (2)小组分工合作，责任心强，能够完成自己的任务	10%	
合计			100%	

子任务二　使用胃毒剂灭鼠

工作任务

选用敌鼠钠盐，使用胃毒剂灭鼠。

任务实施

1. 任务分析

利用胃毒剂灭鼠需要明确以下问题。

(1)灭鼠胃毒剂的特征。

(2)使用胃毒剂灭鼠进行灭鼠的操作。

2. 器材准备

搅拌棒、容器、饵料、3%食糖或食油等。

3. 操作步骤

(1)配制敌鼠钠盐毒饵，可采用 0.05%的比例。将敌鼠钠盐溶于适量的沸水，拌入饵料。

(2)加入警戒色。

(3)可将 3%食糖或食油作引诱剂，泡入事先准备好的饵料，搅拌均匀、阴干。

(4)隔一段时间再搅拌，使饵料能均匀吸收药液，待药水全部被饵料吸收后晾干即成。

(5)傍晚在鼠洞或鼠道投放，投饵量根据鼠量多少确定，以满足一天食量为依据，连续投放 3～4 d。

(6)检查毒饵消耗量，及时处理剩余毒饵，检查被毒杀老鼠情况，对老鼠尸体按照规定处理。

注意事项如下。

(1)一定要使用沸水才能有助于敌鼠钠盐溶解，不能用低于 80 ℃的热水，否则影响药效。

(2)现用配制效果更好，如上午投毒饵，在前一天下午拌制；下午投毒饵，可在早晨拌制。

(3)此法配制的毒饵，药剂能充分渗透入饵料内，含水较多，对喜欢水的褐家鼠能够提高适口性。

(4)避免人畜直接误食是保证安全灭鼠的最基本原则。环境是变化的，投放鼠药的时候可能人畜无法触及，但投放后有触及的可能。因此，在人和禽畜活动频繁的生活区内投放鼠药，最好设置毒鼠箱或是灭鼠屋，降低人畜误食毒鼠药的可能性。

(5)尽量不要在水井、水池、供水泵站等水源地和供水设施附近投放鼠药，防止毒死的鼠类掉到水里，也防止毒鼠诱饵因为各种因素被带进水里，避免间接造成安全事故。

(6)鼠药不要投放在雨水必经之处，否则，雨水冲刷很可能把毒鼠饵料带走，使人畜可能误食，也可能冲进水源地等地方。如果实在是要在雨水通道投放鼠药，一定要选在晴天。

(7)鼠药的包装袋、包装盒、包装瓶和配制毒鼠饵料的容器千万不能随便乱扔，要深埋或进行安全保管，更要防止污染水体。

(8)毒死的鼠类一定要收集起来做深埋处理，掉在水域里的也要捞起来处理，防止猫狗等禽畜或是宠物啃噬中毒，也防止腐烂后臭气熏天，污染水体和环境。

(9)投放鼠药的过程中，一定要在公告栏张贴告示，并在鼠药投放点树立警告牌，安装毒饵站，如图 5-1 所示。对鼠药投放点进行记录，绘制鼠药分布图，以防止发生公共安全事故。

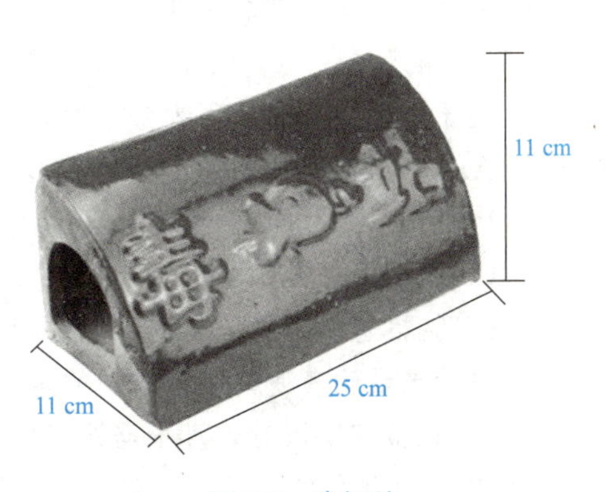

图 5-1　毒饵站

任务评价

使用胃毒剂灭鼠任务评价见表 5-3。

表 5-3 使用胃毒剂灭鼠任务评价表

班级： 姓名： 学号： 成绩：

试题名称		使用胃毒剂灭鼠			考核时间：20 min		
序号	考核内容	考核要点	配分	评分标准	扣分	得分	备注
1	准备工作	安全防护	5	未戴安全帽、穿工作服扣 2 分			
		工具用具准备		检查工具不规范、不全面扣 3 分			
2	操作前提	确定敌鼠钠盐毒饵的比例	10	比例不正确扣 10 分			
3	操作过程	操作规范 步骤完整	80	未将敌鼠钠盐溶于适量的沸水扣 10 分			
				未加入警戒色扣 10 分			
				未加入引诱剂扣 10 分			
				搅拌不均匀扣 10 分			
				投放时机选择不合理扣 10 分			
				投饵料不正确扣 10 分			
				连续投放时间确定不正确 10 分			
				未检查捕杀老鼠情况扣 10 分			
4	使用用具	熟练规范使用工具	5	工具使用不规范扣 2 分			
		仪器使用维护		操作结束后工具未归位或复原扣 3 分			
合计			100	总得分			

巩固与练习

1. 野栖性老鼠经常居住在(　　)。

A. 厨房　　B. 食品车间　　C. 农田　　D. 商店

2. 关于老鼠的表述，下列错误的是(　　)。

A. 老鼠对环境的适应能力很强，其栖息场所非常广泛

B. 根据其常住的不同场所，老鼠可分为家栖性和野栖性两大类型

C. 能根据周围环境条件的不断变化选择不同的栖息场所

D. 储粮仓库的老鼠大多属于野栖性老鼠

3. 关于老鼠的表述，下列错误的是(　　)。

A. 在检查鼠情时，可根据洞口的情况判断洞内有无老鼠

B. 有鼠居住的鼠洞口，都比较光滑、整齐，无蜘蛛网

C. 所有的鼠种都会挖洞

D. 无鼠居住的洞口多积满灰尘、有蜘蛛网等

视频：节粮减损从我做起

4. 关于鼠类的表述，下列错误的是(　　)。
   A. 一般情况下，大多数家鼠都以晚间活动为主，尤其在黄昏后和黎明前会出现两个活动的高峰期
   B. 有些鼠种白天也外出活动和觅食，如小家鼠、褐家鼠
   C. 老鼠的活动能力很强，喜欢在空旷的地方活动
   D. 老鼠的活动时间、地点及活动能力等会因种类、年龄、环境条件和人类活动的不同而出现差异
5. 关于老鼠的表述，下列错误的是(　　)。
   A. 随着生物的不断进化和老鼠所处生活环境的不断变化，致使老鼠的食性也变得越来越复杂
   B. 凡是人们能吃的东西，它们都能加以危害，甚至连蜡烛、肥皂等用品也能加以啮食
   C. 一些昆虫、小鱼、小虾、小青蛙、鸡雏、鸭雏、刚生下来的小猪、笼养家兔及一些家禽蛋等都可以作为老鼠的食物
   D. 老鼠的食量很大，平均每天的摄食量可为自身体重的1倍
6. 老鼠有很强的记忆能力，对经常活动范围内的事物记得非常清楚。对一种新的现象也能记忆(　　)以上。
   A. 一个月　　B. 一星期　　C. 两天　　D. 一年
7. 老鼠的习性描述，下列错误的是(　　)。
   A. 栖息场所广泛　　B. 活动时间比较灵活
   C. 食性比较复杂　　D. 咬啮性强

参考文献

[1] 国家粮食和物资储备局职业技能鉴定指导中心.（粮油)仓储管理员[M]. 2 版 . 北京：中国轻工业出版社，2021.

[2] 王若兰. 粮油储藏学[M]. 2 版 . 北京：中国轻工业出版社，2016.

[3] 王殿轩 . 储藏物害虫综合治理[M]. 北京：科学出版社，2020.

[4] 中储备粮管理集团有限公司. 粮油储藏[M]. 北京：中国财政经济出版社，2021.

[5] 中国储备粮管理总公司. 控温储粮技术实用操作手册[M]. 成都：四川科学技术出版社，2017.

[6] 鲁玉杰，王争艳. 储藏物昆虫学[M]. 北京：科学出版社，2021.

[7] 张来林. 储粮机械通风技术[M]. 郑州：郑州大学出版社，2010.

[8] 王若兰. 粮食仓库仓储技术与管理[M]. 北京：中国轻工业出版社，2021.

[9] 许方浩. 粮油储藏技术[M]. 北京：科学出版社，2017.

[10] 中国储备粮食管理总公司. 氮气气调储粮技术实用操作手册[M]. 成都：四川科学技术出版社，2015.

[11] 罗金荣，左进良. 粮食仓储管理与储粮实用技术[M]. 南昌：江西高校出版社，2005.

[12] 吴子丹. 绿色生态低碳储粮新技术[M]. 北京：中国科学技术出版社，2011.

[13] 刘福元，戴杭生，左进良. 绿色生态储粮[M]. 南昌：江西人民出版社，2011.

[14] 中华人民共和国国家市场监督管理总局，中国国家标准化管理委员会 . GB/T 29890—2013 粮油储藏技术规范[S]. 北京：中国标准出版社，2013.